現代数学への入門　新装版

電磁場とベクトル解析

現代数学への入門　新装版

電磁場とベクトル解析

深谷賢治

岩 波 書 店

まえがき

本書は，多変数の解析の基礎とベクトルの代数についての基礎を学んだ人を対象にした，ベクトル解析の教科書である．前者については，本シリーズ『微分と積分1,2』，後者については，本シリーズ『行列と行列式』程度の知識を想定している．ベクトル解析とはなにかについては，学習の手引きを見ていただきたい．

本書の第1章は平面上の，第2章は3次元空間上のベクトル解析で，第3章では電磁場について述べながら，ベクトル解析にかかわるより進んだ内容を述べている．

ベクトル解析についての書物はたいへん多い．その中で本書の特徴は，以下の諸点である．

第1に，幾何的および物理的イメージを重視したことである．このために，ベクトル解析で重要な概念，すなわちベクトル場のいろいろな種類の微分や積分，を導入する前に，それがどのような幾何的，物理的な事柄と結びついているかを詳しく説明した．

第2に，電磁気学を系統的に述べたことである．ベクトル解析の発展は，電磁気学などの物理学の発展と同時に行なわれ，ベクトル解析だけを切り離して述べることは，その理解を損なう．ベクトル解析の教科書の多くには，物理学に関する例や記述がある．本書ではより踏み込んで，マクスウェルの方程式にいたるまでの電磁気学の理論を系統的に述べた．物理学として重要なことで欠けている事柄も多いが，数学を学ぶ上で必要な電磁気学の基礎知識としては，十分に述べたつもりである．

ベクトル解析にかかわる物理学としては，他に流体力学と解析力学がある．後者については本シリーズ『解析力学と微分形式』で述べるので，本書ではあまり触れなかった．流体力学については，十分な知識を著者が持っていないので，述べることができなかった．

第3に，ベクトル解析にかかわる大域的な諸問題に触れたことである．ベクトル解析は，現在たいへん発達している幾何学の一分野である(多様体上の)大域解析の出発点であり，しかもそのもっとも重要な問題の多くをすでに萌芽として含んでいる．現代数学への入門という本シリーズの性格を考え，大域解析への入門を試みた．

一方，ベクトル解析の教科書の多くで述べられている事柄で，本書で述べられていない事柄がある．

第1に，ベクトルの代数的な性質の記述を必要最小限に限った．

第2に，曲面や曲線の微分幾何学的なこと，例えば曲率に関する記述をしていない．

第3に，陰関数定理などの多変数の微積分に属する諸定理は証明しなかった．

第2，第3の点については本シリーズの別の巻で述べられるので，そちらを参照していただきたい．第1点についてより詳しいことを知りたい読者は，巻末の「現代数学への展望」にあげた参考書を見ていただきたい．

上で述べたように，本書では幾何的および物理的イメージを重視したが，証明を軽視はしない．しかし，ベクトル解析は，特に，曲面などの扱いについて，数学として厳密に述べると難しくなり，また直感的な理解を損なうことが多い．これは曲面という図形的な対象が，数式化しづらいせいでもある．多くの書物では，わかりやすさを考えて，問題点に読者が気付かないうちに，定理の証明が進むように工夫されている．本書では，問題点は明示し，しかし証明は場合によっては書かない，という方針を取った．第1章での曲線の向きの扱い，第2章での面積分，発散定理の証明などがその例である．このようなやり方をした理由は，それらの問題点を考えることが，現代の幾何学の発展の萌芽になったと考えるからである．

また第3章で電磁場を述べる場合などに，述べられている主張が，数学の定理であるのか，物理法則であるのか明示するよう留意した．物理法則は実験で確かめる必要があるが，数学の定理は論理的に証明できることである．

この区別は数学としても物理としても大切である．区別のため，物理法則など数学的に証明できるわけではないことには，「法則」3.1 のように括弧をつけた．これは第1章，第2章でも同様で「観察」2.5 などと表わしてある．第1章，第2章の構成はおおむね，幾何的・物理的直感から，新しい概念を説明するか，あるいは定理を出し，後からそれを証明する形になっている．この前半に属する事柄には「　」がついている．「　」がついていない定理で，証明が書かれていないものもあるが，これは本書で証明を省略しただけで，証明することができる定理である．

＊がついている項は，他の部分より多少レベルが高い．わかりづらいようならとばしてもよい．問，演習問題も＊がついているものは他より難しい．

なお，本書はもともと岩波講座『現代数学への入門』の1分冊として刊行されたものである．本書を書くのに大変お世話になった岩波書店のスタッフの方々と，原稿を読んで貴重なご意見をいただいた他の編集委員の方々に深く感謝したい．

2003 年 11 月

深 谷 賢 治

学習の手引き

場とはなにか

「場」がこの本の主題である．場とはなんであろうか．この質問に答えるのは大変難しく，満足な答を与えることなどとても一介の数学者のよくするところではない．ここではその一面を述べるに過ぎない．

我々が場の具体例として最初に出会うのは重力であろう．リンゴを空中に持ち上げて放すと下に落ちる．これはなぜか．ニュートン(Newton)は，地球が引っ張っているからだ，あるいはものと地球の間に重力が働くせいだ，と答えた．今ではよく聞かれ当たり前のように思えるこの答も，よく考えてみると少し奇妙である．もし離れた机の上に置いてあるリンゴを持ってこようとしたら，私は机のところまで歩いていって，リンゴに触わりそれを手にとって持ってこなければならない．そうしなくてもリンゴを動かすことができたなら，私はなにか超能力者のようなものに違いない．

重力が離れたところのものに働くというとき，なにか釈然としないものが残る．より具体的にいえば，どのようにして地球がものに力を及ぼせるのか，そのメカニズムが不明である．ニュートンの重力についての法則は，メカニズムを不問にして，とにかくどのような力が働くかという結論だけを述べたものであった．この点をついた重力のメカニズムに迫る研究は，アインシュタイン(Einstein)の一般相対性理論まで待たなければならなかった．

先走ってしまった．場の考え方を説明しようとしていたのであった．物体を1点に置いたとき，それがある方向に動きだしたとしよう．どこか遠くからの「超能力」がものを動かしたのでなければ，ものを置いたその場所になにかがあり，それがものを動かしたと思うべきであろう．このなにかをファラデー(Faraday)は場と呼んだ．すなわち，空間には正体は分からないなにかがあって，それがときとして緊張状態になり，そしてものに力を及ぼす．

これが場である．これは単に2つの物質の間に働く力を数式で記述してすますより，よりメカニズムを表わすのに近い考え方である．すなわち，なにか正体不明なものの緊張状態が伝播して，力を伝えると考えるのである．

しかしそのためには，この正体不明のなにかが緊張状態を伝えあうやり方を記述しなければならない．すなわち，場というメカニズム(機械装置)の仕組みを記述しなければならない．場が変化していくようすを記述する数学はなんであろうか？

場は，その点に物質を置いたとき，それにどのような作用をするか(力を及ぼすか)を与えれば記述されるであろう．場を表わすのに必要な概念装置はひどく複雑になりうる．つまり，その点に置くものの種類，状態に応じて，いろいろと起こす作用は変わるであろうから，場を記述するには，及ぼす力が物体のどういう性質で決まるかを記述し，その性質を定量化し，さらにその量を表わす数学的概念を構成する必要がある．場に対する研究の進展にともない，実際にきわめて多種多様な数学的概念が登場してきた．ベクトル・テンソル・微分形式・計量・スピノル・ベクトル束・接続などの概念は，すべてそのようなものとも考えることができる．

しかしこの本では，その中で一番最初に現われた，そして一番基本的な，ベクトル場を考えよう．これは，場が及ぼす力に関係した物体の性質がたかだか1つの数，例えば質量あるいは電荷，によって表わされる場合とも考えることができる．ベクトル場とは(§1.1で定義するが)，空間の各々の点pに対して，その点を始点とする矢印を対応させるものである．これは物体(その性質が数mで表わされる)がこの点に置かれたとき働く力が矢印の方向で，大きさが矢印の大きさのm倍であるような場と考えられる．

その背景を捨て去り数学的に抽象化してしまえば，これは(3次元)ユークリッド空間の各点pに対して3つの数の組$(V_1(p), V_2(p), V_3(p))$を対応させる写像と考えることができる．

ベクトル場の微積分

場を数学的に記述するのに，上で述べたようなベクトル場をもちいることにしよう．このとき我々は，この場が変化していくありさまを記述する数学的装置を構成しなければならない．

もし考えるのが点粒子であったら，そのある瞬間の状態は，その位置とせいぜい速さぐらいで記述できるであろう．したがってある瞬間の点粒子の状態は，有限個の数の組で表わされる．すなわち点粒子の運動は有限個の1変数関数の組で記述されるであろう．

では，ある瞬間の場のようすはなにで記述できるであろうか．これは上で述べたように，3次元ユークリッド空間の各点に3つの数を対応させる関数である．このような関数全体は無限次元のベクトル空間をなす．すなわち場の自由度は無限次元である．したがって，場の運動を記述するためには，各々の時間 t に対して関数(の組) $(V_1(p), V_2(p), V_3(p))$ を与えなければならない．いいかえれば，時間 t と空間 p の両方を変数とした関数を考えることになる．これを一言でいえば，点粒子を記述する数学は1変数の解析学で，場を記述する数学は多変数の解析学である．

多変数の微積分学を我々はすでに学んだ．そこでは偏微分や重積分の考え方が中心であった．これらが場の運動を記述する数学であろうか？　これはそうであるともそうでないともいえる．もちろん多変数の解析学はすべてこれらの偏微分や重積分に帰着される．しかしベクトル場というときは，単なる多変数の微積分とは少し違ったものが含まれている．

例えば，(3次元空間の)ベクトル場は3変数の関数の3つの組である．この3という数が両方に共通である．これは偶然であろうか？　そうではあるまい．

単なる3変数の関数の3つの組とベクトル場はどこが違っているであろうか．例えば，$\boldsymbol{V}(p)=(V_1(p), V_2(p), V_3(p))$ をベクトル場としたとき，V_1 は第1成分であり，p の座標を (p_1, p_2, p_3) とすると，p_1 が第1成分である．この2つがともに第1成分であることにはなにか特別な意味があるであろうか？　あるといってよい．例えば，単なる3変数の関数の3つの組，すなわち $\mathbb{R}^3 \to \mathbb{R}^3$ なる写像と見たとき，$f(x,y,z)=(x,0,0)$ と $f(x,y,z)=(0,x,0)$ はほとんど同じものであり，これを区別する理由はない．しかしベクトル場と見たとき，この2つははっきりと違った性質を持っている．

これらのベクトル場の単なる関数の組と違った特徴を考慮にいれた解析学とはなんであろうか？　我々はこれに答えなければならない．ベクトル場の偏微分を考えるならば，ベクトル場を表わす3つの関数のどれをどの変数で微分するかで9つの関数が得られる．この9つの関数を漫然と並べたものをベクトル場の微分とみなすべきではないであろう．ベクトル場の微分法を作り上げるとは，これら9つの関数を，ベクトル場のよってきたる意味を考えながら組み合わせて，ベクトル場の意味にふさわしい微分概念を見つけていくことにほかならない．

では，ベクトル場の積分とはなんであろうか．我々は多変数関数の積分としては重積分を学んだ．空間が3次元のときは，

$$\int_{a_0}^{a_1}\int_{b_0}^{b_1}\int_{c_0}^{c_1} f(x,y,z)dxdydz$$

などがそれにあたる．この f としてベクトル場

$$\boldsymbol{V}(p) = (V_1(p), V_2(p), V_3(p))$$

の成分 V_i を考えれば，3つの実数

$$\int_{a_0}^{a_1}\int_{b_0}^{b_1}\int_{c_0}^{c_1} V_i(x,y,z)dxdydz$$

が得られることになる．これでベクトル場の積分が分かったとしてよいであろうか．そうとは思えない．なぜならこのようにすると，ベクトル場を作る3つの関数がそれぞれ無関係に積分されるにすぎないから，ベクトル場の大切な性質が消えてしまう．もっとベクトル場の本質を捉えた積分があるはずである．

そのような積分を考えるには，3次元空間のベクトル場の場合でも，積分を3次元の集合(例えば $\int_{a_0}^{a_1}\int_{b_0}^{b_1}\int_{c_0}^{c_1} V_i(x,y,z)dxdydz$ の場合は直方体)の上だけではなく，3次元ユークリッド空間に含まれる2次元や1次元の図形上でも考えなければならないことが分かってくる．

そのような積分を考察するために，まず明らかにしなければならないのは，3次元ユークリッド空間に含まれる2, 1次元の図形とはなにかという問題で

ある．これは一見してみるより難しい問題である．2次元の図形を曲面，1次元の図形を曲線というが，これらが数学で本格的に取り扱われるようになったのは比較的最近のことである．例えば，ギリシャ時代の幾何学の対象はほとんどが3角形のような直線図形で，そうでない場合でも円のように特殊な曲がり方をした図形に限られていた．曲がった図形一般は非常にバラエティーに富んでおり，これを数学的にきちっと取り扱おうとするとただちに困難にいきあたる．

幾何学的直感で多くのことを導けても，これをユークリッドのような明快な論理体系にするのは難しい．ほとんど自明に見える命題も証明しようとすると決してやさしくない場合が多い．

曲がった図形を扱うための数学の基礎が確立されたのは20世紀になってからである．これは多様体論と呼ばれ，多くの現代数学の分野がその上で展開される．前世紀まではそうした証明における困難はあまり問題にせず，幾何学的直感を信じて数学が進められてきた．20世紀にはいって直感がききづらい高次元の図形を扱うようになって初めて，そのような論理的な基礎づけが問題にされた．しかし今になって振り返ってみると，3次元のユークリッド空間中の曲面を扱う数学的に厳密な枠組みを作れば，そこには高次元の幾何学を構成するための基本的な要素がすべて含まれている．

本書ではそのような空間の中の図形を数学的にきちっと扱うための諸点について，ある程度触れるが，論理的に完全に厳密な構成は試みない．

こうして2,1次元の図形の意味がはっきりしてくると，その上での積分なる概念もしだいにその姿を現わしてくる．さらに我々はベクトル場の意味を考えながら，ベクトル場の2,1次元の積分としてどのようなものが意味があるのか探っていくであろう．

ストークスの定理とその親戚達

1変数の微積分学でもっとも重要な，というより，数学の定理の中でもっとも重要といってもいいのは，微積分学の基本定理

$$\int_a^b \frac{d}{dx} f(x)dx = f(b) - f(a) \tag{1}$$

であった．ベクトル場の微積分でこれにあたるものはなんであろうか．式(1)の主要な意味は，微分と積分という2つの基本的な操作を結びつけることである．本書では微分，積分にあたるさまざまな操作をベクトル場に対して考える．これらの間に関係を付けることが，微積分学の基本定理のベクトル場に対しての類似物であろう．しかしベクトル場の場合には微分・積分にはさまざまなものがある．どれとどれとが組み合わさるべきか，これに対する統一的な答はあるだろうか？　これに答えるには微分形式の概念を用いるのが適当であり，本書では答はまだ得られない．ここでは定理の(1)とそのベクトル場に対するアナロジーの1つの共通点を論ずるにとどめる．(1)は1次元の微積分学に属する定理である．1次元の場合にはその上で積分をするべき図形のバラエティーは限られている．すなわち区間 $[a,b]$ だけを考えれば十分である．

そう考えると，(1)の左辺は f の導関数の(考えるべき唯一の図形である)，区間 $[a,b]$ での積分である．では右辺はなんであろうか．これは区間 $[a,b]$ の境界(2点 a,b)での f の値から決まる量である．すなわち，微積分の基本定理は，f の微分の区間 $[a,b]$ での積分が，積分領域 $[a,b]$ の境界での f の値から定まるという意味を持っている．

こうみなすと，ベクトル場に対する微積分学の基本定理の拡張は，

ベクトル場のある微分の図形 C での積分	=	ベクトル場の C の境界上での積分	(2)

という形であるべきであろう．(どの微分とどの積分が結びつくのかはここでは説明されていない．) このような形の定理がガウスの発散定理，グリーンの公式，ストークスの定理である．

このようなストークスの定理の親戚達は，場の考え方の基本に関わる次のような意味を持っている．

場に対する境界での積分量は，場が最終的に物体に及ぼす効果に関わる場

合が多い．すなわち，場というエネルギーを伝えるメカニズムを忘れて，結果的になにが起こったかをみると，これは式(2)の右辺で与えられる．一方，場の運動を記述するのは場の微分であり，その積分である左辺は場の運動が蓄積された全体と見ることができる．そう思えば式(2)は，場の運動の，場の存在する領域での総和が，場の外部に対する効果を表わすと解釈される．第3章で論ずる電磁気学の微分方程式と実験にかかるような法則との関係は，このように解釈される．

これが，微積分学の基本定理のベクトル場に対する一般化が，どのように電磁気学で観測事実から微分方程式を導くのに使われるのかの説明であり，それはまさに場のダイナミズムによって物体の間に働く力を説明していることにほかならない．

場の理論と幾何学

読者は，なぜ数学のシリーズに電磁場を題にした巻があり，それを幾何学者が書いているのか奇妙に感じられたかもしれない．本文にはいる前にその点に触れておきたい．

それにはアインシュタインの一般相対性理論が目指したものを思い出すのが一番よい．初めに述べたように，一般相対性理論の1つの優れた点は，それが重力が働くメカニズムの説明を与えている点である．一言でいえば，「物質があると空間が曲がりそれによって力が伝わる，これが重力である」というのがその説明であった．これは重力に対して図形の言葉で，すなわち幾何学的に説明を与えていることにほかならない．

これはなにも一般相対性理論で初めて出てきた観点ではない．物理法則の幾何学化は場の概念の始まりからあった思想である．力が伝わるメカニズムといっても，まさか自然が歯車を用意しているはずもない．絵や図で力が伝わっていくありさまを記述しよう．これこそ場の理論の出発点であった．ベクトル場に始まり，最近のゲージ場や弦理論にいたるまで，さまざまな場を記述する概念装置が，すべて幾何学のそれであったことは，決して偶然ではない．

さらにもう1点つけ加えれば，場の理論で最初から現在にいたるまで問題になったのは，いつも，空間とはなにかという問題であった．アインシュタインが特殊相対論の登場のときに行なったことは，空間とはなにか，時間とはなにか，を徹底的に問い直すことであった．

いま場の量子論，とくに重力場の量子化や超弦理論は同じ問題，「空間とはなにか」を我々に問いかけている．

これは数学の問題なのか物理学の問題なのか．そんなことはどうでもよい．しかしこれが幾何学の問題でもあるといっていいことは間違いないであろう．

目　次

数学記号

$\mathbb{N}$	自然数の全体
$\mathbb{Z}$	整数の全体
$\mathbb{Q}$	有理数の全体
$\mathbb{R}$	実数の全体
$\mathbb{C}$	複素数の全体

ギリシャ文字

大文字	小文字	読み方	大文字	小文字	読み方
A	α	アルファ	N	ν	ニュー
B	β	ベータ	Ξ	ξ	クシー
Γ	γ	ガンマ	O	o	オミクロン
Δ	δ	デルタ	Π	π, ϖ	パイ
E	ϵ, ε	イプシロン	P	ρ, ϱ	ロー
Z	ζ	ゼータ	Σ	σ, ς	シグマ
H	η	イータ	T	τ	タウ
Θ	θ, ϑ	シータ	Υ	υ	ユプシロン
I	ι	イオタ	Φ	ϕ, φ	ファイ
K	κ	カッパ	X	χ	カイ
Λ	λ	ラムダ	Ψ	ψ	プサイ
M	μ	ミュー	Ω	ω	オメガ

1 平面上のベクトル解析

この章と次の章ではベクトル場という概念について説明し，ベクトル場の微積分を展開する．ベクトルの定義は§1.1で述べる．ベクトルの代数的性質については，ここでは復習にとどめる．

学習の手引きでも述べたように，ベクトル場の微分を考えるには，ベクトル場のどの成分をどの変数で微分するのか，それをどう組み合わせるのか，を決めなければならない．本章では，空気の流れや起伏のある面の上に置かれた物体にかかる力のような物理現象をモデルにして，どのような組み合わせに意味があるか考えよう．

ベクトル場の積分を考えるには，ベクトル場をどこで積分するかが問題になる．そのために曲線や曲面という概念を再検討し，数学的に明確な形でとらえ直すことが必要である．ここではそれらの問題が比較的やさしく扱える平面の上のベクトル場を論じる．曲線の上でのベクトル場の積分(線積分)が，力と仕事，空気の流れといった物理現象の場合に，どのような意味を持つのかを中心に述べていこう．

本章では定理を厳密に証明することよりも，いろいろな概念の幾何学的，物理的な意味を説明することに重点をおく．

ベクトル場の(平面での)微積分についての話を進めていくと，自然と平面上の領域や曲線についての大域的な問題にいきあたる．例えば曲線の向き，曲線が囲む領域，勾配ベクトル場の特徴付けなどである．平面上ではこれらの問題は，少なくとも直感的には明らかである場合が多い．しかし本書では，3次元の場合にこれらの問題に対してある程度数学的な考察を行ないたい．そのために，より見やすい2次元の場合に(2次元のためだけなら)多少回りくどいとも見える考察を行なっておく．このような考察の意味は，第2章，第3章と読み進むにつれて，しだいに明らかになっていくであろう．

§1.1　ベクトルとベクトル場

(a)　ベクトル

自然界に現われる量の中には，単独の数でなく，その組によって表わされるものが多くある．このような量を**ベクトル**(vector)という．具体的には，ベクトルはいくつかの数の組 $(v_1, \cdots, v_n)$ で表わされる．n 個の数の組で表わされるベクトルのことを，n 次元ベクトルという．本書ではベクトルは太文字を使って $\boldsymbol{u}, \boldsymbol{v}$ などと表わす．

$\boldsymbol{u}$ なるベクトルが数の組 $(u_1, \cdots, u_n)$ を表わしているとき，u_i を $\boldsymbol{u}$ の**成分**(component)と呼ぶ．n 次元ベクトル全体のなす集合を記号 $\mathbb{R}^n$ で表わす．すなわち $\mathbb{R}^n = \{(v_1, \cdots, v_n) \mid v_i \in \mathbb{R}\}$ である．ここで $\mathbb{R}$ は実数全体を表わす．$\mathbb{R}^n$ のように，ある次元のベクトル全体をまとめて考えたものを，**ベクトル空間**(vector space)という．本書では用いないが，$n = \infty$ の場合，つまり無限次元のベクトル空間を考えることもある．

ベクトルを n 個の数の組であると述べたが，他にも同値ないい方がいくつかある．例えば n 次元ユークリッド空間の矢印をベクトルといってもよい．(このいい方は $n = 2, 3$ で矢印を絵に描ける場合により便利である．) ただし矢印でベクトルを表わすときは，平行移動で移りあう矢印は同じベクトルを表わすとみなす(図1.1)．矢印の始点 p の座標を $(x_1, \cdots, x_n)$，終点 q の座標を $(y_1, \cdots, y_n)$ としたとき，この矢印は n 個の数の組 $(y_1 - x_1, \cdots, y_n - x_n)$ が表わすベクトルのことであるとみなす．$(x_1, \cdots, x_n)$ を始点とし $(y_1, \cdots, y_n)$ を終点とする矢印と，$(x'_1, \cdots, x'_n)$ を始点とし $(y'_1, \cdots, y'_n)$ を終点とする矢印とが平行移動で移りあうのは，$y_1 - x_1 = y'_1 - x'_1$，$\cdots$，$y_n - x_n = y'_n - x'_n$ である場合で

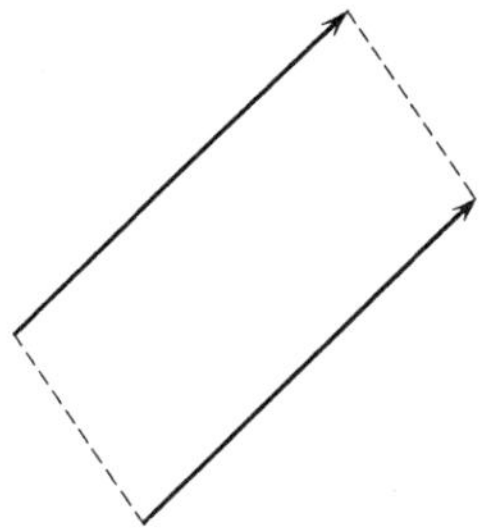

図 1.1　矢印ベクトル

あるから，数の組と見たときのベクトルと矢印と見たときのベクトルとは1対1に対応する．

点 $\boldsymbol{p}$ に対して，原点 $(0, \cdots, 0)$ を始点とし $\boldsymbol{p}$ を終点とする矢印の表わすベクトルを，$\boldsymbol{p}$ の**位置ベクトル**という．$\boldsymbol{p}$ の座標を $(p_1, \cdots, p_n)$ とすると，$\boldsymbol{p}$ の位置ベクトルは数の組 $(\boldsymbol{p}_1, \cdots, \boldsymbol{p}_n)$ で表わされる．

(b)　ベクトルの和

2つの n 次元ベクトル $\boldsymbol{v}, \boldsymbol{w}$ に対して，その**和** $\boldsymbol{v}+\boldsymbol{w}$ を次のように定義する．$\boldsymbol{v}, \boldsymbol{w}$ が数の組 $(v_1, \cdots, v_n)$ と $(w_1, \cdots, w_n)$ でそれぞれ表わされるときに，$\boldsymbol{v}+\boldsymbol{w}$ は $(v_1+w_1,\ \cdots,\ v_n+w_n)$ で表わされる．

この規則を矢印としてのベクトルの場合に言い換えると次のようになる．

$\boldsymbol{v}$ が始点 p，終点 q の矢印で表わされるとする．このとき $\boldsymbol{w}$ を表わす矢印をとり，q が始点となるように平行移動し，その終点を r とおく．p を始点とし r を終点とする矢印の表わすベクトルが $\boldsymbol{v}+\boldsymbol{w}$ である(図 1.2)．

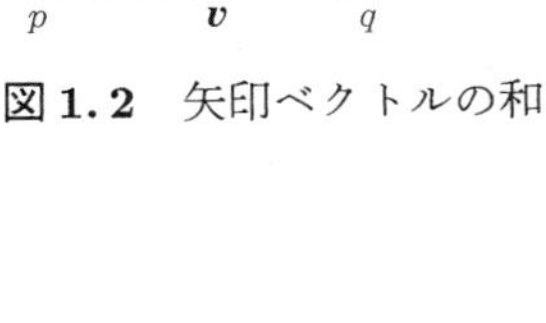

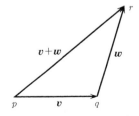

図 1.2　矢印ベクトルの和

あるいは，$\boldsymbol{v}$ と $\boldsymbol{w}$ を同じ点 p を始点として描き，その終点を q および r とする．p, q, r を頂点とする平行4辺形の第4の頂点を o とすると，p を始点，o を終点とする矢印が表わすベクトルは $\boldsymbol{v}+\boldsymbol{w}$ である(図1.3)．

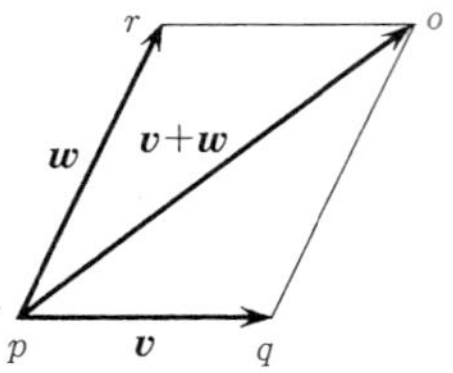

図1.3　平行4辺形の法則

このように和を定めたとき，次のことが成り立つ．

（i）　$\boldsymbol{u}+(\boldsymbol{v}+\boldsymbol{w})=(\boldsymbol{u}+\boldsymbol{v})+\boldsymbol{w}$ (結合法則)．

（ii）　$\boldsymbol{0}$ なるベクトルが存在して，$\boldsymbol{0}+\boldsymbol{v}=\boldsymbol{v}+\boldsymbol{0}=\boldsymbol{v}$ が任意のベクトル $\boldsymbol{v}$ に対して成立する(単位元の存在)．

（iii）　任意のベクトル $\boldsymbol{v}$ に対してベクトル $-\boldsymbol{v}$ が存在して $-\boldsymbol{v}+\boldsymbol{v}=\boldsymbol{v}+-\boldsymbol{v}=\boldsymbol{0}$ が成り立つ(逆元の存在)．

（iv）　$\boldsymbol{v}+\boldsymbol{w}=\boldsymbol{w}+\boldsymbol{v}$ (交換法則)．

集合とその間の演算が(i)，(ii)，(iii)をみたすとき**群**と呼び，(iv)も成立するとき**可換(アーベル)群**と呼ぶ．

さらにベクトルには実数を掛けることができる．すなわち $\boldsymbol{v}$ を $(v_1, \cdots, v_n)$ で表わされるベクトル，C を実数とするとき，$C\boldsymbol{v}=(Cv_1, \cdots, Cv_n)$ と定義する．矢印で表わしたときは，$C\boldsymbol{v}$ は $\boldsymbol{v}$ と同じ方向を向いた，長さが $\boldsymbol{v}$ の C 倍の矢印が表わすベクトルであるとする．(C が負のときは，$C\boldsymbol{v}$ は $\boldsymbol{v}$ と反対の方向を向いた，長さが $\boldsymbol{v}$ の $|C|$ 倍の矢印が表わすベクトルであると定める．) これに対して次の規則が成り立つ．

（v）　$C(\boldsymbol{v}+\boldsymbol{w})=C\boldsymbol{v}+C\boldsymbol{w}$.

（vi）　$-1\boldsymbol{v}=-\boldsymbol{v}$,　$0\boldsymbol{v}=\boldsymbol{0}$.

集合上に足し算および実数を掛ける操作が定義され，(i)–(vi)の規則が成り立つとき，これはベクトル空間になる．

(c)　ベクトルの積

次に2つのベクトルの間に**内積**(inner product)を定義しよう．数の組であるベクトルの場合には，内積・は

$$(v_1, \cdots, v_n)\cdot(w_1, \cdots, w_n) = v_1w_1 + \cdots + v_nw_n$$

で定義される．2つのベクトルの間の内積は実数である．

矢印ベクトルの言葉では，内積は次のように表わされる．$\boldsymbol{v}, \boldsymbol{w}$ を原点を始点とする矢印で表わす．この2つの矢印がなす角を θ とし，各々のベクトルの**大きさ**を $\|\boldsymbol{v}\|, \|\boldsymbol{w}\|$ で表わす．ここで $\boldsymbol{v}$ が $(v_1, \cdots, v_n)$ で表わされるとき，

$$\|\boldsymbol{v}\| = \sqrt{v_1^2 + \cdots + v_n^2}$$

である($\|\boldsymbol{v}\|$ は $\boldsymbol{v}$ を表わす矢印の長さである)．このとき

$$\boldsymbol{v}\cdot\boldsymbol{w} = \|\boldsymbol{v}\|\|\boldsymbol{w}\|\cos\theta.$$

問1　内積の2つの定義が同値であることを確かめよ．

次に**外積**(outer product)を定義しよう．内積はどんな次元でも意味があったが，ベクトルの外積は3次元のベクトルの間にしか意味がない．定義は，数の組の言葉では

$$(v_1, v_2, v_3)\times(w_1, w_2, w_3) = (v_2w_3 - v_3w_2,\ v_3w_1 - v_1w_3,\ v_1w_2 - v_2w_1)$$

である．

外積を矢印ベクトルの言葉で述べると次のようになる．$\boldsymbol{v}, \boldsymbol{w}$ の外積とは，$\boldsymbol{v}, \boldsymbol{w}$ を2辺とする平行4辺形の面積を大きさとし，$\boldsymbol{v}, \boldsymbol{w}$ の両者と直交するベクトルである(図1.4)．このようなベクトルはちょうど2つあるが，そのうち，$\boldsymbol{v}$ に右手の親指を，$\boldsymbol{w}$ に人差し指を向けたとき，中指の方向である方をとる．この最後の事実を $\boldsymbol{v}, \boldsymbol{w}, \boldsymbol{v}\times\boldsymbol{w}$ は**右手系をなす**という．

例題1.1　外積の数の組を用いた定義と矢印を用いた定義が一致することを示せ．

[解]　$(u_2v_3 - u_3v_2,\ u_3v_1 - u_1v_3,\ u_1v_2 - u_2v_1)$ が $\boldsymbol{u} = (u_1, u_2, u_3)$ および $\boldsymbol{v} =$

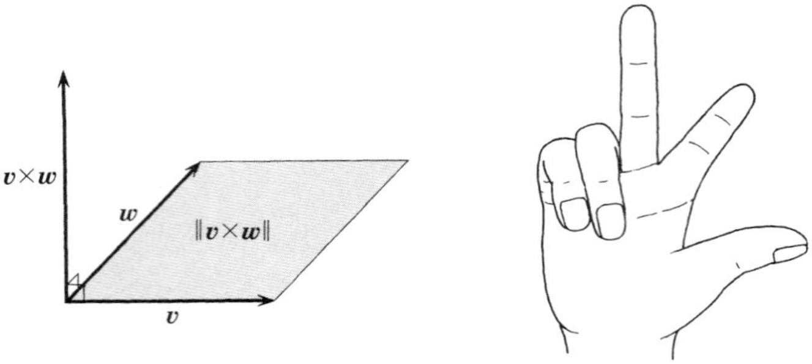

図 **1.4**　外積と右手系

(v_1, v_2, v_3) と直交することは，

$$u_1(u_2v_3 - u_3v_2) + u_2(u_3v_1 - u_1v_3) + u_3(u_1v_2 - u_2v_1) = 0$$

などから分かる．一方

$$\begin{aligned}
&\|(u_2v_3 - u_3v_2,\ u_3v_1 - u_1v_3,\ u_1v_2 - u_2v_1)\|^2 + |\boldsymbol{u}\cdot\boldsymbol{v}|^2 \\
&= (u_2v_3 - u_3v_2)^2 + (u_3v_1 - u_1v_3)^2 + (u_1v_2 - u_2v_1)^2 + (u_1v_1 + u_2v_2 + u_3v_3)^2 \\
&= (u_1^2 + u_2^2 + u_3^2)(v_1^2 + v_2^2 + v_3^2) \\
&= \|\boldsymbol{u}\|^2\|\boldsymbol{v}\|^2
\end{aligned}$$

である．$\boldsymbol{u}$ と $\boldsymbol{v}$ のなす角を θ とすると，$\boldsymbol{u}\cdot\boldsymbol{v} = \cos\theta\,\|\boldsymbol{u}\|\,\|\boldsymbol{v}\|$ であったから，

$$\begin{aligned}
\|(u_2v_3 - u_3v_2,\ u_3v_1 - u_1v_3,\ u_1v_2 - u_2v_1)\|^2 &= \|\boldsymbol{u}\|^2\|\boldsymbol{v}\|^2 - \|\boldsymbol{u}\|^2\|\boldsymbol{v}\|^2\cos^2\theta \\
&= \|\boldsymbol{u}\|^2\|\boldsymbol{v}\|^2\sin^2\theta.
\end{aligned}$$

よって，ベクトル $(u_2v_3 - u_3v_2,\ u_3v_1 - u_1v_3,\ u_1v_2 - u_2v_1)$ の大きさは $\boldsymbol{u}, \boldsymbol{v}$ を 2 辺とする平行 4 辺形の面積に等しい．後は $\pm$ を決めればよい．これは読者に任せる． ∎

内積と外積は次の性質を持つ．

(i) $\boldsymbol{v}\cdot\boldsymbol{w} = \boldsymbol{w}\cdot\boldsymbol{v}$.

(ii) $(C_1\boldsymbol{v}_1 + C_2\boldsymbol{v}_2)\cdot\boldsymbol{w} = C_1\boldsymbol{v}_1\cdot\boldsymbol{w} + C_2\boldsymbol{v}_2\cdot\boldsymbol{w}$.

(iii) $\boldsymbol{v}\times\boldsymbol{w} = -\boldsymbol{w}\times\boldsymbol{v}, \quad \boldsymbol{v}\times\boldsymbol{v} = \boldsymbol{0}$.

(iv) $(C_1\boldsymbol{v}_1 + C_2\boldsymbol{v}_2)\times\boldsymbol{w} = C_1\boldsymbol{v}_1\times\boldsymbol{w} + C_2\boldsymbol{v}_2\times\boldsymbol{w}$.

また，内積と外積の間には次の関係式が成り立つ．

$$\boldsymbol{u}\cdot(\boldsymbol{v}\times\boldsymbol{w}) = \boldsymbol{v}\cdot(\boldsymbol{w}\times\boldsymbol{u}) = \boldsymbol{w}\cdot(\boldsymbol{u}\times\boldsymbol{v}). \tag{1.1}$$

式(1.1)の両辺は $\boldsymbol{u},\boldsymbol{v},\boldsymbol{w}$ が右手系をなすとき，$\boldsymbol{u},\boldsymbol{v},\boldsymbol{w}$ が定める平行6面体の体積である．$\boldsymbol{u},\boldsymbol{v},\boldsymbol{w}$ が右手系をなさないときは，(1.1)は平行6面体の体積 $\times(-1)$ である．

このことを証明しよう．$\boldsymbol{v}$ と $\boldsymbol{w}$ を2辺とする平行4辺形を P とする．P と $\boldsymbol{u}$ のなす角を θ，P の面積を A とすると，$\boldsymbol{u},\boldsymbol{v},\boldsymbol{w}$ が定める平行6面体の体積は $A\|\boldsymbol{u}\|\sin\theta$ である．ところで P の面積 A は $\|\boldsymbol{v}\times\boldsymbol{w}\|$ であった．また P は $\boldsymbol{v}\times\boldsymbol{w}$ と直交する．したがって $\boldsymbol{u}$ と $\boldsymbol{v}\times\boldsymbol{w}$ のなす角 ρ は $\rho=\left|\dfrac{\pi}{2}-\theta\right|$ である．よって

$$\begin{aligned}\text{平行6面体の体積} &= A\|\boldsymbol{u}\|\sin\theta = \|\boldsymbol{v}\times\boldsymbol{w}\|\,\|\boldsymbol{u}\|\left|\cos\left(\frac{\pi}{2}-\rho\right)\right| \\ &= \|\boldsymbol{u}\cdot(\boldsymbol{v}\times\boldsymbol{w})\|.\end{aligned}$$

また，$\boldsymbol{u}=(u_1,u_2,u_3)$ などと書いたとき

$$\begin{aligned}\boldsymbol{u}\cdot(\boldsymbol{v}\times\boldsymbol{w}) &= u_1(v_2w_3-v_3w_2)+u_2(v_3w_1-v_1w_3)+u_3(v_1w_2-v_2w_1) \\ &= \det\begin{pmatrix} u_1 & v_1 & w_1 \\ u_2 & v_2 & w_2 \\ u_3 & v_3 & w_3 \end{pmatrix}.\end{aligned}$$

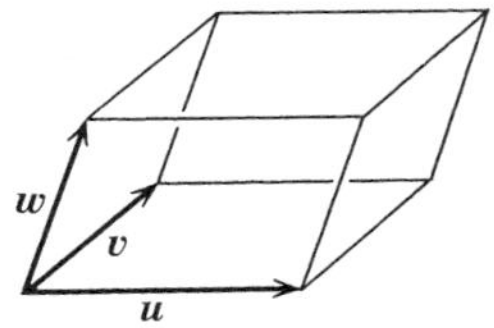

図 1.5　$\boldsymbol{u},\boldsymbol{v},\boldsymbol{w}$ が定める平行6面体

外積は積といっても結合法則 $\boldsymbol{u}\times(\boldsymbol{v}\times\boldsymbol{w})=(\boldsymbol{u}\times\boldsymbol{v})\times\boldsymbol{w}$ を<u>みたさない</u>．

問 2　$\boldsymbol{u}=(1,1,2)$，$\boldsymbol{v}=(2,0,1)$，$\boldsymbol{w}=(1,0,3)$ について，$\boldsymbol{u}\cdot(\boldsymbol{v}\times\boldsymbol{w})$，$\boldsymbol{v}\cdot(\boldsymbol{w}\times\boldsymbol{u})$，$\boldsymbol{w}\cdot(\boldsymbol{u}\times\boldsymbol{v})$，$\boldsymbol{u}\times(\boldsymbol{v}\times\boldsymbol{w})$，$(\boldsymbol{u}\times\boldsymbol{v})\times\boldsymbol{w}$ を計算せよ．

(d)　ベクトル場

次にベクトル場について述べる．例えば，水の流れを考えよう．3次元ユークリッド空間の部分集合 Ω に水が満ちているとき，Ω の各点 p に対して，その点での流れの方向を向いた，流れの強さに比例する大きさの矢印を対応させ，この矢印の表わすベクトル $\boldsymbol{v}(p)$ を考える．これで Ω の各点 p に対して，p を始点とする矢印が定まった．このような対応のことを**ベクトル場**(vector field)と呼ぶ．ベクトル場を表わすには，p に対してその点を始点とする矢印で $\boldsymbol{v}(p)$ を表わした絵を描くのがよい．図1.6は $p=(x,y)$ での値が $\boldsymbol{v}(p)=(-y,x)$ であるベクトル場の絵である．

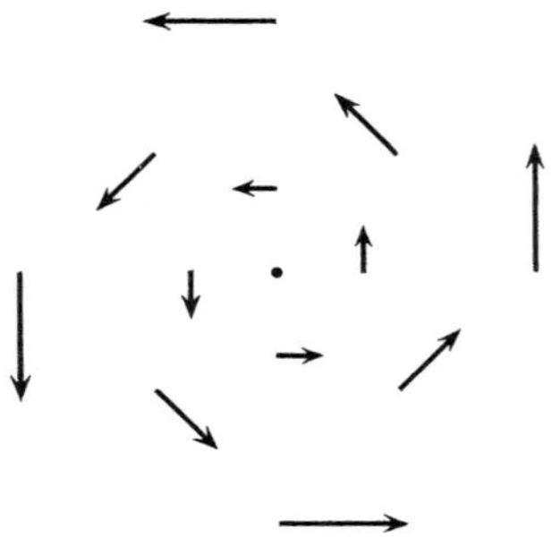

図1.6　ベクトル場

問3　次のベクトル場の絵を描け．

$$\boldsymbol{v}(p)=(1,0),\quad \boldsymbol{v}(p)=(x+y,x).$$

実数のことを，ベクトルではないと強調するときは，**スカラー**(scalar)と呼ぶ．また，実数値関数のことをスカラー値関数，スカラー場などと呼んで，ベクトル値関数，ベクトル場と区別する．

2つのベクトル場 $\boldsymbol{v}(p), \boldsymbol{w}(p)$ の間の和 $(\boldsymbol{v}+\boldsymbol{w})(p)$ や，スカラー値関数との積 $(f\boldsymbol{v})(p)$ を，各点でベクトルの和，スカラーとの積をとることで定義する．すなわち

$$(\boldsymbol{v}+\boldsymbol{w})(p) = \boldsymbol{v}(p)+\boldsymbol{w}(p), \quad (f\boldsymbol{v})(p) = f(p)\boldsymbol{v}(p).$$

これらに対してベクトルの場合の(i)から(vi)までと同じ規則が成り立つ.

2つのベクトル場の間の内積 $\cdot$ と外積 $\times$ も

$$(\boldsymbol{v}\cdot\boldsymbol{w})(p) = \boldsymbol{v}(p)\cdot\boldsymbol{w}(p), \quad (\boldsymbol{v}\times\boldsymbol{w})(p) = \boldsymbol{v}(p)\times\boldsymbol{w}(p)$$

で定義する. 2つのベクトル場の間の内積はスカラー値関数, 外積はベクトル場である.

ベクトル場の例としてすでに水の流れを述べた. ほかの例として磁場を考えよう. 机の上に棒磁石を1つ置く. 磁針を机のあちこちに置くと, 針は場所に応じていろいろな方向を向く. また, 磁針の向きをずらしたとき, もとに戻すように働く力の大きさを考える. 机の上の各点 p (2次元空間上の点とみなす)に対して, 磁針の北極が向く方向をその向きとし, 磁針に働く力の大きさを大きさとするベクトル $\boldsymbol{B}(p)$ を対応させるベクトル場を考えよう. これを**磁場**と呼ぶ. 棒磁石の磁場は図1.7のようになることが知られている.

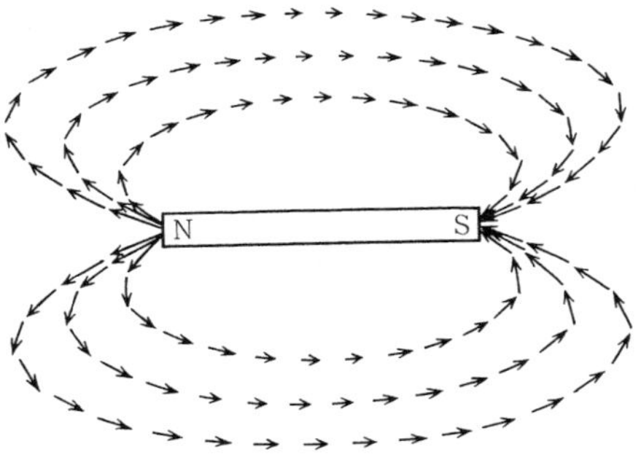

図1.7　棒磁石の磁場

(e)　勾配ベクトル場

次に勾配ベクトル場(gradient vector field)について述べよう. 起伏のある面を考え, 2変数の関数 $f(x,y)$ が点 (x,y) での高さを表わしているとする. この面の上に物体を置き, それがどのように動くか考えてみよう. 物体には重力がかかっているから, できるだけ速く低い方へ, つまり f の値が小さい方へ動こうとするであろう. そこで, ある点 (x,y) で物体が動く方向を見るには，どの方向に f がもっとも速く減るかを見ればよい．これには微分を用いる．

ベクトル (a,b) を考え，点が (x,y) から (a,b) の方向に動いたとき f の値はどのような割合で変化するか考えよう．それには t を $f(x+ta,y+tb)$ に対応させる関数の，t についての微分を $t=0$ で考えればよい．(これを (a,b) 方向の関数 f の**方向微分**(direction differential)という．)

補題 1.2　単位ベクトル(長さが 1 のベクトル) (a,b) をいろいろ変えたとき，$\dfrac{df(x+ta,y+tb)}{dt}$ が最小になるのは，(a,b) が

$$-\left(\frac{\partial f}{\partial x}, \frac{\partial f}{\partial y}\right)$$

と同じ方向であるときで，その場合の値は

$$-\sqrt{\left(\frac{\partial f}{\partial x}\right)^2+\left(\frac{\partial f}{\partial y}\right)^2}$$

である．

［証明］　$-\left(\dfrac{\partial f}{\partial x}, \dfrac{\partial f}{\partial y}\right)=r(\cos\theta,\sin\theta)$，$(a,b)=(\cos\varphi,\sin\varphi)$ と書いてみると，

$$\begin{aligned}\frac{df(x+ta,y+tb)}{dt} &= a\frac{\partial f}{\partial x}+b\frac{\partial f}{\partial y}\\ &= -r(\cos\theta\cos\varphi+\sin\theta\sin\varphi) = -r\cos(\theta-\varphi).\end{aligned}$$

よって，これは $\theta=\varphi$ のとき，つまり (a,b) が $-\left(\dfrac{\partial f}{\partial x}, \dfrac{\partial f}{\partial y}\right)$ と同じ方向であるとき最小で，その値は

$$-r = -\sqrt{\left(\frac{\partial f}{\partial x}\right)^2+\left(\frac{\partial f}{\partial y}\right)^2}.$$

∎

定義 1.3　n 変数関数 f に対して，その**勾配ベクトル場**を

$$\operatorname{grad} f(x_1,\cdots,x_n)=\left(\frac{\partial f}{\partial x_1}(x_1,\cdots,x_n),\ \cdots,\ \frac{\partial f}{\partial x_n}(x_1,\cdots,x_n)\right)$$

で定義する. □

補題1.2(とそのn変数版)により，fが点pでもっとも速く増える方向は$\operatorname{grad} f(p)$で，その増え方は$\operatorname{grad} f(p)$の大きさ

$$\|\operatorname{grad} f(p)\| = \sqrt{\left(\frac{\partial f}{\partial x_1}(p)\right)^2 + \cdots + \left(\frac{\partial f}{\partial x_n}(p)\right)^2}$$

に比例する.

2変数関数fが点(x,y)での高さを表わしているときには，$-\operatorname{grad} f(x,y)$の方向は，点$(x,y)$に置いた物体が動き出す方向を表わしている．また，$\|\operatorname{grad} f(x,y)\|$は，この物体にかかる力の大きさを表わしている．勾配ベクトル場の記号で，$\operatorname{grad} f(p)$のかわりに$\operatorname{grad}_p f$を用いることがある.

問4　$\operatorname{grad}(fg) = f(\operatorname{grad} g) + g(\operatorname{grad} f)$を示せ.

§1.2　線積分I

(a)　仕事と線積分

この節と次の節で，平面上のベクトル場に対する線積分を2種類論ずる．第1の線積分は，例えば，ベクトル場から力を受ける物体を動かす場合の仕事を計算するのに用いられる．次の前提から出発しよう.

「定義」1.4　一定の力$\boldsymbol{F}$を受けた質量mの物体を点pからqまで運ぶときの**仕事**は$-\boldsymbol{F}\cdot\overrightarrow{pq}$で与えられる. □

ここで，2点p, qに対してpを始点，qを終点とする矢印の表わすベクトルを$\overrightarrow{pq}$と表わした.

次の問題を考える.

問題1.5　$\boldsymbol{F}(p)$を平面内で定義されたベクトル場とし，点pに置かれた物体に働く力が$\boldsymbol{F}(p)$であるとする．このとき質量mの物体を，pからqまである道(曲線)Lに沿って運んだときの仕事を求めよ. □

この問題の解答として得られるのが**線積分**(curvilinear integral)である.

問題1.5に答えるために，道Lをパラメータを使って表わそう．すなわち，$\boldsymbol{l}\colon [a,b]\to\mathbb{R}^2$を閉区間$[a,b]$を定義域とする$\mathbb{R}^2$に値を持つ(微分可能な)写像とし，この写像の像$\{\boldsymbol{l}(t)\,|\,t\in[a,b]\}$である$\mathbb{R}^2$の部分集合が$L$であるとする．このとき$\boldsymbol{l}\colon [a,b]\to\mathbb{R}^2$を道$L$の**パラメータ**(parameter)と呼ぶ(**媒介変数**，**助変数**などとも呼ばれる)．パラメータ$\boldsymbol{l}\colon [a,b]\to\mathbb{R}^2$の，変数$t$についての微分$\dfrac{d\boldsymbol{l}}{dt}$を$\dot{\boldsymbol{l}}$と表わすこともある．$t$が時間であるとみなせば，時刻$t$における物体の位置が$\boldsymbol{l}(t)$であると見ることができる．

例1.6　$\boldsymbol{l}(t)=(a\cos t, b\sin t)$は，楕円$\dfrac{x^2}{a^2}+\dfrac{y^2}{b^2}=1$を表わすパラメータである．　□

道の例が本シリーズ『微分と積分2』§4.4に数多く述べられている．

注意1.7　後に**曲線**Lというときは，単射で微分が決して0にならないようなパラメータを持つ，という条件を付ける(定義1.23)．これと区別するために単に$\boldsymbol{l}\colon [a,b]\to\mathbb{R}^2$の像として表わされる集合のことを**道**と呼ぶ．このように用語を区別することは，必ずしも一般的ではない．本シリーズの別の巻では，ここで道と呼んだものを曲線と呼んでいる．

パラメータ$\boldsymbol{l}\colon [0,1]\to\mathbb{R}^2$を持つ道$L$に沿って，$\boldsymbol{F}(p)$なるベクトル場から力を受ける質量$m$の物体を運ぶときの仕事を計算しよう．区間$[0,1]$を$N$等分して，その$i$番目の区間$\left[\dfrac{i-1}{N},\dfrac{i}{N}\right]$を考えよう．$N$が大きくなるにつれて，$i$番目の区間の長さはどんどん小さくなり0に近づく．$\boldsymbol{l},\boldsymbol{F}(p)$は連続関数であるから，ベクトル$\boldsymbol{F}(\boldsymbol{l}(t))$は$t$が区間$\left[\dfrac{i-1}{N},\dfrac{i}{N}\right]$を動くとき，ほぼ一定である．したがって，「定義」1.4より，時刻$\dfrac{i-1}{N}$と$\dfrac{i}{N}$の間にする仕事は，ほぼ

$$-\boldsymbol{F}(\boldsymbol{l}(t_N^i))\cdot\left(\boldsymbol{l}\left(\frac{i}{N}\right)-\boldsymbol{l}\left(\frac{i-1}{N}\right)\right)$$

である．ここでt_N^iは$\left[\dfrac{i-1}{N},\dfrac{i}{N}\right]$の任意の元である(図1.8)．

よって，$\boldsymbol{F}(p)$なるベクトル場から力を受ける，質量mの物体を$\boldsymbol{l}\colon [0,1]\to$

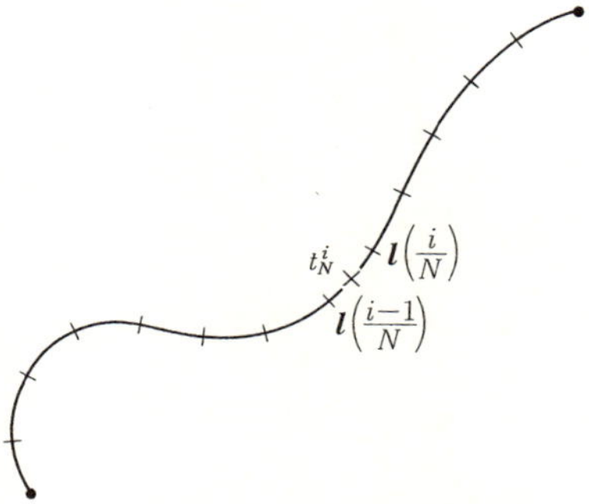

図 1.8　仕事と線積分

$\mathbb{R}^2$ に沿って運ぶときの仕事は

$$-\lim_{N\to\infty}\sum_{i=1}^{N}\boldsymbol{F}(\boldsymbol{l}(t_N^i))\cdot\left(\boldsymbol{l}\left(\frac{i}{N}\right)-\boldsymbol{l}\left(\frac{i-1}{N}\right)\right) \tag{1.2}$$

で与えられる．(1.2)の極限を計算しよう．$\boldsymbol{l}$ の t_N^i でのテイラー展開の第1項を考えると

$$\boldsymbol{l}\left(\frac{i}{N}\right)-\boldsymbol{l}\left(\frac{i-1}{N}\right)=\frac{1}{N}\frac{d\boldsymbol{l}}{dt}(t_N^i)+o\left(\frac{1}{N}\right) \tag{1.3}$$

である．

注意 1.8　一般に記号 $o(\varepsilon)$ は，$\lim_{\varepsilon\to 0}\frac{1}{\varepsilon}o(\varepsilon)=0$ であるような関数 o を表わす(ランダウの記号)．よって式(1.3)の $o\left(\frac{1}{N}\right)$ は，$\lim_{N\to\infty}No\left(\frac{1}{N}\right)=0$ である関数を表わす(本シリーズ『微分と積分1』§2.1 参照)．

(1.3)より(1.2)は

$$-\lim_{N\to\infty}\sum_{i=1}^{N}\frac{1}{N}\boldsymbol{F}(\boldsymbol{l}(t_N^i))\cdot\frac{d\boldsymbol{l}}{dt}(t_N^i) \tag{1.4}$$

に一致する．定積分の定義により，(1.4)は次の積分で表わされる．

$$-\int_0^1\boldsymbol{F}(\boldsymbol{l}(t))\cdot\frac{d\boldsymbol{l}}{dt}(t)dt$$

定義 1.9　$\boldsymbol{l}:[a,b]\to\mathbb{R}^2$ をパラメータとする道に沿ったベクトル場 $\boldsymbol{V}(p)$

の**線積分** $\int_a^b \boldsymbol{V}\cdot d\boldsymbol{l}$ を次の式で定義する.

$$\int_a^b \boldsymbol{V}(\boldsymbol{l}(t))\cdot \frac{d\boldsymbol{l}}{dt}(t)dt.$$

□

$\int_a^b \boldsymbol{V}\cdot d\boldsymbol{l}$ の代わりに $\int_L \boldsymbol{V}\cdot d\boldsymbol{l}$ と書くこともある.

線積分を使うと問題 1.5 に対する解答は $-\int_a^b \boldsymbol{F}(\boldsymbol{l}(t))\cdot d\boldsymbol{l}$ で与えられる.

注意 1.10　$\delta\boldsymbol{l} = \boldsymbol{l}\left(\frac{i}{N}\right) - \boldsymbol{l}\left(\frac{i-1}{N}\right)$ とおくと,

$$\int_0^1 \boldsymbol{V}(\boldsymbol{l}(t))\cdot d\boldsymbol{l} = \lim_{N\to\infty}\sum_{i=1}^N \boldsymbol{V}(\boldsymbol{l}(t_N^i))\cdot\delta\boldsymbol{l}$$

である. $\boldsymbol{V}(\boldsymbol{l}(t))\cdot d\boldsymbol{l}$ という記号は,「無限小の」ベクトル $d\boldsymbol{l} = \boldsymbol{l}(t+dt) - \boldsymbol{l}(t)$ とベクトル $\boldsymbol{V}(\boldsymbol{l}(t))$ の内積の総和をとったもの, という感じを表現している. ただしこれは記号の由来に対する説明であり, 論理的には記号 $\int_0^1 \boldsymbol{V}(\boldsymbol{l}(t))\cdot d\boldsymbol{l}$ は全体ではじめて意味を持つと考えるべきである.

問 5　$\boldsymbol{l}(t) = (e^t\cos t, e^t\sin t)$, $\boldsymbol{V}(x,y) = (x,y)$ とするとき, 線積分 $\lim_{T\to\infty}\int_{-T}^0 \boldsymbol{V}\cdot d\boldsymbol{l}$ を計算せよ.

例題 1.11　L を放物線の一部, $\{(x,y) \mid x = y^2,\ 1 \leqq y \leqq 2\}$ とし(L の向きは始点が (1,1) になるように決める), ベクトル場 $\boldsymbol{V}$ を

$$\boldsymbol{V}(x,y) = (y, -x)$$

とする. L に沿った $\boldsymbol{V}$ の線積分を計算せよ.

[解]　$\boldsymbol{l}(t) = (t^2, t)$ $(1 \leqq t \leqq 2)$ は L のパラメータである. すると

$$\frac{d\boldsymbol{l}}{dt}(t) = (2t, 1), \quad \boldsymbol{V}(\boldsymbol{l}(t)) = (t, -t^2)$$

である. よって

$$\int_1^2 \boldsymbol{V}(\boldsymbol{l}(t))\cdot d\boldsymbol{l} = \int_1^2 (2t\cdot t + 1\cdot(-t^2))dt = \left[\frac{2t^3}{3} - \frac{t^3}{3}\right]_1^2 = \frac{7}{3}.$$

■

(b)　パラメータの取り替え

例題 1.11 で「道 L に沿ったベクトル場の積分」という言葉を使った. 定

義 1.9 では，道 L のパラメータ $\boldsymbol{l}$ を決めたとき，L に沿ったベクトル場の積分が定義されたのであった．

道 L に対して，パラメータのとり方は 1 つではない．例えば，$\boldsymbol{l}(t)=(t,\sqrt{t})$ $(1\leqq t\leqq 4)$ も例題 1.11 の L のパラメータを与える．異なったパラメータをとると，線積分の値は変わるであろうか．

仕事の場合に戻って考えると，次の性質がある．

「性質」1.12　L を p と q を結ぶ道とする．このとき，$\boldsymbol{F}(p)$ なるベクトル場から力を受ける質量 m の物体を，p から q まで L に沿って運ぶときの仕事は，L 上をゆっくり運んでも急いで運んでも同じである．□

注意 1.13　この性質は直感に反するであろう．すなわち，あるものを 1 点から別の点に運ぶとき，あまり速く運べば疲れるし，またあまりゆっくり運んでも(持っているだけで)疲れる．しかしここで仕事といったとき，持っているだけでかかるエネルギーや摩擦(速く運べば運ぶほど大きい)を忘れて，力 $\boldsymbol{F}(p)$ に対してのものだけを考えているので，このような性質が成り立つ．

パラメータ $\boldsymbol{l}(t)$ は L 上で物体を運ぶとき時刻 t での位置が $\boldsymbol{l}(t)$ である，と解釈した．したがって，「性質」1.12 は次のように言い換えられる．

補題 1.14　線積分はパラメータのとり方によらない．□

例題 1.15　$\boldsymbol{l}(t)=(t,\sqrt{1-t^2})$ $(-1\leqq t\leqq 1)$，$\boldsymbol{V}(x,y)=(-y,x)$ に対して線積分 $\displaystyle\int_{-1}^{1}\boldsymbol{V}(\boldsymbol{l}(t))\cdot\frac{d\boldsymbol{l}}{dt}(t)dt$ を計算せよ．

[解]　そのまま代入してもよいが，補題 1.14 を用いてみよう．$\boldsymbol{l}(t)$ は原点を中心とした半径 1 の円の上半分である．したがって，$\widetilde{\boldsymbol{l}}(t)=(-\cos t,\sin t)$ $(0\leqq t\leqq\pi)$ も同じ道のパラメータである．この場合の線積分を計算すると

$$\int_0^{\pi}\boldsymbol{V}(\widetilde{\boldsymbol{l}}(t))\cdot\frac{d\widetilde{\boldsymbol{l}}}{dt}(t)dt=\int_0^{\pi}(-\sin t,-\cos t)\cdot(\sin t,\cos t)dt=-\pi.$$ ■

補題 1.14 を数学的に定式化しそして証明してみよう．パラメータのとり方を変えるとは，どう考えればよいであろうか．ここでは一番単純に次のよ

うに考える．$h(s)\colon [a',b'] \to [a,b]$ を微分可能で単調増大な関数とする．このとき $\boldsymbol{l}\colon [a,b] \to \mathbb{R}^2$ が道 L のパラメータとすると，合成 $\widetilde{\boldsymbol{l}} = \boldsymbol{l} \circ h\colon [a',b'] \to \mathbb{R}^2$ も L のパラメータである．すると我々の示すべき命題は次の通りである．

補題 1.16

$$\int_a^b \boldsymbol{V}(\boldsymbol{l}(t)) \cdot d\boldsymbol{l} = \int_{a'}^{b'} \boldsymbol{V}(\widetilde{\boldsymbol{l}}(s)) \cdot d\widetilde{\boldsymbol{l}}.$$

［証明］　合成関数の微分法と置換積分により

$$\begin{aligned}\int_a^b \boldsymbol{V}(\boldsymbol{l}(t)) \cdot \frac{d\boldsymbol{l}}{dt}(t)dt &= \int_{a'}^{b'} \boldsymbol{V}(\boldsymbol{l} \circ h(s)) \cdot \frac{d(\boldsymbol{l} \circ h)}{dt}(s)ds \\ &= \int_{a'}^{b'} \frac{dh}{ds}(s)\Big(\boldsymbol{V}(\boldsymbol{l} \circ h(s)) \cdot \frac{d\boldsymbol{l}}{dt}(h(s))\Big)ds \\ &= \int_{a'}^{b'} \boldsymbol{V}(\widetilde{\boldsymbol{l}}(s)) \cdot d\widetilde{\boldsymbol{l}}.\end{aligned}$$

∎

注意 1.17　$\boldsymbol{l}\colon [a,b] \to \mathbb{R}^2$ と $\widetilde{\boldsymbol{l}}\colon [a',b'] \to \mathbb{R}^2$ に対して，その像 $\{\boldsymbol{l}(t) \mid a < t < b\}$ と $\{\widetilde{\boldsymbol{l}}(t) \mid a' < t < b'\}$ が(集合として)一致していても，その方向が逆向きであるとき，つまり $\boldsymbol{l}(a) = \widetilde{\boldsymbol{l}}(b')$, $\boldsymbol{l}(a') = \widetilde{\boldsymbol{l}}(b)$ である場合には，線積分 $\int_a^b \boldsymbol{V}(\boldsymbol{l}(t)) \cdot d\boldsymbol{l}$ と $\int_{a'}^{b'} \boldsymbol{V}(\widetilde{\boldsymbol{l}}) \cdot d\widetilde{\boldsymbol{l}}$ とは一致しない(符号の分だけ値が異なる)．例えば，$\boldsymbol{l}(t) = (t, 0)$ $(0 < t < 1)$, $\widetilde{\boldsymbol{l}}(t) = (1-t, 0)$ $(0 < t < 1)$ とし，$\boldsymbol{V}(x,y) = (x,0)$ とすると，

$$\int_0^1 \boldsymbol{V}(\boldsymbol{l}(t)) \cdot d\boldsymbol{l} = 1, \quad \int_0^1 \boldsymbol{V}(\widetilde{\boldsymbol{l}}(t)) \cdot d\widetilde{\boldsymbol{l}} = -1$$

である．すなわち線積分は向きのついた道に対して定まる量である．曲線の向きについては§1.3(f)で述べる．

道 $\boldsymbol{l}\colon [a,b] \to \mathbb{R}^2$ とスカラー値関数 f に対しても，**線積分** $\int_a^b f\,dL$ を

$$\int_a^b f(\boldsymbol{l}(t)) \left\| \frac{d\boldsymbol{l}}{dt} \right\| dt$$

で定義する($f \equiv 1$ のときこれは道の長さであった)．この積分がパラメータのとり方によらないことも，補題 1.16 と同じようにして証明できる．$\int_a^b f\,dL$ のことを $\int_L f\,dL$ とも書く．

(c)　勾配ベクトル場の特徴付け(1)

§1.1(e)で考えた，高さが $f(x,y)$ で表わされる起伏のある面を考えよう．この面の上に物体を置いたとき，それに働く力は $-\mathrm{grad}\, f$ であった．物体を1点 p から別の点 q まで道 L に沿って運ぶとき，ベクトル場 $-\mathrm{grad}\, f$ で表わされる力に対して成される仕事はどれだけであろうか．

答を推測するために，こっそり位置エネルギーのことを用いよう．おそらく読者は高校の物理で，高さが h である場所に置かれた質量 m の物体は hm に比例する位置エネルギーをもつ，ということを習ったであろう．

したがって，点 p に置かれた物体と点 q に置かれた物体の持っている位置エネルギーの差は $f(p)-f(q)$ である．すなわち物体を p から q に動かすには $f(q)-f(p)$ の仕事をしなければならない．これが次の補題の主張である．

以後，領域とは弧状連結な開集合を指す．(Ω が弧状連結(path-connected)とは，任意の2点に対して，それを結ぶ道が存在することである．また Ω が開集合とは，Ω の任意の点 p に対して，p に十分近い点は再び Ω に含まれることを指す．)

補題 1.18　f を平面内の領域 Ω 上の関数，$\boldsymbol{l}\colon [a,b]\to\Omega$ を道 L のパラメータとすると

$$\int_a^b \mathrm{grad}\, f\cdot d\boldsymbol{l} = f(\boldsymbol{l}(b))-f(\boldsymbol{l}(a)).$$

［証明］　左辺を定義に従って計算し，合成関数の微分法を用いると

$$\begin{aligned}\int_a^b \mathrm{grad}\, f\cdot d\boldsymbol{l} &= \int_a^b \mathrm{grad}\, f\cdot \frac{d\boldsymbol{l}}{dt}dt = \int_a^b \frac{d(f\circ \boldsymbol{l})}{dt}dt \\ &= f(\boldsymbol{l}(b))-f(\boldsymbol{l}(a)).\end{aligned}$$

∎

系 1.19　$\boldsymbol{V}$ を領域 Ω 上のある関数の勾配ベクトル場とすると，Ω に含まれる任意の道 $\boldsymbol{l}\colon [a,b]\to\Omega$ に沿った $\boldsymbol{V}$ の線積分 $\displaystyle\int_a^b \boldsymbol{V}(\boldsymbol{l}(t))\cdot d\boldsymbol{l}$ は，$\boldsymbol{l}$ の両端 $\boldsymbol{l}(a), \boldsymbol{l}(b)$ のみにより，この2点を結ぶ道 $\boldsymbol{l}$ のとり方によらない．□

例題 1.20　$\boldsymbol{V}(x,y)=(-y,x)$ が勾配ベクトル場でないことを示せ．

［解］ $\boldsymbol{l}\colon [0,\pi]\to\mathbb{R}^2$，$\boldsymbol{l}(t)=(\cos t,\sin t)$ なるパラメータを持つ道を考えよう．この道に沿っての線積分 $\int_0^\pi \boldsymbol{V}(\boldsymbol{l}(t))\cdot d\boldsymbol{l}$ を定義に従って計算すると

$$\begin{aligned}\int_0^\pi \boldsymbol{V}(\boldsymbol{l}(t))\cdot d\boldsymbol{l} &= \int_0^\pi (-\sin t,\cos t)\cdot\frac{d\boldsymbol{l}}{dt}dt \\ &= \int_0^\pi (-\sin t,\cos t)\cdot(-\sin t,\cos t)dt = \pi.\end{aligned}$$

$\boldsymbol{l}\colon [0,\pi]\to\mathbb{R}^2$ は $(1,0)$ と $(-1,0)$ を結ぶ道である．$\boldsymbol{m}(t)\equiv(\cos t,-\sin t)$ なる $(1,0)$ と $(-1,0)$ を結ぶ別の道をとると，同様に計算して

$$\int_0^\pi \boldsymbol{V}(\boldsymbol{m}(t))\cdot d\boldsymbol{m} = -\pi$$

で，これは $\int_0^\pi \boldsymbol{V}(\boldsymbol{l}(t))\cdot d\boldsymbol{l}$ と異なる．したがって，系 1.19 より $\boldsymbol{V}(x,y)=(-y,x)$ は勾配ベクトル場ではない． ∎

ベクトル場 $\boldsymbol{V}$ に対して，$-\mathrm{grad}\, f=\boldsymbol{V}$ なる関数 f のことを**ポテンシャル**という．ポテンシャルが存在する必要条件が系 1.19 である．これは実は必要十分条件である．すなわち

定理 1.21　領域 Ω 上で定義されたベクトル場 $\boldsymbol{V}(p)$ に対して，次の 2 つの条件は同値である．

（i）　$\boldsymbol{V}(p)=\mathrm{grad}_p f$ なる関数 f が存在する．

（ii）　Ω に含まれる任意の道 $\boldsymbol{l}\colon [a,b]\to\Omega$ に沿った $\boldsymbol{V}$ の線積分 $\int_a^b \boldsymbol{V}(\boldsymbol{l}(t))\cdot d\boldsymbol{l}$ は，$\boldsymbol{l}$ の両端 $\boldsymbol{l}(a)$, $\boldsymbol{l}(b)$ のみにより道 $\boldsymbol{l}$ によらない．

［証明］ (i) $\Longrightarrow$ (ii) はすでに示した．(ii) $\Longrightarrow$ (i) を示そう．Ω の点 p_0 を何でもいいから 1 つとって決めておく．点 p に対して $\boldsymbol{l}(a)=p_0$，$\boldsymbol{l}(b)=p$ なる $\boldsymbol{l}\colon [0,\pi]\to\mathbb{R}^2$ を何でもいいからとる．(ii) より線積分 $\int_a^b \boldsymbol{V}(\boldsymbol{l}(t))\cdot d\boldsymbol{l}$ の値は点 p（と p_0）のみにより，$\boldsymbol{l}\colon [0,\pi]\to\mathbb{R}^2$ によらない．したがって p にこの積分の値 $\int_a^b \boldsymbol{V}(\boldsymbol{l}(t))\cdot d\boldsymbol{l}$ を対応させることで関数 $f(p)$ が定まる．

$\mathrm{grad}\, f(p)=\boldsymbol{V}(p)$ を証明しよう．$p=(x,y)$ とおき，$\boldsymbol{l}(a)=p_0$，$\boldsymbol{l}(b)=p$ なる $\boldsymbol{l}\colon [a,b]\to\mathbb{R}^2$ を何でもいいからとる．$\boldsymbol{l}_\varepsilon\colon [a,b+\varepsilon]\to\mathbb{R}^2$ を

$$\boldsymbol{l}_\varepsilon(t)=\begin{cases}\boldsymbol{l}(t) & (t\in[a,b])\\ (x+t-b,y) & (t\in[b,b+\varepsilon])\end{cases}$$

とおく.

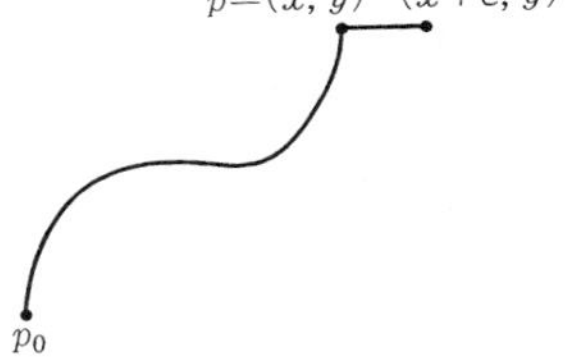

図 1.9　$\boldsymbol{l}_\varepsilon(t)$

定義より $\displaystyle\int_a^{b+\varepsilon}\boldsymbol{V}(\boldsymbol{l}_\varepsilon(t))\cdot d\boldsymbol{l}=f(x+\varepsilon,y)$. したがって

$$\begin{aligned}\frac{\partial f}{\partial x}(x,y)&=\lim_{\varepsilon\to0}\frac{f(x+\varepsilon,y)-f(x,y)}{\varepsilon}\\&=\lim_{\varepsilon\to0}\frac{\displaystyle\int_a^{b+\varepsilon}\boldsymbol{V}(\boldsymbol{l}_\varepsilon(t))\cdot d\boldsymbol{l}-\int_a^b\boldsymbol{V}(\boldsymbol{l}(t))\cdot d\boldsymbol{l}}{\varepsilon}\\&=\lim_{\varepsilon\to0}\frac{\displaystyle\int_b^{b+\varepsilon}\boldsymbol{V}(\boldsymbol{l}_\varepsilon(t))\cdot(1,0)dt}{\varepsilon}\\&=V_1(x,y).\end{aligned}$$

ただし $\boldsymbol{V}(x,y)=(V_1(x,y),V_2(x,y))$ とおいた. $\dfrac{\partial f}{\partial y}(x,y)=V_2(x,y)$ も同様に証明できるから $\mathrm{grad}\,f(p)=\boldsymbol{V}(p)$ である. ∎

定理 1.21 の条件(ii)を直接確かめるには, 任意の 2 点とそれを結ぶ任意の道に対して定積分 $\displaystyle\int_a^b\boldsymbol{V}(\boldsymbol{l}(t))\cdot d\boldsymbol{l}$ を計算しなければならず, 定理 1.21 の条件(ii)をベクトル場が勾配ベクトル場であるかどうか確かめる方法として使うことは実際的ではない. より実際的な判定法は, 後に述べるように, $\mathrm{rot}\,\boldsymbol{V}$ なるものを計算することである.

この節の定義, 定理は 3 次元以上の場合にも同じようにできる. (§1.4, §1.5 の定義, 定理には変更を要するものがある.)

§1.3 線積分II

(a) 空気の流れ(問題の提示)

第2番目の種類の線積分を論じよう．ベクトル場 $\boldsymbol{V}(p,t)$ を考え，これがある点 p で時刻 t での風の方向と，単位時間に流れる空気の量(重さ)を表わすとする．もう少し正確に書くと，点 p で時刻 t での風の方向と速さを表わすベクトルを $\boldsymbol{v}(p,t)$ とし，p で時刻 t での空気の密度を $\rho(p,t)$ とすると，$\boldsymbol{V}(p,t)=\rho(p,t)\boldsymbol{v}(p,t)$ である．

この節では風の方向はすべて地面の方向に水平で，また $\boldsymbol{V}(p,t)$ は地面からの高さによらないとする．この場合はベクトル場は平面上のものであると考えてよいであろう．次の問題を考えよう．

問題 1.22　Ω を平面 $\mathbb{R}^2$ 内の(有界)領域とする．時刻 t で Ω にある空気の総重量を $W(t)$ とする．$\dfrac{dW}{dt}$ を求めよ．　□

この問題の答を2通りの方法で計算する．第1の方法は，Ω の境界上の各点で，そこを通って Ω から流れ出す空気の量を計算し，その境界全体での総和を考えるやり方である．第2の方法は，Ω の各点の近くでの空気の量の変化を調べ，その Ω 全体での総和をとるやり方である．この節で第1の方法について述べ，次の節で第2の方法について述べることにしよう．

(b) 曲線とは

境界全体での総和を考えるやり方で問題1.22を考える場合，あまり一般の領域，たとえば境界が「フラクタル」である場合などを考えると，問題が難しくなる．領域 Ω が境界のところであまり入り組んでいると，境界全体での総和という考えを数学的に定式化するのが難しいからである．

「境界全体での総和」を数学的に定式化しやすいのが，境界が曲線である場合である．この場合を考えよう．

ところで，そもそも曲線とは何であろうか．本書でいう曲線とは，1次元の図形で，自分自身と交わらず，とんがっている点(カスプ)のような特異点を持たないものである．この3つの性質を数学的に定式化したのが次の定義である．

定義 1.23 $\mathbb{R}^2$ の部分集合 L が**滑らかな開曲線**(curve)であるとは，次の条件をみたす無限回微分可能な写像 $\boldsymbol{l}\colon (a,b)\to\mathbb{R}^2$ が存在することをいう．

（i） $\boldsymbol{l}$ の像は L である．

（ii） $\boldsymbol{l}$ は単射である．つまり $\boldsymbol{l}(t)=\boldsymbol{l}(s)$ ならば $t=s$ である．

（iii） $\boldsymbol{l}$ の微分 $\dfrac{d\boldsymbol{l}}{dt}$ は決して $\boldsymbol{0}=(0,0)$ にならない．

このとき $\boldsymbol{l}\colon (a,b)\to\mathbb{R}^2$ を**正則パラメータ**(regular parameter)という．(a,b は $\pm\infty$ でもよい．) □

条件(i),(ii)は L の点が数直線の一部分と対応付けられること，すなわち L が1次元であることを意味し，(ii)はまた L が自分自身と交わらないことも意味する．条件(iii)は L が特異点を持たないということを意味する．このことを説明するために，(iii)が成り立たない例をあげよう．

例 1.24 $\boldsymbol{l}(t)=(t^2,t^3)$ とおく．これが条件(ii)をみたすことは明らかである．また $\dfrac{d\boldsymbol{l}}{dt}=(2t,3t^2)$ であるから，$\dfrac{d\boldsymbol{l}}{dt}$ が $\boldsymbol{0}$ になるのは $t=0$ に限る．$\boldsymbol{l}$ の像 L の絵を描くと図1.10の通りであるから，L は原点では滑らかな曲線ではない． □

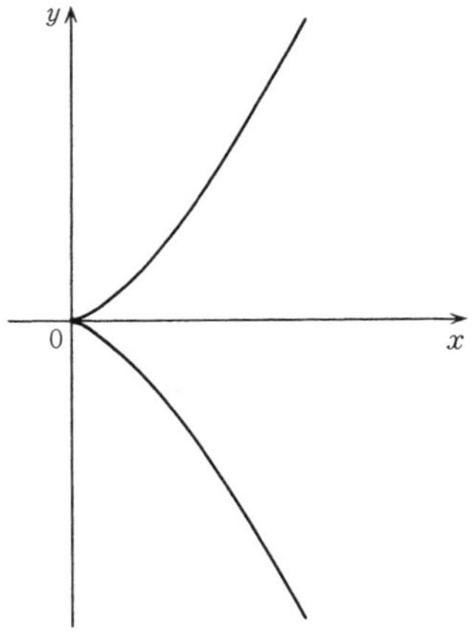

図 1.10 原点でのカスプ

問6　集合 $L=\{(x,y)\mid y^2=x^2(x+1)\}$ の絵を描け．これに対して，(i), (ii), (iii) をみたす $\boldsymbol{l}$ は存在するか．

L が**滑らかな閉曲線**であるとは，定義1.23の(i), (iii)および次の(ii′)が成立するような，$\boldsymbol{l}\colon \mathbb{R}\to\mathbb{R}^2$ が存在することをいう．

(ii′)　$T>0$ が存在し $\boldsymbol{l}(t)=\boldsymbol{l}(t+T)$ が成り立つ．逆に $\boldsymbol{l}(t)=\boldsymbol{l}(s)$ ならば，$t=s+nT$ なる整数 n が存在する．

例1.25　例えば，$\boldsymbol{l}(t)=(\cos t,\sin t)$ とすると，これは $T=2\pi$ として(ii′)をみたし，円 $\{(x,y)\in\mathbb{R}^2\mid x^2+y^2=1\}$ のパラメータを与える．　□

滑らかな開曲線と滑らかな閉曲線をまとめて，**滑らかな曲線**と呼ぶ．以下では滑らかなという形容詞は省略する場合がある．区分的に滑らかな開または閉曲線とは，区分的に微分可能であるような $\boldsymbol{l}$ で，(i)，(iii)および(ii)または(ii′)をみたすものがあることをいう((iii)では $\boldsymbol{l}$ が微分可能である点だけを考える)．連続な曲線や k 回微分可能な曲線も同じように定義される．

注意1.26　区間 $[a,b]$ で定義された(ベクトル値)関数 $f\colon [a,b]\to\mathbb{R}^n$ が区分的に無限回微分可能とは，連続で，有限個の点を除いて無限回微分可能であることを指した．$f(x)=|x|$ などがその例である．

注意1.27　第1章，第2章では，曲線，関数，ベクトル場などがどの程度微分可能であれば定理が成立するかについては考えず，無限回微分可能なものだけを扱う．第3章で必要になったとき，微分可能性について述べることにしよう．

(c)　曲線の囲む領域

定理1.28（ジョルダン(Jordan)の定理）　L を(区分的に)滑らかな閉曲線とすると，集合 $\mathbb{R}^2\backslash L$ は，互いに交わらない2つの領域の和に分かれる．一方は有界で，もう一方はそうではない．（$A\backslash B$ で差集合 $\{x\mid x\in A,\ x\notin B\}$ を表わす.）　□

定理は直感的には明らかであろう(図1.11)．しかし証明しようと思うと実は決してやさしくないので，本書では証明しない．定理は閉曲線が滑らかで

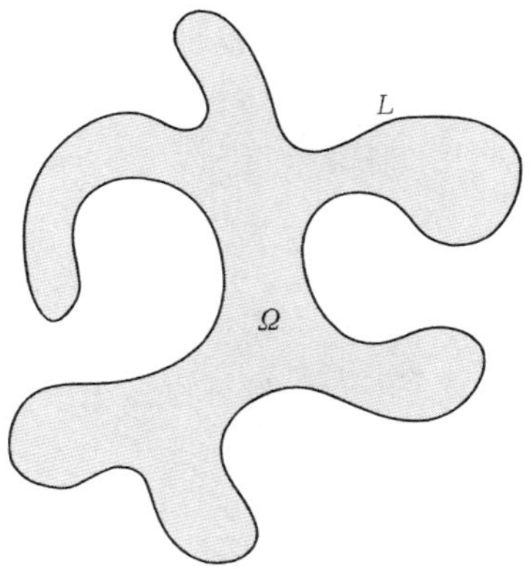

図 1.11　ジョルダンの定理

なく単に連続である場合にも成立する．本書では定理 1.28 でいう有界な方の領域のことを**閉曲線 L で囲まれた領域**と呼ぶ．

定義 1.29　$\mathbb{R}^2$ の(区分的に)**滑らかな境界を持つ領域** Ω とは，Ω が連結な開集合であって，Ω の境界 $\partial\Omega = \overline{\Omega}\backslash\Omega$ が(区分的に)滑らかな曲線の和であることをいう．($\overline{\Omega}$ は Ω の**閉包**を指す．すなわち Ω の点からなる点列が収束する点全体である．)　□

(区分的に)滑らかな境界を持つ領域 Ω が有界であるときには，その境界 $\partial\Omega$ は閉曲線の有限和である．($\partial\Omega$ は 1 つの閉曲線からなるとは限らない．)

注意 1.30　お互いに交わらない曲線の有限個の和集合を**曲線の有限和**と呼ぶ．単に曲線の和という場合は，無限個の曲線の和である場合もあるが，本書ではそういう場合はでてこない．

(d)　陰関数定理と曲線

領域を不等式を使って与えたとき，滑らかな境界を持つのはどのような場合だろうか．すなわち，$f:\mathbb{R}^2\to\mathbb{R}$ なる無限回微分可能関数に対して，集合 $\Omega=\{p\in\mathbb{R}^2 \mid f(p)<c\}$ が滑らかな境界を持つ領域であるための条件はなんだろうか．これは $L=\{p\in\mathbb{R}^2 \mid f(p)=c\}$ が滑らかな曲線の和であるための条件を求めよ，と言い換えられる．この問題に対する解答が次の定理である．

定理 1.31　$L=\{p\in\mathbb{R}^2 \mid f(p)=c\}$ とし，任意の点 $p\in L$ に対して $\operatorname{grad} f(p)\neq\mathbf{0}$ と仮定すると，L は滑らかな曲線の和である．

［証明］　$p=(x_0,y_0)$ を L の任意の点とする．$\operatorname{grad} f(p)\neq\mathbf{0}$ であるから，$\dfrac{\partial f}{\partial x}(p)\neq 0$ または $\dfrac{\partial f}{\partial y}(p)\neq 0$ である．$\dfrac{\partial f}{\partial y}(p)\neq 0$ の場合を考えよう．すると，陰関数定理(本シリーズ『微分と積分2』)より，L は p の近くで，ある関数 $g(x)$ のグラフになる．すなわち，$g\colon (x_0-\delta_1, x_0+\delta_2)\to\mathbb{R}$ なる無限回微分可能関数が存在して

$$L\cap\{q \mid \|p-q\|<\varepsilon\}=\{(x,g(x)) \mid x\in(x_0-\delta_1, x_0+\delta_2)\}$$

が成り立つ．したがって，$\boldsymbol{l}(t)=(t,g(t))$ $(t\in(x-\delta_1, x+\delta_2))$ とおくと，$\boldsymbol{l}$ は $L\cap\{q \mid \|q-p\|<\varepsilon\}$ の正則パラメータを与える．

これで，L の各点に対して，その点の近傍と L の交わりの正則パラメータが構成できた．この正則パラメータをつなぎ合わせていくことにより，L が曲線の和であることが示される． ∎

例 1.32　$f(x,y)=x^2+y^2$, $c=1$ としたときは，$L=\{p\in\mathbb{R}^2 \mid f(p)=c\}$ は(原点を中心とした半径1の)円である．$\operatorname{grad} f=(2x,2y)$ は L 上で $\mathbf{0}$ にならないから，定理1.31の仮定は成り立っている．L は閉曲線で，正則パラメータとしては，例えば $\boldsymbol{l}(t)=(\cos t, \sin t)$ がとれる． □

例1.32のパラメータは定理1.31の証明中で与えたものとは異なる．定理1.31の証明で与えたパラメータは，$p=(0,1)$ のときは $\boldsymbol{l}(t)=(t,\sqrt{1-t^2})$，また $p=(-1,0)$ のときは $\boldsymbol{l}(t)=(-\sqrt{1-t^2},t)$ である．これらは L 全体に対するパラメータではなくその一部に対するパラメータである．

注意 1.33　例1.32から分かるように，正則パラメータのとり方はいろいろある．曲線のさまざまな性質がパラメータによるかどうかは大切である．またパラメータによらない性質を調べるには，適当なパラメータを問題に応じて選ぶとよい場合が多い．たとえば，線積分を計算するには，うまいパラメータを見つけることが有効である．

ところで，定理1.31の証明の最後の部分，つまり「正則パラメータをつ

なぎ合わせる …」という部分は，ちょっと曖昧で気持ちが悪かったのではないだろうか．これをもっと正確に述べると次の通りである．

補題 1.34　L を $\mathbb{R}^2$ の部分集合とすると，次の 2 つのことは同値である．

(i)　L は滑らかな曲線の和である．

(ii)　任意の点 $p \in L$ に対して，p から ε 未満の距離にある L の点の全体，$\{q \in L \mid \|q-p\| < \varepsilon\}$ が滑らかな閉曲線であるような，$\varepsilon > 0$ が存在する．□

補題の証明は別に難しくはないのだが，本書のテーマをはずれる技術的な議論をするだけなので省略する．直感的には明らかであろう．

問 7　次の曲線の正則パラメータを与えよ．

(1) $L = \{(x, y) \in \mathbb{R}^2 \mid \cos x + y = 0\}$　　(2) $L = \{(x, y) \in \mathbb{R}^2 \mid 3x^2 + 4y^2 = 1\}$

(3) $L = \{(x, y) \in \mathbb{R}^2 \mid ye^x = 1\}$

(e)　接ベクトルと法ベクトル

定義 1.35　L を曲線とし，$\boldsymbol{l}$ をその正則パラメータとする．ベクトル $\boldsymbol{v}$ が $p = \boldsymbol{l}(t_0)$ での L の**接ベクトル**(tangent vector)であるとは，$\boldsymbol{v} = c\dfrac{d\boldsymbol{l}}{dt}(t_0)$ なるスカラー(実数) c が存在することをいう．ベクトル $\boldsymbol{v}$ が $p = \boldsymbol{l}(t_0)$ での L の**法ベクトル**(normal vector)であるとは，$\boldsymbol{v} \cdot \dfrac{d\boldsymbol{l}}{dt}(t_0) = 0$ であることをいう($\cdot$ はベクトルの内積)．□

この定義の幾何学的な意味は次の通りである．ベクトル $\boldsymbol{v}$ が $p = \boldsymbol{l}(t_0)$ での L の接ベクトルであるのは，$\boldsymbol{l}(t) = p + t\boldsymbol{v}$ をパラメータとする直線が，p で L と接することを意味する．また，ベクトル $\boldsymbol{v}$ が $p = \boldsymbol{l}(t_0)$ での L の法ベクトルであるとは，$\boldsymbol{l}(t) = p + t\boldsymbol{v}$ をパラメータとする直線が，p で L と直交することを意味する(図 1.12)．

例題 1.36　楕円 $L = \left\{ (x, y) \;\middle|\; \dfrac{x^2}{a^2} + \dfrac{y^2}{b^2} = 1 \right\}$ の接ベクトルと法ベクトルを求めよ．

[解]　$\boldsymbol{l}(t) = (a\cos t, b\sin t)$ は L のパラメータである．したがって接ベクトルは

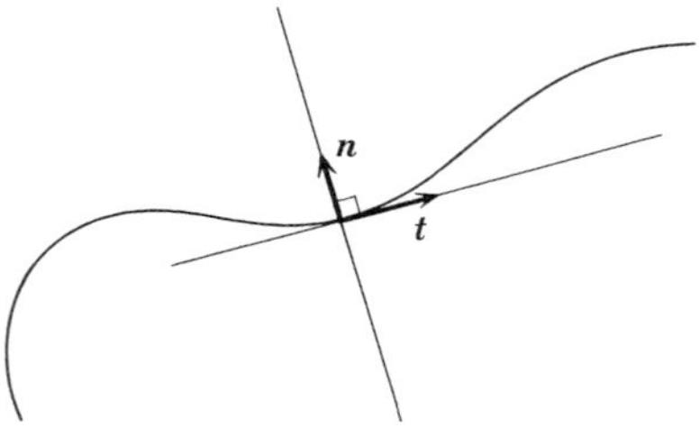

図 1.12　接ベクトル $\boldsymbol{t}$ と法ベクトル $\boldsymbol{n}$

$$C\frac{d\boldsymbol{l}}{dt} = (-aC\sin t,\ bC\cos t)$$

である(C はスカラー). 法ベクトルは, これと垂直だから

$$(bC\cos t,\ aC\sin t)$$

である. ∎

問 8　放物線 $y=x^2$ の接ベクトルと法ベクトルを求めよ.

(f)　曲線の向き

長さが 1 の接ベクトルのことを**単位接ベクトル**(unit tangent vector)という. 曲線の 1 点上で, その点の長さ 1 の接ベクトルは, 符号の分だけちょうど 2 つ存在する. これを選ぶことを曲線の向きを選ぶという. もう少し正確には次のようにする.

定義 1.37　正則パラメータ $\boldsymbol{l}(t)$ と $\boldsymbol{m}(s)$ が, 曲線 L の**同じ向きを定める**とは, $\boldsymbol{l}(t)=\boldsymbol{m}(s)$ なる任意の t,s に対して, $\dfrac{d\boldsymbol{l}}{dt}(t)=C\dfrac{d\boldsymbol{m}}{ds}(s)$ なる<u>正の数</u> C が存在することをいう. $\boldsymbol{l}(t)$ と $\boldsymbol{m}(s)$ が L の**異なった向きを定める**とは, $\boldsymbol{l}(t)=\boldsymbol{m}(s)$ なる任意の t,s に対して, $\dfrac{d\boldsymbol{l}}{dt}(t)=C\dfrac{d\boldsymbol{m}}{ds}(s)$ なる<u>負の数</u> C が存在することをいう. □

例 1.38　$L=\{(x,y)\mid x^2+y^2=1,\ y>0\}$, $\boldsymbol{l}(t)=(t,\sqrt{1-t^2})$ $(t\in(-1,1))$, $\boldsymbol{m}(s)=(\cos s,\sin s)$ $(s\in(0,\pi))$ とする. いま $t=\cos s$ とすると $\boldsymbol{l}(t)=\boldsymbol{m}(s)$

である．このとき

$$\frac{d\boldsymbol{l}}{dt}(t) = \left(1, -\frac{t}{\sqrt{1-t^2}}\right) = \frac{-1}{\sin s}(-\sin s, \cos s) = \frac{-1}{\sin s}\frac{d\boldsymbol{m}}{ds}(s)$$

である．したがって $\boldsymbol{l}$ と $\boldsymbol{m}$ は L の異なった向きを定める．　□

問 9　$\boldsymbol{l}\colon [a,b] \to \mathbb{R}^2$, $\boldsymbol{m}\colon [a',b'] \to \mathbb{R}^2$ がともに曲線 L のパラメータであるとする．もし $\boldsymbol{l}(a) = \boldsymbol{m}(a')$, $\boldsymbol{l}(b) = \boldsymbol{m}(b')$ であれば，$\boldsymbol{l}$ と $\boldsymbol{m}$ は曲線 L の同じ向きを定め，$\boldsymbol{l}(a) = \boldsymbol{m}(b')$, $\boldsymbol{l}(b) = \boldsymbol{m}(a')$ であれば，$\boldsymbol{l}$ と $\boldsymbol{m}$ は曲線 L の異なる向きを定めることを示せ．

2 つの正則パラメータ $\boldsymbol{l}$ と $\boldsymbol{m}$ は，同じ向きを定めるか異なった向きを定めるかのどちらかである．すなわち，曲線 L にはちょうど 2 つの向きの付け方が存在する．このどちらかを選んだとき，**向きの付いた**(oriented)**曲線**と呼ぶ．向きの付いた曲線に対しては，向きを保つパラメータしか考えない．

注意 1.39　多少回りくどく感ずるであろうが，数学でよく使われる言い方をすれば，「**向き**」(orientation)なる概念を次のように定義する．2 つの正則パラメータ $\boldsymbol{l}$ と $\boldsymbol{m}$ が同じ向きを定めるとき $\boldsymbol{l} \approx \boldsymbol{m}$ と書く．$\approx$ が同値関係を定めることが容易にわかる．($\boldsymbol{l} \approx \boldsymbol{m}$, $\boldsymbol{m} \approx \boldsymbol{k} \Longrightarrow \boldsymbol{l} \approx \boldsymbol{k}$ を確認せよ．) この同値類のことを向きと呼ぶ．各々の向きに対して，それを表わす同値類に含まれるパラメータのことを，向きを保つパラメータと呼ぶ．(同値類，同値関係という言葉は例えば本シリーズ『幾何入門』で定義されている．)

向きの付いた曲線に対しては，各点で単位接ベクトルが一意に定まる．すなわち，向きを保つ正則パラメータ $\boldsymbol{l}$ をとり，

$$\boldsymbol{t} = \frac{\dot{\boldsymbol{l}}(t)}{\|\dot{\boldsymbol{l}}(t)\|}$$

を $\boldsymbol{l}(t)$ での単位接ベクトルとする．$\boldsymbol{l}$ と $\boldsymbol{m}$ が同じ向きを定め，$\boldsymbol{l}(t) = \boldsymbol{m}(s)$ であるとしよう．すると，$\dot{\boldsymbol{l}}(t) = c\dot{\boldsymbol{m}}(s)$, $c > 0$ ゆえ

$$\frac{\dot{\boldsymbol{l}}(t)}{\|\dot{\boldsymbol{l}}(t)\|} = \frac{\dot{\boldsymbol{m}}(s)}{\|\dot{\boldsymbol{m}}(s)\|}$$

である．すなわち，$\boldsymbol{t}$ は $\boldsymbol{l}$ を使って決めても $\boldsymbol{m}$ を使って決めても同じである．

単位法ベクトルは単位接ベクトルと直交するベクトルであるが，向きの付いた曲線に対しては，上で決めた単位接ベクトルを時計回りに 90 度回したベクトルを単位法ベクトルと呼ぶ．$\boldsymbol{l}(t)$ での単位接ベクトル，単位法ベクトルのことを $\boldsymbol{t}(t)$, $\boldsymbol{n}(t)$ と表わす．

L を閉曲線とし，その囲む領域を Ω とする．$p\in L$ に対して，p での単位法ベクトルのうちで Ω の内側から外側に向かうものを考えると，これはただ 1 つ定まる(図 1.13)．すると，L の向きのうち $\boldsymbol{n}(t)$ が Ω の内側から外側に向かうようなものが決まる．この向きのことを L の**標準的な向き**と呼ぶ．標準的な向きとは Ω を進行方向の左側に見て進む向きのことである．

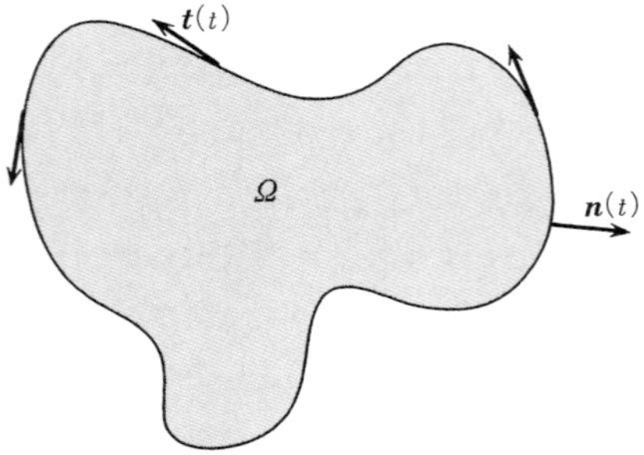

図 1.13　閉曲線の標準的な向き

例 1.40　$L=\left\{(x,y)\;\middle|\;\dfrac{x^2}{4}+y^2=1\right\}$ とする．この曲線の標準的な向きを保つ正則パラメータは $\boldsymbol{l}(t)=(2\cos t,\sin t)$ で与えられる．実際このパラメータの決める単位接ベクトルは

$$\boldsymbol{t}(t)=\left(\frac{-2\sin t}{\sqrt{1+3\sin^2 t}},\ \frac{\cos t}{\sqrt{1+3\sin^2 t}}\right)$$

で，これを 90 度時計回りに回すと

$$\boldsymbol{n}(t)=\left(\frac{\cos t}{\sqrt{1+3\sin^2 t}},\ \frac{2\sin t}{\sqrt{1+3\sin^2 t}}\right)$$

である．これは $\Omega=\left\{(x,y)\,\middle|\,\frac{x^2}{4}+y^2\leqq 1\right\}$ の内から外に向かっている．　□

滑らかな境界を持つ領域 Ω に対して，その**境界 $\partial\Omega$ の向き**を，法ベクトルが Ω の内側から外側へ向かうように定める．ここで，曲線の和(例えば $\partial\Omega$)に対してその向きを定めるとは，それぞれの曲線に向きを定めることを指す．$\partial\Omega$ が2つ以上の閉曲線の和になっているとき，この向きは閉曲線の標準的な向きを $\partial\Omega$ の各々の閉曲線に対して考えたものとは異なっている．例えば，図1.14では，外側の境界 L_1 ではこの2つの向きは一致するが，内側の境界 L_2 ではこの2つの向きは逆である．

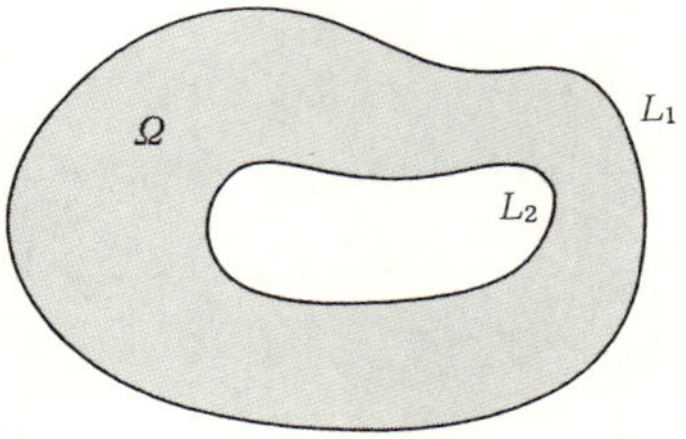

図1.14　2つの境界を持つ領域

(g)　境界から流れ出す空気

さてここで問題1.22に戻る．Ω を滑らかな境界を持つ有界領域とし，その境界 L の標準的な向きを保つ正則パラメータ $\boldsymbol{l}\colon \mathbb{R}\to\mathbb{R}^2$ をとる．$\boldsymbol{l}(s+S)=\boldsymbol{l}(s)$ とする(問題1.22では時間を記号 t で書いたので，$\boldsymbol{l}$ の変数には s を使った)．ここでは L は1つの閉曲線とした．一般には Ω の境界は複数の閉曲線の和であるが，その場合は閉曲線1つごとに以下の考察を行なえばよいので，記号を簡単にするため，ここでは閉曲線が1つである場合だけを考える．パラメータが $s_0<s<s_0+\varepsilon$ であるような L の一部分，つまり $\{\boldsymbol{l}(s)\mid s_0<s<s_0+\varepsilon\}$ を $\boldsymbol{l}(s_0,s_0+\varepsilon)$ と書く．

「観察」1.41　$\boldsymbol{l}(s_0,s_0+\varepsilon)$ を横切って，Ω の内側から外側に時刻 t と $t+\delta$ の間に流れ出す空気の量は，おおよそ

$$\delta\,\|\boldsymbol{l}(s_0+\varepsilon)-\boldsymbol{l}(s_0)\|\,\boldsymbol{n}(s_0)\cdot\boldsymbol{F}(\boldsymbol{l}(s_0),t)$$

に等しい. □

これは，$\boldsymbol{l}(s_0, s_0+\varepsilon)$ を横切って，Ω の内側から外側に時刻 t と $t+\delta$ の間に流れ出す空気の量が，図 1.15 の濃い陰影部分の平行 4 辺形の面積にほぼ等しいことから分かる.

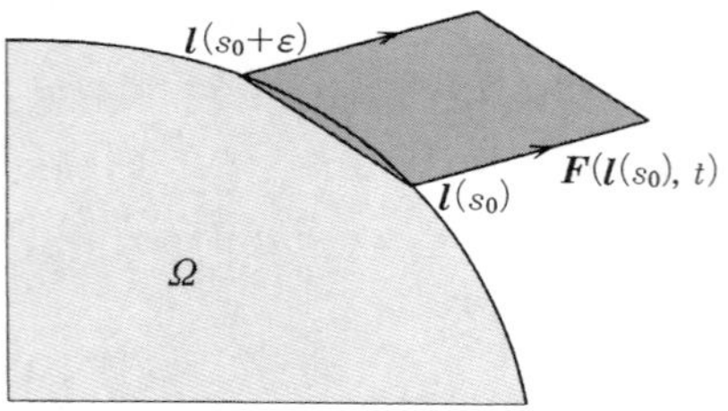

図 1.15　わき出す空気の量

「観察」1.41 でおおよそという意味は，ε^2, δ^2 のオーダーの項を除いてという意味である.（オーダーという言葉の意味は§2.2(b)を見よ.）さて，Ω にある空気の量の変化を見るには，「観察」1.41 でわかった量を曲線 L 全体にわたって足しあわせればよい. したがって $\varepsilon=1/N$ とすると

$$\begin{aligned}&W(t+\delta)-W(t)\\&=\lim_{N\to\infty}\sum_{k=0}^{N-1}\left(\delta\left\|\boldsymbol{l}\left(\frac{(k+1)S}{N}\right)-\boldsymbol{l}\left(\frac{kS}{N}\right)\right\|\boldsymbol{F}\left(\boldsymbol{l}\left(\frac{kS}{N}\right),t\right)\cdot\boldsymbol{n}\left(\frac{kS}{N}\right)\right.\\&\qquad\left.+o\left(\frac{1}{N}\right)\right)+o(\delta).\end{aligned}$$

テイラーの公式より，

$$\boldsymbol{l}\left(\frac{(k+1)S}{N}\right)-\boldsymbol{l}\left(\frac{kS}{N}\right)=\dot{\boldsymbol{l}}\left(\frac{kS}{N}\right)\frac{S}{N}+o\left(\frac{1}{N}\right)$$

であるから，この式の右辺の極限は

$$\begin{aligned}&\lim_{N\to\infty}\sum_{k=0}^{N-1}\left(\delta\left\|\boldsymbol{l}\left(\frac{(k+1)S}{N}\right)-\boldsymbol{l}\left(\frac{kS}{N}\right)\right\|\boldsymbol{F}\left(\boldsymbol{l}\left(\frac{kS}{N}\right),t\right)\cdot\boldsymbol{n}\left(\frac{kS}{N}\right)+o\left(\frac{1}{N}\right)\right)\\&=\sum_{k=0}^{N-1}\left(\frac{S\delta}{N}\left\|\dot{\boldsymbol{l}}\left(\frac{kS}{N}\right)\right\|\boldsymbol{F}\left(\boldsymbol{l}\left(\frac{kS}{N}\right),t\right)\cdot\boldsymbol{n}\left(\frac{kS}{N}\right)+o\left(\frac{1}{N}\right)\right)\end{aligned}$$

$$= \delta \int_0^S \|\dot{\boldsymbol{l}}(s)\| \boldsymbol{F}(\boldsymbol{l}(s), t) \cdot \boldsymbol{n}(s) ds$$

に等しい．すなわち

「**解答**」**1.42** $W(t)$ を時刻 t で Ω 内にある空気の総量とすると，

$$\frac{dW}{dt} + \int_0^S \|\dot{\boldsymbol{l}}(s)\| \boldsymbol{F}(\boldsymbol{l}(s), t) \cdot \boldsymbol{n}(s) ds = 0.$$

□

この第2項の積分が，この節で定義したかった第2番目の線積分である．

定義 1.43 $\boldsymbol{F}(x)$ を $\mathbb{R}^2$ 上のベクトル場，L を向きの付いた滑らかな閉曲線とし，L の向きを保つ正則パラメータを $\boldsymbol{l}$ とする．**線積分** $\int_L \boldsymbol{V} \cdot \boldsymbol{n}\, dL$ を次の式で定義する．

$$\int_L \boldsymbol{V} \cdot \boldsymbol{n}\, dL = \int_0^S \|\dot{\boldsymbol{l}}(s)\| \boldsymbol{V}(\boldsymbol{l}(s)) \cdot \boldsymbol{n}(s) ds.$$

□

こう定義すると，補題1.16と同様に次の補題を証明することができる．

補題 1.44 $\int_L \boldsymbol{V} \cdot \boldsymbol{n}\, dL$ は，向きを保つ正則パラメータのとり方によらない．

［証明］ $\boldsymbol{m}(u)$ をもう1つの正則パラメータとし，$\boldsymbol{m}(u+U) = \boldsymbol{m}(u)$ とする．$s \in [0, S)$ に対して $\boldsymbol{l}(s) = \boldsymbol{m}(u)$ となるような $u \in [0, U)$ がただ1つ定まる．この u を $u = g(s)$ とおく．すなわち $\boldsymbol{l}(s) = \boldsymbol{m}(g(s))$ である．

この g は微分可能であることが証明できる．（このことは，より難しい曲面の場合に§2.1(d)で証明する．）また $g(S) = U$ である．よって

$$\begin{aligned}\int_0^U \|\dot{\boldsymbol{m}}(u)\| \boldsymbol{V}(\boldsymbol{m}(u)) \cdot \boldsymbol{n}\, du &= \int_0^S \frac{dg}{ds}(s) \left\|\dot{\boldsymbol{l}}(g(s))\right\| \boldsymbol{V}(\boldsymbol{l}(g(s))) \cdot \boldsymbol{n}\, ds \\ &= \int_0^S \left\|\dot{\boldsymbol{l}}(s)\right\| \boldsymbol{V}(\boldsymbol{l}(s)) \cdot \boldsymbol{n}\, ds.\end{aligned}$$

ここで第1の等号は $u = g(s)$ とおいた置換積分，第2の等号は合成関数の微分法則である．■

最後に，積分 $\int_L \boldsymbol{V} \cdot \boldsymbol{n}\, dL$ は区分的に滑らかな曲線に対しても定義できることに注意しておく．これは積分を滑らかな部分についてだけ行なえばよい．

§1.4　ガウスの発散定理(2次元)

(a)　ベクトル場の発散

引き続き問題1.22を考察したい．§1.3で与えた「解答」1.42は，領域 Ω に含まれる空気の量の変化 $\dfrac{dW}{dt}$ を，Ω の境界 L 上での積分で表わすものであった．この節では $\dfrac{dW}{dt}$ を Ω 上の積分を使って表示したい．Ω の点 $p=(x_0,y_0)$ をとり，$\delta x,\delta y$ なる十分小さな正の数に対して，長方形 $\square^{(x_0,y_0)}_{\delta x,\delta y}$ を

$$\square^{(x_0,y_0)}_{\delta x,\delta y}=\{(x,y)\mid x_0<x<x_0+\delta x,\ y_0<y<y_0+\delta y\}$$

で定義する．$\boldsymbol{V}(x,y)=(V_1(x,y),V_2(x,y))$ とおく．

「観察」1.45　$\square^{(x_0,y_0)}_{\delta x,\delta y}$ に含まれる空気の量 $W(\square^{(x_0,y_0)}_{\delta x,\delta y},t)$ の変化の割合

$$\frac{dW(\square^{(x_0,y_0)}_{\delta x,\delta y},t)}{dt}$$

は，$\delta x,\delta y$ について3次以上の項を無視すると，次の式に等しい．

$$-\left(\frac{\partial V_1}{\partial x}(x_0,y_0)+\frac{\partial V_2}{\partial y}(x_0,y_0)\right)\delta x\delta y.$$

□

「観察」1.45を説明しよう．長方形 $\square^{(x_0,y_0)}_{\delta x,\delta y}$ の4つの辺に，図1.16に示すように名前 $L_{v,+},L_{v,-},L_{h,+},L_{h,-}$ を付ける．まず $L_{v,+}$ から単位時間当たり流れ出る空気の量を考えると，これはだいたい図1.17の平行4辺形の面積であるから，$V_1(x_0+\delta x,y_0)\delta y$ である($\delta x,\delta y$ についての高次の項は無視する)．一方 $L_{v,-}$ から流れ込む空気の量は，同様に考えて $V_1(x_0,y_0)\delta y$ である．$L_{h,+}$ から流れ出る量は，同様に考えて $V_2(x_0,y_0+\delta y)\delta x$ で，$L_{h,-}$ から流れ込む空気の量は $V_2(x_0,y_0)\delta x$ である．したがって

$$-\frac{dW(\square^{(x_0,y_0)}_{\delta x,\delta y},t)}{dt}\approx V_1(x_0+\delta x,y_0)\delta y-V_1(x_0,y_0)\delta y$$
$$+V_2(x_0,y_0+\delta y)\delta x-V_2(x_0,y_0)\delta x$$

が成立する．よって偏微分の定義により

$$-\frac{dW(\square^{(x_0,y_0)}_{\delta x,\delta y},t)}{dt}\approx\left(\frac{\partial V_1}{\partial x}(x_0,y_0)+\frac{\partial V_2}{\partial y}(x_0,y_0)\right)\delta x\delta y$$

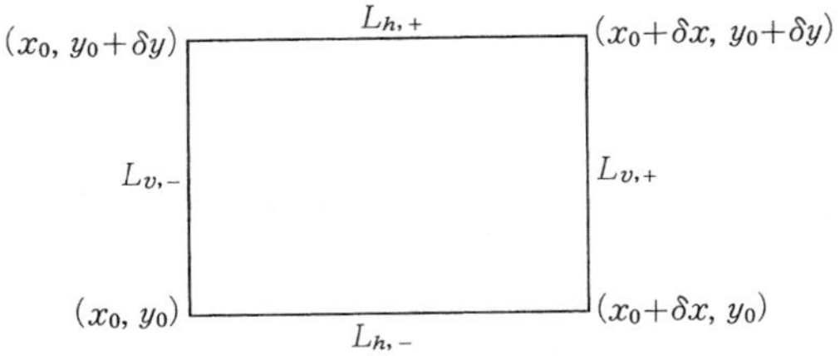

図 1.16　微小長方形

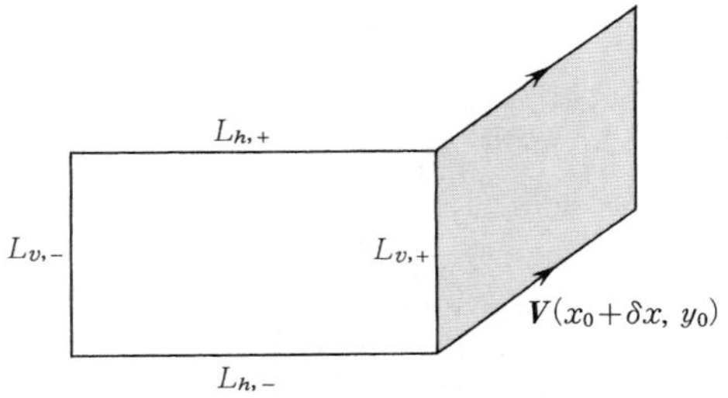

図 1.17　微小長方形の辺を通って流れ出る空気

が成り立つ.

「観察」1.45 に現われた関数 $\dfrac{\partial V_1}{\partial x}+\dfrac{\partial V_2}{\partial y}$ を，ベクトル場 $\boldsymbol{V}$ の**発散**(divergence)と呼ぶ. これを一般の次元の場合を含めて定義しておこう.

定義 1.46　$\boldsymbol{V}(x_1, \cdots, x_n)=(V_1(x_1,\cdots,x_n),\cdots,V_n(x_1,\cdots,x_n))$ を n 次元ユークリッド空間の領域 Ω で定義されたベクトル場とする. $\boldsymbol{V}$ の発散 $\operatorname{div}\boldsymbol{V}$ は

$$\operatorname{div}\boldsymbol{V}(x_1,\cdots,x_n) = \frac{\partial V_1}{\partial x_1}(x_1,\cdots,x_n)+\cdots+\frac{\partial V_n}{\partial x_n}(x_1,\cdots,x_n)$$

で定義される Ω 上のスカラー値関数である. □

2, 3 次元の場合を書いておくと，$\boldsymbol{V}(x,y)=(V_1(x,y),V_2(x,y))$ に対しては

$$\operatorname{div}\boldsymbol{V} = \frac{\partial V_1}{\partial x}+\frac{\partial V_2}{\partial y}$$

で，また $\boldsymbol{V}(x,y,z)=(V_1(x,y,z),V_2(x,y,z),V_3(x,y,z))$ に対しては

$$\operatorname{div}\boldsymbol{V} = \frac{\partial V_1}{\partial x}+\frac{\partial V_2}{\partial y}+\frac{\partial V_3}{\partial z}$$

である．

問10　次のベクトル場の発散を求めよ．

(1) $\boldsymbol{V}=(-y,x)$　(2) $\boldsymbol{V}=(x^2,y)$　(3) $\boldsymbol{V}=\left(\dfrac{x}{\sqrt{x^2+y^2}},\dfrac{y}{\sqrt{x^2+y^2}}\right)$

(4) $\boldsymbol{V}=(x\log\sqrt{x^2+y^2},\ y\log\sqrt{x^2+y^2})$

ナブラ ∇

∇（ナブラと読む）という記号がベクトル解析ではよく使われる．この記号は形式的には「ベクトル」$\left(\dfrac{\partial}{\partial x_1},\cdots,\dfrac{\partial}{\partial x_n}\right)$ のことである（ただし ∇ の成分は数ではなくて演算子 $\dfrac{\partial}{\partial x_i}$ である）．この記号を使うと，

$$\operatorname{div}\boldsymbol{V}=\nabla\cdot\boldsymbol{V} \qquad (*)$$

と表わされる．ここで右辺は「ベクトル場」∇ とベクトル場 $\boldsymbol{V}$ の内積である．ベクトルの内積の定義 $(a_1,\cdots,a_n)\cdot(b_1,\cdots,b_n)=a_1b_1+\cdots+a_nb_n$ を形式的に当てはめると，式$(*)$は定義1.46に一致する．また同様にして

$$\operatorname{grad}f=\nabla f$$

である．この式の右辺は「ベクトル場」∇ にスカラー（値関数）f を掛けたものである．ただし ∇ の成分が演算子であるので，スカラーを左から掛けるのと右から掛けるのでは結果が変わる．ここでは右から掛ける．この記号 ∇ は大変便利でよく使われるが本書では使わない．

先に進む前に，発散についての公式を少し書いておこう．証明は直接計算でできるので演習問題とする．

補題1.47

(i)　$\operatorname{div}(\boldsymbol{V}\pm\boldsymbol{W})=\operatorname{div}\boldsymbol{V}\pm\operatorname{div}\boldsymbol{W}$　（複号同順）．

(ii)　$\operatorname{div}(f\boldsymbol{V})=\operatorname{grad}f\cdot\boldsymbol{V}+f\operatorname{div}\boldsymbol{V}$．　□

§1.3(a)で述べた空気の流れを表わすベクトル場を考えよう．空気のある点 p での密度が $\rho(p)$，p での時刻 t での風速を $\boldsymbol{v}(p,t)$ とおく．空気の流れを表わすベクトル場 $\boldsymbol{V}(p,t)$ は，$\boldsymbol{V}(p,t)=\rho(p,t)\boldsymbol{v}(p,t)$ で表わされた．「観察」

1.45 は

$$\frac{d\rho(p,t)}{dt} + \operatorname{div} \boldsymbol{V}(p,t) = 0 \tag{1.5}$$

を意味する．$\boldsymbol{V}(p,t) = \rho(p,t)\boldsymbol{v}(p,t)$ を代入すると

$$\frac{d\rho}{dt} + \rho \operatorname{div} \boldsymbol{v} + \operatorname{grad} \rho \cdot \boldsymbol{v} = 0 \tag{1.5$'$}$$

なる式が得られる．式(1.5), (1.5′)を**連続の方程式**と呼ぶ(これは一般の次元でも成立する式である)．

(b)　ガウスの発散定理

「観察」1.45 は微小な長方形内の空気の量の変化を与えた．領域全体での空気の量の変化を求めるには，これを積分すればよい．これは積分の基本的な考え方であるが，ここで復習してみよう．領域 Ω を含むように 1 辺の長さが ε の正方形のます目をとり，$\Omega \subseteqq \bigcup_{i=1}^{N(\varepsilon)} \square_{\varepsilon,\varepsilon}^{(x_i,y_i)}$ とおく．正方形たち $\square_{\varepsilon,\varepsilon}^{(x_i,y_i)}$ は境界でしか交わらないようにとる(図 1.18)．

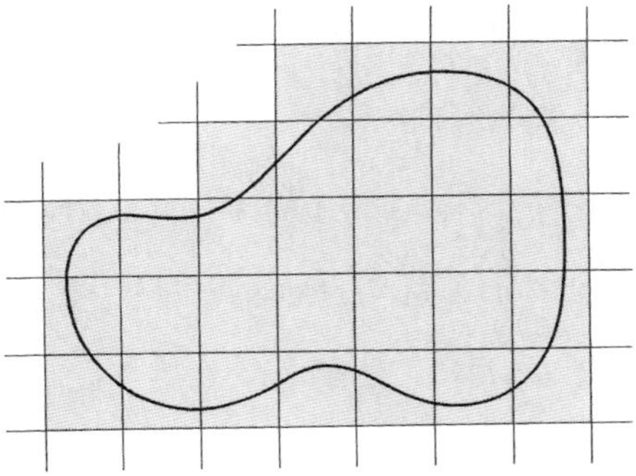

図 1.18　領域を微小正方形でおおう

$W(t) = \sum_{i=1}^{N(\varepsilon)} W(\square_{\varepsilon,\varepsilon}^{(x_i,y_i)}, t)$ であるから，「観察」1.45 より

$$-\frac{dW}{dt} = \sum_{i=1}^{N(\varepsilon)} \operatorname{div} \boldsymbol{V}(x_i, y_i)\varepsilon^2 + o(\varepsilon^2)$$

(記号 $o(\varepsilon^2)$ は§1.3(g)で説明した.) $\varepsilon \to 0$ とすると右辺は $\int_\Omega \operatorname{div} \boldsymbol{V}(x,y)dxdy$ に収束するのであった(本シリーズ『微分と積分2』参照). すなわち我々は問題1.22に対する次の解答を得る.

「解答」1.48

$$\frac{dW}{dt} + \int_\Omega \operatorname{div} \boldsymbol{V}(x,y)dxdy = 0.$$

□

さて，上で与えた2つの「解答」1.42および「解答」1.48は「物理的直感」を用いたものであり，数学の定理ではない．しかしこの2つの解答の与える答が同じであることは，数学的に厳密に証明することができる．これが次に述べるガウス(Gauss)の発散定理である．

定理1.49（ガウスの発散定理）　Ω を滑らかな境界 L を持つ平面上の有界領域とし，$\boldsymbol{V}$ をベクトル場とする．このとき次の式が成立する．

$$\int_L \boldsymbol{V}\cdot\boldsymbol{n}\,dL = \int_\Omega \operatorname{div} \boldsymbol{V}(x,y)dxdy$$

□

定理の左辺の線積分では，向きは法ベクトルが Ω の内側から外側になるようにとる．

定理1.49は区分的に滑らかな境界を持つ領域に対しても成立する．また一般の次元に拡張することができる．

例題1.50　$L = \left\{(x,y) \,\middle|\, \dfrac{x^2}{4}+y^2=1\right\}$, $\boldsymbol{V}(x,y) = (2x, 3x+y)$ とする．積分 $\int_L \boldsymbol{V}\cdot\boldsymbol{n}\,dL$ を計算せよ(L の向きは標準的な向きをとる)．

［解］　L にパラメータを決め，定義に従って計算してもできるが，ここでは定理1.49を使おう．

$$\operatorname{div} \boldsymbol{V} = \frac{\partial}{\partial x}(2x) + \frac{\partial}{\partial y}(3x+y) = 3$$

である．よって $\Omega = \left\{(x,y) \,\middle|\, \dfrac{x^2}{4}+y^2<1\right\}$ とすると

$$\int_L \boldsymbol{V}\cdot\boldsymbol{n}\,dL = \int_\Omega 3\,dxdy = 6\pi.$$

ここで積分 $\int_\Omega 3\,dxdy$ を計算するのに，楕円 Ω の面積が 2π であることを用いた. ∎

(c) 発散定理の証明について

定理1.49の証明を説明したいのだが，任意の領域に対して定理1.49を証明しようとすると，面倒な技術的な議論をある程度行なわないといけない. これは $\mathbb{R}$ の開集合が基本的には区間 (a,b) だけであったのに対して，$\mathbb{R}^2$ の開集合はいろいろありうるからである. 一般の領域の場合は，後に3次元の場合に説明することにする. この章では2つの特別な形の領域に対してだけ証明しよう.

［場合1：長方形の場合］ $\Omega=\{(x,y)\,|\,a_0<x<a_1,\ b_0<y<b_1\}$ とする. このとき L は長方形で，その標準的な向きについての法ベクトル $\boldsymbol{n}$ は $x=a_1$ のとき $(1,0)$，$y=b_1$ のとき $(0,1)$，$x=a_0$ のとき $(-1,0)$，$y=b_0$ のとき $(0,-1)$ である(L は区分的に滑らかな閉曲線であり，法ベクトルは4頂点上では定義されない). したがって

$$\int_L \boldsymbol{V}\cdot\boldsymbol{n}\,dL=\int_{b_0}^{b_1}V_1(a_1,y)dy+\int_{a_0}^{a_1}V_2(x,b_1)dx \\ -\int_{b_0}^{b_1}V_1(a_0,y)dy-\int_{a_0}^{a_1}V_2(x,b_0)dx. \tag{1.6}$$

一方

$$\int_\Omega \operatorname{div}\boldsymbol{V}(x,y)dxdy=\int_{a_0}^{a_1}\int_{b_0}^{b_1}\operatorname{div}\boldsymbol{V}\,dxdy \\ =\int_{a_0}^{a_1}\int_{b_0}^{b_1}\frac{\partial V_1}{\partial x}dxdy+\int_{a_0}^{a_1}\int_{b_0}^{b_1}\frac{\partial V_2}{\partial y}dxdy. \tag{1.7}$$

微積分学の基本定理により(1.6)と(1.7)は一致する. ∎

［場合2：円盤の場合］ $\Omega=\{(x,y)\,|\,x^2+y^2<R^2\}$ とする. このとき Ω の境界 L は原点を中心とした半径 R の円である. L の正則パラメータとして $\boldsymbol{l}(t)=(R\cos t,R\sin t)$ $(0\leqq t\leqq 2\pi)$ をとる. このパラメータは標準的な向きを保つ. また $\|\dot{\boldsymbol{l}}(t)\|=R$. したがって

$$\int \boldsymbol{V}\cdot\boldsymbol{n}\,dL = \int_0^{2\pi}(\boldsymbol{V}\cdot\boldsymbol{n})(R\cos\theta, R\sin\theta)R\,d\theta. \qquad (1.8)$$

円盤の場合に定理1.49を証明するには，極座標を用いる．すなわち $(x,y)=(r\cos\theta, r\sin\theta)$ とおきかえる．ベクトル場と座標変換の関係について論ずれば，以下の計算の意味はより明らかになるが，ここでは天下りに次の2つのベクトル場を考える．

$$\partial_r = \left(\frac{x}{r}, \frac{y}{r}\right) = \left(\frac{x}{\sqrt{x^2+y^2}}, \frac{y}{\sqrt{x^2+y^2}}\right),$$
$$\partial_\theta = (-y, x).$$

これらは $\mathbb{R}^2$ から原点を除いた領域で定義されたベクトル場である．∂_r と ∂_θ は各点で直交し，それらの長さはそれぞれ1および r である．よって $V_r = \boldsymbol{V}\cdot\partial_r$, $V_\theta = \dfrac{\boldsymbol{V}\cdot\partial_\theta}{r^2}$ とおくと $\boldsymbol{V} = V_r\partial_r + V_\theta\partial_\theta$ となる．∂_r と ∂_θ の発散を計算すると

$$\operatorname{div}\partial_r = \frac{\partial}{\partial x}\left(\frac{x}{\sqrt{x^2+y^2}}\right) + \frac{\partial}{\partial y}\left(\frac{y}{\sqrt{x^2+y^2}}\right) = \frac{1}{\sqrt{x^2+y^2}} = \frac{1}{r},$$
$$\operatorname{div}\partial_\theta = 0.$$

したがって，補題1.47(i),(ii)より，$\operatorname{div}\boldsymbol{V} = \operatorname{grad}V_r\cdot\partial_r + \dfrac{1}{r}V_r + \operatorname{grad}V_\theta\cdot\partial_\theta$ である．ところで $\widetilde{V}_r(r,\theta) = V_r(r\cos\theta, r\sin\theta)$, $\widetilde{V}_\theta(r,\theta) = V_\theta(r\cos\theta, r\sin\theta)$ とおくと

$$\operatorname{grad}V_r\cdot\partial_r = \frac{\partial V_r}{\partial x}\cos\theta + \frac{\partial V_r}{\partial y}\sin\theta = \frac{\partial \widetilde{V}_r}{\partial r},$$

$$\operatorname{grad}V_\theta\cdot\partial_\theta = -\frac{\partial V_\theta}{\partial x}r\sin\theta + \frac{\partial V_\theta}{\partial y}r\cos\theta = \frac{\partial \widetilde{V}_\theta}{\partial \theta}$$

が成り立つ．つまり

$$\operatorname{div}\boldsymbol{V} = \operatorname{grad}V_r\cdot\partial_r + \frac{V_r}{r} + \operatorname{grad}V_\theta\cdot\partial_\theta = \frac{\partial\widetilde{V}_r}{\partial r} + \frac{\widetilde{V}_r}{r} + \frac{\partial\widetilde{V}_\theta}{\partial\theta}$$

が成り立つ．原点で V_θ と ∂_θ が定義できないので，原点の近傍を除いて領域 $\Omega_\varepsilon = \{(x,y)\in\mathbb{R}^2 \mid \varepsilon^2 \leqq x^2+y^2 \leqq R^2\}$ を考える．Ω で $\operatorname{div}\boldsymbol{V}$ の積分を極座標で考えると($\widetilde{V}_\theta(r,0) = \widetilde{V}_\theta(r,2\pi)$ を用いて)

$$\begin{aligned}\int_{\Omega_\varepsilon} \operatorname{div} \boldsymbol{V}(x,y)dxdy &= \int_{\Omega_\varepsilon}\left(\frac{\partial \widetilde{V}_r}{\partial r}+\frac{\widetilde{V}_r}{r}+\frac{\partial \widetilde{V}_\theta}{\partial \theta}\right)dxdy \\ &= \int_\varepsilon^R r\,dr\int_0^{2\pi}\left(\frac{\partial \widetilde{V}_r}{\partial r}+\frac{\widetilde{V}_r}{r}+\frac{\partial \widetilde{V}_\theta}{\partial \theta}\right)d\theta \\ &= \int_0^{2\pi} d\theta\int_\varepsilon^R \frac{\partial(r\widetilde{V}_r)}{\partial r}dr+\int_\varepsilon^R r\,dr\,[\widetilde{V}_\theta(r,\theta)]_{\theta=0}^{\theta=2\pi} \\ &= \int_0^{2\pi} R\widetilde{V}_r(R,\theta)d\theta-\int_0^{2\pi}\varepsilon\widetilde{V}_r(\varepsilon,\theta)d\theta.\end{aligned}$$

が成り立つ．両辺の $\varepsilon\to 0$ での極限をとる．左辺は

$$\lim_{\varepsilon\to 0}\int_{\Omega_\varepsilon} \operatorname{div} \boldsymbol{V}(x,y)dxdy = \int_\Omega \operatorname{div} \boldsymbol{V}(x,y)dxdy$$

に収束する．また V_r は有界であるから，$\displaystyle\lim_{\varepsilon\to 0}\int_0^{2\pi}\varepsilon\widetilde{V}_r(\varepsilon,\theta)d\theta=0$. よって右辺は

$$\int_0^{2\pi} R\widetilde{V}_r(R,\theta)d\theta = \int_0^{2\pi}(\boldsymbol{V}\cdot\boldsymbol{n})(R\cos\theta, R\sin\theta)R\,d\theta = \int \boldsymbol{V}\cdot\boldsymbol{n}\,dL$$

に収束する．以上で定理 1.49 は円盤に対して証明された． ∎

(d)　ベクトル場の回転とグリーンの公式

定理 1.49 は線積分 $\int \boldsymbol{V}\cdot\boldsymbol{n}\,dL$ を，L が囲む領域 Ω 上の積分で表わすものであった．それでは§1.2 で定義したもう 1 種類の線積分 $\int_L \boldsymbol{V}\cdot d\boldsymbol{l}$ を，$\boldsymbol{l}$ が閉曲線のパラメータである場合に，L の囲む領域上の積分で表わせないであろうか．これは可能で，その答はベクトル場の回転(rotation)を用いて与えられる．

定義 1.51　平面上のベクトル場 $\boldsymbol{V}(x,y)=(V_1(x,y),V_2(x,y))$ に対してその**回転** $\operatorname{rot}\boldsymbol{V}$ を

$$\operatorname{rot}\boldsymbol{V}(x,y)=\frac{\partial V_2}{\partial x}-\frac{\partial V_1}{\partial y}$$

で定義する． □

回転のイメージ

定義 1.51 で定めたスカラーをなぜ回転と呼ぶのであろうか．その理由を説明しよう．ベクトル場 $\boldsymbol{V}=(V_1, V_2)$ は空気の流れを表わしているとし，$\mathbb{R}^2$ の 1 点 (x, y) に風車を置こう．この風車は羽が 4 枚あるとして，その羽の先端がそれぞれ $(x-\delta, y), (x+\delta, y), (x, y-\delta), (x, y+\delta)$ にあるとしよう．また，風車はその中心の 1 点 (x, y) では固定されているとする．このとき，風車がどのくらいの勢いで回り始めるか考えよう．

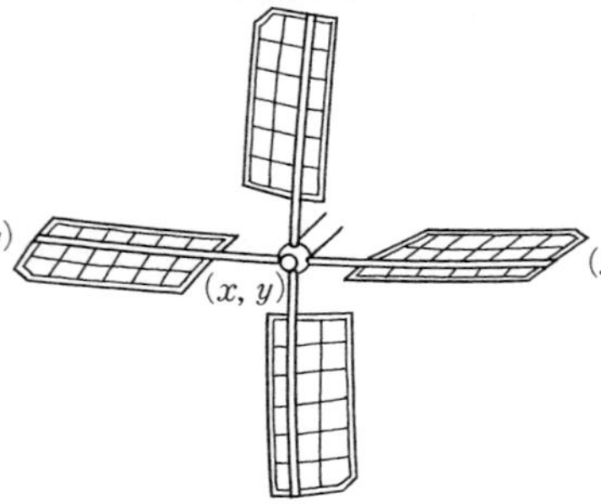

空気の流れの中の風車

まず $(x-\delta, y)$ と (x, y) の間にある羽にぶつかる空気の流れは，おおよそ，ベクトル $\boldsymbol{V}(x-\delta/2, y)$ で表わされる．すると，このベクトルで表わされる空気の流れのうちで，風車を回すのに寄与するのは y 軸方向であるから，この羽にぶつかる空気の流れが風車を回す勢いは $-V_2(x-\delta/2, y)$ で与えられる(ただしここで風車を反時計回りに回す方向を正にとった)．同様にして他の 3 枚の羽が風車を回す勢いはそれぞれ，$V_2(x+\delta/2, y)$，$V_1(x, y-\delta/2)$，$-V_1(x, y+\delta/2)$ である．これらを足すと

$$-V_2(x-\delta/2, y)+V_2(x+\delta/2, y)+V_1(x, y-\delta/2)-V_1(x, y+\delta/2)$$
$$\fallingdotseq \frac{\partial V_2}{\partial x}\delta-\frac{\partial V_1}{\partial y}\delta$$

が得られる．これは $\operatorname{rot}\boldsymbol{V}$ に比例する．

定理 1.52（グリーンの公式） Ω を滑らかな境界 L を持つ平面上の有界領域とし，$\boldsymbol{V}$ をベクトル場とする．$\boldsymbol{l}$ を L の向きを保つ正則パラメータとする．このとき

$$\int_L \boldsymbol{V}\cdot d\boldsymbol{l} = \int_\Omega \mathrm{rot}\,\boldsymbol{V}(x,y)dxdy.$$

［証明］ 実は定理 1.49 を使えば定理 1.52 はただちに証明できる．すなわち，ベクトル場 $\boldsymbol{V}'$ を $\boldsymbol{V}'(x,y)=(V_2(x,y),-V_1(x,y))$ で定義する．すると，$\boldsymbol{V}'(\boldsymbol{l}(t))\cdot\boldsymbol{n}(t)=\boldsymbol{V}(\boldsymbol{l}(t))\cdot\boldsymbol{t}(t)$ が成り立つ．よって

$$\begin{aligned}\int \boldsymbol{V}\cdot d\boldsymbol{l} &= \int \boldsymbol{V}(\boldsymbol{l}(t))\cdot\boldsymbol{t}(t)\|\dot{\boldsymbol{l}}(t)\|dt\\ &= \int \boldsymbol{V}'(\boldsymbol{l}(t))\cdot\boldsymbol{n}(t)\|\dot{\boldsymbol{l}}(t)\|dt = \int \boldsymbol{V}'\cdot\boldsymbol{n}\,dL.\end{aligned}$$

一方 $\mathrm{div}\,\boldsymbol{V}'=\mathrm{rot}\,\boldsymbol{V}$ もただちにわかるから，結局，定理 1.52 は定理 1.49 に帰着する． ∎

問 11 例題 1.50 の L と $\boldsymbol{V}$ に対して，$\int_L \boldsymbol{V}\cdot d\boldsymbol{l}$ を計算せよ．

(e) 勾配ベクトル場の特徴付け(2)

ここで§1.2(c)で考えた問題をもう一度考えよう．定理 1.52 を使うと次のことが示される．

定理 1.53 $\mathbb{R}^2$ 全体で定義されたベクトル場 $\boldsymbol{V}$ に対して，定理 1.21 の条件(i)あるいは(ii)は，次の条件(iii)と同値である．

(iii) $\mathrm{rot}\,\boldsymbol{V}=0$.

［証明］ (i) $\Longrightarrow$ (iii)は次の式の帰結である．

$$\mathrm{rot}\ \mathrm{grad}\, f = 0. \tag{1.9}$$

式(1.9)は直接計算して容易に確かめられるので証明は読者に任せる．(iii) $\Longrightarrow$ (ii)を証明する．証明のために次のことを用いる．

補題 1.54 $\boldsymbol{V}$ を $\mathbb{R}^2$ の領域 Ω で定義されたベクトル場とする．このとき次の2つは同値である．

（イ）　Ω に含まれる道 $\boldsymbol{l}\colon [a,b]\to\Omega$ に沿った $\boldsymbol{V}$ の線積分 $\int_a^b \boldsymbol{V}\cdot d\boldsymbol{l}$ は，$\boldsymbol{l}$ の両端 $\boldsymbol{l}(a)$, $\boldsymbol{l}(b)$ のみによる．

（ロ）　Ω に含まれる任意の閉曲線 $\boldsymbol{l}\colon \mathbb{R}\to\Omega$ $(\boldsymbol{l}(t+T)=\boldsymbol{l}(t))$ に対して，

$$\int_0^T \boldsymbol{V}\cdot d\boldsymbol{l}=0.$$

［証明］（イ）$\Longrightarrow$（ロ）:（イ）を仮定し，$\boldsymbol{l}$ を（ロ）の通りとする．$\boldsymbol{l}$ は区間 $[0,T]$ 上で考えれば $\boldsymbol{l}(0)$ と $\boldsymbol{l}(T)=\boldsymbol{l}(0)$ を結ぶ道である．一方 $\boldsymbol{m}(t)\equiv\boldsymbol{l}(0)$（$t$ によらない）もやはり $\boldsymbol{l}(0)$ と $\boldsymbol{l}(T)=\boldsymbol{l}(0)$ を結ぶ道である．よって（イ）より

$$\int_0^T \boldsymbol{V}(\boldsymbol{l}(t))\cdot d\boldsymbol{l}=\int_0^T \boldsymbol{V}(\boldsymbol{m}(t))\cdot d\boldsymbol{m}=0.$$

すなわち（ロ）が成立する．

（ロ）$\Longrightarrow$（イ）: $\boldsymbol{l}_1\colon [a_1,b_1]\to\Omega$, $\boldsymbol{l}_2\colon [a_2,b_2]\to\Omega$ を $p,q\in\mathbb{R}^2$ を結ぶ道とする．すなわち $\boldsymbol{l}_1(a_1)=\boldsymbol{l}_2(a_2)=p$, $\boldsymbol{l}_1(b_1)=\boldsymbol{l}_2(b_2)=q$ とする．証明すべき式は

$$\int_{a_1}^{b_1} \boldsymbol{V}(\boldsymbol{l}_1(t))\cdot d\boldsymbol{l}_1=\int_{a_2}^{b_2} \boldsymbol{V}(\boldsymbol{l}_2(t))\cdot d\boldsymbol{l}_2$$

であった．記号の簡単のために $a_1=a_2=0$, $b_1=b_2=1$ とする．整数 n と $t\in[0,2]$ に対して

$$\boldsymbol{l}(2n+t)=\begin{cases}\boldsymbol{l}_1(t) & (t\in[0,1])\\ \boldsymbol{l}_2(2-t) & (t\in[1,2])\end{cases}$$

とおいて $\boldsymbol{l}\colon \mathbb{R}\to\mathbb{R}^2$ を定義する．$\boldsymbol{l}$ は $\boldsymbol{l}_1$ で行って $\boldsymbol{l}_2$ で帰ってくる閉じた道である．まず $\boldsymbol{l}$ が閉曲線である場合を考えよう．すなわち

仮定 1.55

（1）　$\boldsymbol{l}_1,\boldsymbol{l}_2$ は曲線の正則パラメータを与える．

（2）　2つの曲線 $\boldsymbol{l}_1,\boldsymbol{l}_2$ は両端の点以外では交わらない．　□

がみたされる場合を考える．すると，（ロ）より $\int_0^2 \boldsymbol{V}\cdot d\boldsymbol{l}=0$ である．一方，$\int_0^2 \boldsymbol{V}\cdot d\boldsymbol{l}=\int_0^1 \boldsymbol{V}\cdot d\boldsymbol{l}_1-\int_0^1 \boldsymbol{V}\cdot d\boldsymbol{l}_2$ である（$\boldsymbol{l}_2$ と $\boldsymbol{l}$ は重なっている部分で向きが逆になっていることに注意）．よって $\int_0^1 \boldsymbol{V}\cdot d\boldsymbol{l}_1=\int_0^1 \boldsymbol{V}\cdot d\boldsymbol{l}_2$.

仮定1.55が成り立っていなくて，図1.19のようになっている場合はどうすればよいであろうか．これは難しいことではないのだが，やり始めると結構面倒である．我々はこの部分の証明は後で必要としないのでここでは述べない(注意1.56参照)． ∎

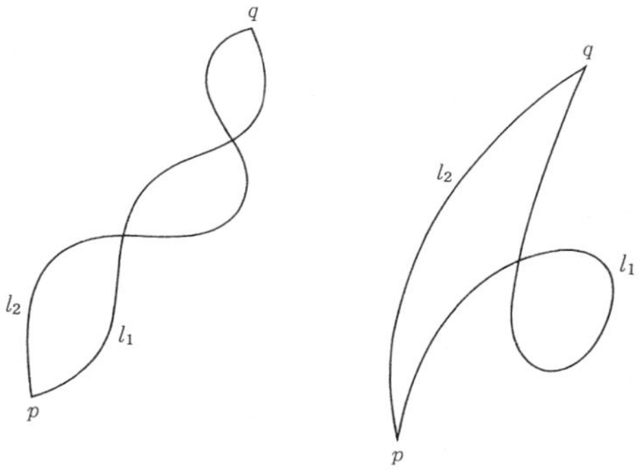

図1.19　仮定1.55が成り立たない場合

さて定理1.53の(iii) $\Longrightarrow$ (ii)の証明に戻る．

補題1.54から任意の閉曲線L ($\boldsymbol{l}:\mathbb{R}\to\mathbb{R}^2$をパラメータとする)に対して$\int_0^T \boldsymbol{V}(\boldsymbol{l}(t))\cdot d\boldsymbol{l}=0$を示せばよい．$\Omega$で$L$が囲む領域を表わす．すると定理1.52より

$$\int_0^T \boldsymbol{V}\cdot d\boldsymbol{l}=\int_\Omega \mathrm{rot}\,\boldsymbol{V}\,dxdy=0.$$ ∎

注意1.56　Ωがユークリッド空間全体の場合には，補題1.54の証明で省略した部分は次のようにすればよいであろう．まず(ロ)を仮定すると，仮定1.55をみたす道の組$\boldsymbol{l}_1:[a_1,b_1]\to\mathbb{R}^2$, $\boldsymbol{l}_2:[a_2,b_2]\to\mathbb{R}^2$に対して

$$\int_{a_1}^{b_1}\boldsymbol{V}(\boldsymbol{l}_1(t))\cdot d\boldsymbol{l}_1=\int_{a_2}^{b_2}\boldsymbol{V}(\boldsymbol{l}_2(t))\cdot d\boldsymbol{l}_2$$

が成り立つ．これから定理1.21の証明を見直すと，$\boldsymbol{V}=\mathrm{grad}\,f$なる$f$が見つかる．すなわち，定理1.21の証明中「$\boldsymbol{l}(a)=p_0$, $\boldsymbol{l}(b)=p$なる$\boldsymbol{l}:[a,b]\to\mathbb{R}^2$を何でもいいからとる」としたところを「$\boldsymbol{l}:[a,b]\to\mathbb{R}^2$を$p_0$と$p$を結ぶ直線とする」で置き換えて$f$を定義する．このとき$\mathrm{grad}\,f=\boldsymbol{V}$は

$$\boldsymbol{l}_\varepsilon(t) = \begin{cases} \boldsymbol{l}(t) & (t \in [a,b]) \\ (x+t-b, y) & (t \in [b, b+\varepsilon]) \end{cases}$$

に沿った $\boldsymbol{V}$ の線積分と，p_0 と $(x+\varepsilon, y)$ を結ぶ直線に沿った $\boldsymbol{V}$ の線積分が一致することから従う．(この2つの道の組は仮定1.55をみたす．)

したがって $\boldsymbol{V} = \operatorname{grad} f$ になったから，定理1.21より仮定1.55なしで補題1.54の(イ)(または定理1.21の(ii))が成り立つ．

(f) 周　　期*

定理1.53の(ii)(または(i)) $\Longrightarrow$ (iii)は，一般の領域上で定義されたベクトル場に対しても証明できる性質である．しかし，(iii) $\Longrightarrow$ (ii)(または(i))は，ベクトル場が定義されている領域の形によっては成り立たないことがある．その例を挙げよう．

例 1.57

$$\boldsymbol{V}(x,y) = \left(-\frac{y}{r^2}, \frac{x}{r^2}\right) = \left(-\frac{y}{x^2+y^2}, \frac{x}{x^2+y^2}\right)$$

なるベクトル場を考える．これは原点を除いた領域で定義されている．

簡単な計算で $\operatorname{rot} \boldsymbol{V} = 0$ が原点以外で成立することが確かめられる．ところが $\boldsymbol{l}(t) = (\cos t, \sin t)$ とおくと

$$\int_0^{2\pi} \boldsymbol{V} \cdot d\boldsymbol{l} = \int_0^{2\pi} (-\sin t, \cos t) \cdot \left(\frac{d\cos t}{dt}, \frac{d\sin t}{dt}\right) dt = 2\pi \neq 0.$$

すなわち補題1.54の(ロ)は成立しない．　□

定理1.53の証明を復習してみると，なぜ例1.57で $\int_0^{2\pi} \boldsymbol{V} \cdot d\boldsymbol{l} = 0$ とならないかがわかる．$\boldsymbol{l}(t) = (\cos t, \sin t)$ で表わされる閉曲線(円)が囲む図形は，円盤 $D = \{(x,y) \in \mathbb{R}^2 \mid x^2+y^2 < 1\}$ である．したがって定理1.52を適用しようとすると $\int_0^{2\pi} \boldsymbol{V} \cdot d\boldsymbol{l} = \int_D \operatorname{rot} \boldsymbol{V}\, dxdy$ となるが，$\boldsymbol{V}$ は原点で定義されていないから，この右辺は意味がない．

以上の点に注意して定理1.53の証明を見直してみると，これが成立する

条件は次のものである．

定義 1.58　平面内の領域 Ω が**単連結**(simply connected)とは，領域 Ω に含まれる任意の閉曲線 L に対して，L が囲む領域 D が Ω に含まれることをいう．　□

定理 1.59　単連結な領域で定義されたベクトル場に対して，定理 1.53 の条件(iii)は定理 1.21 の条件(i)および(ii)と同値である．　□

問 12　次の領域が単連結であるかどうか調べよ．

(1) $\{(x,y)\,|\,-1<x^2+3y^3<1\}$　(2) $\{(x,y)\,|\,|x^2+y^2|>1\}$

(3) $\mathbb{R}^2\backslash\{(x,y)\,|\,|x|\geqq 1,\ |y|\geqq 1\}$　(4) $\mathbb{R}^2\backslash\{(x,y)\,|\,x=0,\ |y|\leqq 1\}$

単連結でない場合の条件を求めてみよう．例として領域 $\Omega=\mathbb{R}^2\backslash\{(0,0)\}$ を考えよう．

定理 1.60　$\boldsymbol{V}$ を $\Omega=\mathbb{R}^2\backslash\{(0,0)\}$ 上で定義されたベクトル場で，$\mathrm{rot}\,\boldsymbol{V}=0$ とする．このとき実数 $\varPi$ が存在して次のことが成り立つ．

Ω に含まれる閉曲線 L でその囲む領域が原点を含むものをとる．これに対して(標準的な向きを保つ)パラメータ $\boldsymbol{l}$ を与えると

$$\int_L \boldsymbol{V}\cdot d\boldsymbol{l}=\varPi.$$

すなわちこの線積分は上の条件をみたす閉曲線 L によらない．

さらに，$\boldsymbol{V}=\mathrm{grad}\,f$ なる関数 f が存在するための必要十分条件は，$\varPi=0$ であることである．

［証明］　L,L' を上の仮定をみたす2つの閉曲線とし，$\boldsymbol{l},\boldsymbol{m}$ をそのパラメータとする．$D_\varepsilon=\{(x,y)\in\mathbb{R}^2\,|\,x^2+y^2\leqq\varepsilon\}$ が L,L' と交わらないような十分小さい ε をとる．χ なる $\mathbb{R}^2$ 上定義された関数を

$$\chi(p)=\begin{cases}1 & (\|p\|\geqq\varepsilon)\\ 0 & (\|p\|<\varepsilon/2)\end{cases}$$

となるようにとる．すると $\chi\boldsymbol{V}$ は(原点で $\boldsymbol{0}$ とおくことで) $\mathbb{R}^2$ 全体で定義さ

れたベクトル場とみなすことができ，$\mathrm{rot}\,(\chi \boldsymbol{V})$ は D_ε の外で 0 である．よって，L, L' が囲む領域をそれぞれ D, D' とすると，定理 1.52 より

$$\int_L \boldsymbol{V}\cdot d\boldsymbol{l} = \int_L \chi \boldsymbol{V}\cdot d\boldsymbol{l} = \int_D \mathrm{rot}\,\chi\boldsymbol{V}\,dxdy = \int_{D_\varepsilon} \mathrm{rot}\,\chi\boldsymbol{V}\,dxdy$$
$$= \int_{D'} \mathrm{rot}\,\chi\boldsymbol{V}\,dxdy = \int_{L'} \chi\boldsymbol{V}\cdot d\boldsymbol{m} = \int_{L'} \boldsymbol{V}\cdot d\boldsymbol{m}.$$

すなわち $\int_L \boldsymbol{V}\cdot d\boldsymbol{l} = \int_{L'} \boldsymbol{V}\cdot d\boldsymbol{m}$. これで $\int_L \boldsymbol{V}\cdot d\boldsymbol{l}$ が L によらないことの証明が終わった．

後半の証明をしよう．それには定理 1.21 と補題 1.54 を用いれば，原点を通らない閉曲線 $\boldsymbol{l}\colon \mathbb{R}\to\mathbb{R}^2$ $(\boldsymbol{l}(t+T)=\boldsymbol{l}(t))$ に対して，$\int_0^T \boldsymbol{V}(\boldsymbol{l}(t))\cdot d\boldsymbol{l} = 0$ を証明すればよいことが分かる．

$\boldsymbol{l}$ が囲む領域を Ω とすれば，Ω は $\mathbf{0}$ を含まないか含むかのどちらかである．Ω が $\mathbf{0}$ を含まないとき，

$$\int_0^T \boldsymbol{V}\cdot d\boldsymbol{l} = \int_\Omega \mathrm{rot}\,\boldsymbol{V}\,dxdy = 0.$$

Ω が $\mathbf{0}$ を含めば，$\int_0^T \boldsymbol{V}(\boldsymbol{l}(t))\cdot d\boldsymbol{l} = \Pi$ であるから，仮定よりこれも 0.　■

問 13*　われわれは補題 1.54 の証明を一部不完全なままに残していた．定理 1.60 の領域でこの補題の証明を完成するにはどうしたらいいであろうか．例えば注意 1.56 をヒントにして考えよ．

定理 1.60 でいう $\int_L \boldsymbol{V}\cdot d\boldsymbol{l} = \Pi$ のことを**周期**(period)という．定理 1.60 の領域(平面から原点を除いたもの)では周期は 1 つしかなかった．一般の領域ではより多くの周期がある．たとえば，図 1.20 のような領域上のベクトル場 $\boldsymbol{V}$ で，$\mathrm{rot}\,\boldsymbol{V}=0$ をみたすものに対しては，図の 3 つの閉曲線 L_1, L_2, L_3 に対してそれぞれ周期 $\int_{L_i} \boldsymbol{V}\cdot d\boldsymbol{l}_i = \Pi_i$ $(i=1,2,3)$ が存在し，これが 3 つとも 0 であることが，$\boldsymbol{V}=\mathrm{grad}\,f$ と表わされるための必要十分条件である．

逆に任意の 3 つの実数 Π_i $(i=1,2,3)$ に対して，$\int_{L_i} \boldsymbol{V}\cdot d\boldsymbol{l}_i = \Pi_i$ であるベクトル場 $\boldsymbol{V}$ で，$\mathrm{rot}\,\boldsymbol{V}=0$ をみたすものが存在する．これらの事実の証明は例

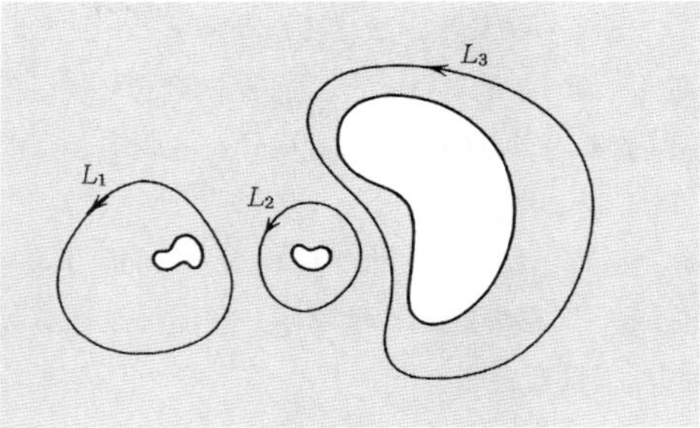

図 1.20　3 つ周期のある領域

1.57 および定理 1.59 とほぼ同様である.

《まとめ》

1.1　ベクトル場とは各点にベクトルを対応させる写像である．ベクトル場は各点にその点を始点とする矢印を描いた絵で表わされる.

1.2　スカラー値関数 f の微分は勾配ベクトル場 grad f を定める．ベクトル場 $\boldsymbol{V}$ の微分として，発散 div $\boldsymbol{V}$，回転 rot $\boldsymbol{V}$ がある．ベクトル場の発散はスカラーである．2 次元のベクトル場の回転はスカラーである.

1.3　区間からの写像でパラメータをつけられる図形を道という．曲線は，単射で微分が 0 にならないという条件をみたすパラメータ(正則パラメータ)を持つ図形である.

1.4　道あるいは曲線とベクトル場に対して線積分が 2 通り定まる．第 1 の線積分は，力を受けて動く物体に対してなされる仕事を計算するのに使われる．第 2 の線積分は，境界を通って流れ出す空気の量を計算するのに使われる.

1.5　空気の流れを表わすベクトル場 $\boldsymbol{V}$ の発散は，その点の近くでの空気の量の変化の割合を表わす.

1.6　空気の流れを表わすベクトル場 $\boldsymbol{V}$ の回転は，その点に風車をおいたときの風車の回り出す勢いを表わす.

1.7　ベクトル場 $\boldsymbol{V}$ の閉曲線に沿った第 2 番目の線積分は，閉曲線の囲む領域でのベクトル場 $\boldsymbol{V}$ の発散の積分に一致する(ガウスの発散定理).

1.8　ベクトル場 $\boldsymbol{V}$ の閉曲線に沿った第 1 番目の線積分は，閉曲線の囲む領域

でのベクトル場 $\boldsymbol{V}$ の回転の積分に一致する(グリーンの公式).

1.9　ベクトル場 $\boldsymbol{V}$ が，あるスカラー値関数の勾配であるための必要十分条件は，$\boldsymbol{V}$ の2点を結ぶ道に沿った(第1の)線積分が，両端の点にしかよらないことである.

1.10　平面全体で定義されたベクトル場に対しては，1.9 は $\boldsymbol{V}$ の回転が0であることと同値である．一般の領域では周期と呼ばれる量があり，1.9 と回転$=$0とは，必ずしも同値ではない.

演習問題

1.1　$\boldsymbol{V},\boldsymbol{W}$ を3次元ベクトル，A を 3×3 行列，${}^tX$ を A の余因子行列とする.

$$X(\boldsymbol{V}\times\boldsymbol{W})=A\boldsymbol{V}\times A\boldsymbol{W}$$

を示せ.

1.2　3つの3次元ベクトル $\boldsymbol{U},\boldsymbol{V},\boldsymbol{W}$ に対して,

$$\boldsymbol{U}\times(\boldsymbol{V}\times\boldsymbol{W})=(\boldsymbol{U}\cdot\boldsymbol{W})\boldsymbol{V}-(\boldsymbol{U}\cdot\boldsymbol{V})\boldsymbol{W}$$

を示せ.

1.3　$\boldsymbol{V},\boldsymbol{W}$ を3次元ベクトルとし，$\boldsymbol{V}\cdot\boldsymbol{W}=0\,(\boldsymbol{V}\neq 0)$ とする．$\boldsymbol{W}=\boldsymbol{V}\times\boldsymbol{X}$ なるベクトル $\boldsymbol{X}$ が存在することを示せ.

1.4　$L_c=\{(x,y)\,|\,x^6+3x^2y^2+12y^{16}=c\}$ とする.

(1) 任意の正の数 c に対して，L_c は曲線であることを示せ.

(2) 任意の閉曲線 L に対して，L と L_c が少なくとも1点で接するような正の数 c が存在することを示せ．ここで L と L_c が $p\in L\cap L_c$ で接するとは，L と L_c の p での接ベクトルが平行であることを指す.

1.5　L を閉曲線，$\boldsymbol{V}$ をベクトル場とする．$\|\boldsymbol{V}\|(p)\leqq C$ が任意の $p\in L$ に対して成立するとする．L の長さを A とすると $\int_L\boldsymbol{V}\cdot\boldsymbol{n}\,dL\leqq AC$ が成り立つことを示せ.

1.6　f を $\mathbb{R}_+=\{r\in\mathbb{R}\,|\,r>0\}$ で定義された無限回微分可能な実数値関数とする.

(1) $\mathbb{R}^2\backslash\{\boldsymbol{0}\}$ で定義されたベクトル場を $\boldsymbol{V}(x,y)=f(\sqrt{x^2+y^2})(x,y)$ で定義する．$\mathrm{div}\,\boldsymbol{V}=0$ であるために，f がみたすべき微分方程式を求めよ.

(2) $f(r)=r^k$ に対して $\mathrm{div}\,\boldsymbol{V}=0$ が成り立つのはどのような k か.

(3) $\mathbb{R}^2\backslash\{\mathbf{0}\}$ で定義されたベクトル場を $\boldsymbol{V}(x,y)=f(\sqrt{x^2+y^2})(-y,x)$ で定義する．$\mathrm{rot}\,\boldsymbol{V}=1$ となるような f を求めよ．

1.7 U を $\mathbb{R}^2$ の領域とし，$F=(f_1,f_2)$ を U から $\mathbb{R}^2\backslash\{\mathbf{0}\}$ への写像とする．U 上のベクトル場 $\boldsymbol{V}_F$ を次式のようにおく．

$$\boldsymbol{V}_F=\frac{\left(\dfrac{\partial f_1}{\partial x}f_2-\dfrac{\partial f_2}{\partial x}f_1,\ \dfrac{\partial f_1}{\partial y}f_2-\dfrac{\partial f_2}{\partial y}f_1\right)}{f_1^2+f_2^2}$$

(1) $\mathrm{rot}\,\boldsymbol{V}_F=0$ を示せ．

(2) $U=\{(x,y)\,|\,1/2<x^2+y^2<1\}$，$F(x,y)=(x,y)/\sqrt{x^2+y^2}$ とおく．$\boldsymbol{V}_F$ を計算せよ．

(3) $\boldsymbol{l}(t)=(\cos t,\,\sin t)$ とする．(2)の $\boldsymbol{V}_F$ に対して，$\displaystyle\int_0^{2\pi}\boldsymbol{V}_F\cdot d\boldsymbol{l}$ を計算せよ．

(4) $\widehat{F}:\ \mathbb{R}^2\to\mathbb{R}^2\backslash\{\mathbf{0}\}$ なる無限回微分可能な写像で，U 上(2)の F に一致するものが存在しないことを証明せよ．

1.8 平面から $\{(x,0)\,|\,|x|\leqq 1\}$ を除いた領域を U とする．f は U 上定義された無限回微分可能な関数で，$\mathrm{grad}\,f$ は

$$\boldsymbol{V}(x,y)=\frac{(-y,x-1)}{(x-1)^2+y^2}-\frac{(-y,x+1)}{(x+1)^2+y^2}$$

に一致するとする．

(1) 半円 $\{(x,y)\,|\,x^2+y^2=4,\ x\geqq 0\}$ と y 軸の一部 $\{(0,y)\,|\,-2\leqq y\leqq 2\}$ をあわせた区分的に微分可能な閉曲線を L とする．$\displaystyle\lim_{n\to\infty}f(0,1/n)-f(0,-1/n)=\int_L\boldsymbol{V}\cdot d\boldsymbol{l}$ を示せ．

(2) $\boldsymbol{V}_2=(-y,x+1)/((x+1)^2+y^2)$ とする．$\displaystyle\int_L\boldsymbol{V}_2\cdot d\boldsymbol{l}=0$ を示せ．

(3) $\boldsymbol{V}_1=(-y,x-1)/((x-1)^2+y^2)$ とする．$C=\{(x,y)\,|\,(x-1)^2+y^2=16\}$ とおく．$\displaystyle\int_L\boldsymbol{V}\cdot d\boldsymbol{l}=\int_C\boldsymbol{V}_1\cdot d\boldsymbol{l}$ を示せ．

(4) $\displaystyle\lim_{n\to\infty}f(0,1/n)-f(0,-1/n)$ を求めよ．

(5) 題意のような f が存在することを示せ．

1.9 L,L_i を閉曲線とし，$\boldsymbol{l}:\mathbb{R}\to\mathbb{R}^2$，$\boldsymbol{l}_i:\mathbb{R}\to\mathbb{R}^2$ を $\boldsymbol{l}(t+1)=\boldsymbol{l}(t)$，$\boldsymbol{l}_i(t+1)=\boldsymbol{l}_i(t)$ であるような，L,L_i のパラメータとする．$\boldsymbol{l}_i$ は $\boldsymbol{l}$ に一様収束すると仮定する．$\boldsymbol{V}$ を $\mathbb{R}^2$ 上定義されたベクトル場とする．

(1) $\boldsymbol{l}_i$ が $\boldsymbol{l}$ に一様収束すると仮定して $\displaystyle\lim_{i\to\infty}\int_{L_i}\boldsymbol{V}\cdot d\boldsymbol{l}_i=\int_L\boldsymbol{V}\cdot d\boldsymbol{l}$ が成り立つことを示せ．

(2)* ε を十分小さい正の数とする．領域 Ω_ε で次のようなものが存在することを示せ．L から距離 ε 以下の点はすべて Ω_ε に含まれ，また Ω_ε の点はすべて L から距離 2ε 以内にある．さらに，ε によらない C が存在して，Ω_ε の体積は $C\varepsilon$ 以下である．ここで点 p の L からの距離とは L の点で p に一番近い点と p の距離を指す．

(3) D を Ω_ε に含まれる任意の領域とする．ε によらない C が存在して次の不等式が成り立つことを示せ．

$$\left|\int_D \mathrm{rot}\,\boldsymbol{V}\,dxdy\right| \leqq C\varepsilon.$$

(4) Ω_ε は滑らかな境界を持つとし，内側の境界を L_ε とする．グリーンの公式を用いて次の不等式を示せ．

$$\left|\int_L \boldsymbol{V}\cdot d\boldsymbol{l} - \int_{L_\varepsilon} \boldsymbol{V}\cdot d\boldsymbol{l}_\varepsilon\right| \leqq C\varepsilon.$$

(5) $\sup|\boldsymbol{l}_i(t)-\boldsymbol{l}(t)|<\varepsilon$ ならば

$$\left|\int_{L_i} \boldsymbol{V}\cdot d\boldsymbol{l}_i - \int_{L_\varepsilon} \boldsymbol{V}\cdot d\boldsymbol{l}_\varepsilon\right| \leqq C\varepsilon$$

が成り立つことを示せ．ただし $\boldsymbol{l}_\varepsilon$ は L_ε のパラメータである．

(6) $\dot{\boldsymbol{l}}_i$ が $\dot{\boldsymbol{l}}$ に一様収束するという仮定をしなくても，$\boldsymbol{l}_i$ は $\boldsymbol{l}$ に一様収束すると仮定しただけで，$\displaystyle\lim_{i\to\infty}\int_{L_i}\boldsymbol{V}\cdot d\boldsymbol{l}_i = \int_L \boldsymbol{V}\cdot d\boldsymbol{l}$ が成り立つことを示せ．

1.10　領域 $\Omega\subseteqq\mathbb{R}^2$ に対して，次の2つの条件は同値であることを証明せよ．

(1) Ω は単連結．

(2) $\mathbb{R}^2\setminus\Omega$ を弧状連結な互いに交わらない閉集合の和 $\bigcup_i V_i$ で表わしたとき，どの V_i も有界でない．

代数関数の積分と周期

本書では平面や 3 次元空間の中の領域しか扱わないが，本来，周期という概念はもっと一般的な空間上で考えたとき，より有効である．ここでは例として代数関数の積分を考えてみよう．そのためにまず複素積分についてちょっと述べよう．

まず複素平面 $\mathbb{C}$ を考え，これを $\mathbb{R}^2$ とみなす．このときに，複素変数関数 $h(x+\sqrt{-1}\,y)$ を実部と虚部に分けて，$h(x+\sqrt{-1}\,y)=f(x+\sqrt{-1}\,y)+\sqrt{-1}\,g(x+\sqrt{-1}\,y)$ と表わす．また道 $\boldsymbol{l}:[a,b]\to\mathbb{C}$ も実部と虚部に分けて $\boldsymbol{l}(t)=\boldsymbol{l}_1(t)+\sqrt{-1}\,\boldsymbol{l}_2(t)$ と表わす．このとき，線積分 $\int_a^b h\,dz$ は

$$\int_a^b h\frac{d\boldsymbol{l}}{dt}dt=\int_a^b\left(f\frac{d\boldsymbol{l}_1}{dt}-g\frac{d\boldsymbol{l}_2}{dt}\right)dt+\sqrt{-1}\int_a^b\left(f\frac{d\boldsymbol{l}_2}{dt}+g\frac{d\boldsymbol{l}_1}{dt}\right)dt \quad (1)$$

で定義される(式(1)の右辺は，左辺を素直に実部と虚部に分けて計算したものである)．ベクトル場 $\boldsymbol{V}_{\mathrm{Re}}(x,y)=(f(x,y),-g(x,y))$，$\boldsymbol{V}_{\mathrm{Im}}(x,y)=(g(x,y),f(x,y))$ を考えると

$$\int_a^b h\,dz=\int_a^b\boldsymbol{V}_{\mathrm{Re}}\cdot d\boldsymbol{l}+\sqrt{-1}\int_a^b\boldsymbol{V}_{\mathrm{Im}}\cdot d\boldsymbol{l}$$

となる(上の記号 $\boldsymbol{V}_{\mathrm{Re}}(x,y)$, $\boldsymbol{V}_{\mathrm{Im}}(x,y)$ は一般的なものではない)．$\operatorname{rot}\boldsymbol{V}_{\mathrm{Re}}=0$, $\operatorname{rot}\boldsymbol{V}_{\mathrm{Im}}=0$ なる条件は，方程式

$$\frac{\partial f}{\partial x}-\frac{\partial g}{\partial y}=0,\quad \frac{\partial f}{\partial y}+\frac{\partial g}{\partial x}=0 \quad (2)$$

と同値である．(2)は**コーシー–リーマン方程式**と呼ばれ，これがみたされるような $h(x+\sqrt{-1}\,y)$ を**正則関数**といった．(詳しくは複素関数論の成書，例えば本シリーズ『複素関数入門』参照．)

さてまず $h(z)=\dfrac{1}{\sqrt{1-z^2}}$ を考えよう．h を実の変数で考えると，よく知られているように $\displaystyle\int^x\frac{dx}{\sqrt{1-x^2}}=\arcsin(x)$ である．この右辺の逆 3 角関数 $\arcsin(x)$ は，値が 2π の整数倍だけ決まらない．このことは以下に説明するように周期と関係がある．

$h(z)=\dfrac{1}{\sqrt{1-z^2}}$ は $z\neq\pm1$ で定義されているが，平方根のとり方に 2 種類あるために，符号のぶんだけ値が定まらない．このことをとりあえず無視すると，h の実部と虚部は方程式(2)をみたす．したがって，領域 $\{z\in$

$\mathbb{C}\,|\,z\neq 0,1\}$ が単連結でないこと，および符号のぶんだけ h の値が定まらないことを除けば，積分 $\displaystyle\int_a^b h\,dz$ は積分路に無関係に値が定まる．しかし上で述べた理由から，この積分の値はある周期 Π の整数倍のぶんだけ値が定まらない．この周期 Π は図に示した閉曲線に沿った積分 $\displaystyle\int_L h\,dz$ である．この値は 2π に等しいことが知られている．すなわち，$\displaystyle\int^z \frac{dz}{\sqrt{1-z^2}} = \arcsin(z)$ の値は 2π の整数倍だけ決まらない．これは不定積分の逆関数 $\sin z$ が周期 2π の周期関数であること，つまり $\sin(z+2\pi)=\sin z$ を意味する．ここで現われた周期 2π は，$\mathrm{rot}\,\boldsymbol{V}_{\mathrm{Re}}=0$，$\mathrm{rot}\,\boldsymbol{V}_{\mathrm{Im}}=0$ なるベクトル場の閉じた道に沿った積分であった．これが定理 1.60 の Π を周期とよんだ理由である．

もう少し関数を難しくして，$h(z)=\dfrac{1}{\sqrt{z(z-1)(z+1)}}$ を考えよう．このような積分を楕円積分という．楕円積分に対しては，ちょうど 2 つの独立した周期があることが知られている．これらは図の閉じた道に対する積分で与えられる．したがって，これらの道に沿った積分を Π_1, Π_2 と書くと，積分 $\displaystyle\int_a^b h\,dz$ は整数係数 1 次結合 $n\Pi_1+m\Pi_2$ の差を除いて道によらない．これから楕円積分 $\displaystyle\int^z \frac{dz}{\sqrt{z(z-1)(z+1)}}$ の逆関数 $\varphi(z)$ が 2 重周期性 $\varphi(z+n\Pi_1+m\Pi_2)=\varphi(z)$ を持つことが示される．

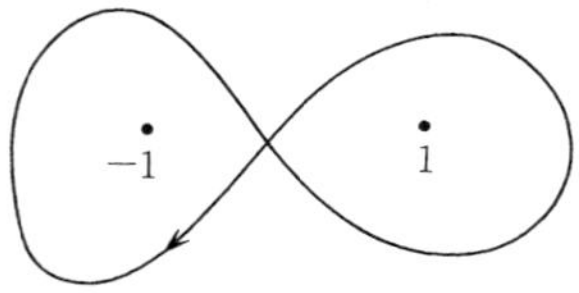

3 角関数の周期

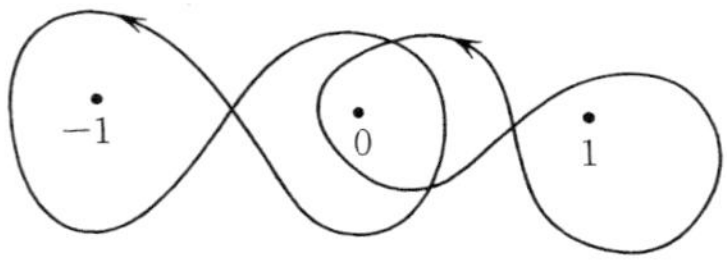

楕円関数の周期

2

3 次元空間のベクトル解析

この章では，第1章の内容を次元を1つ増やして考察する．すなわち3次元ユークリッド空間と，その上のベクトル場およびその中の曲面を考える．そのためには曲線について第1章でしたのと同様の考察を，曲面に対して行なう必要がある．曲面は曲線に比べてその幾何学的性質が複雑なので，まず曲面についてより注意深く考察する．特に曲面上の積分すなわち面積分は，線積分に比べて定義するのがいくぶん難しい．

その点を除けば，考察は第1章と並行に進む．第1章においては定理・定義の幾何的および物理的イメージを中心に述べてきた．それで，この章では定理・定義のイメージを述べることと同時に，論理的な構成にも注意して話を進めていこう．

この章では，幾何的イメージを，どうしたら数学的な論理体系にできるか，がテーマの1つである．できたら読者も筆者といっしょにこの問題に答えていくつもりで読んでほしい．

§2.1 曲　　面

(a) 曲面は曲線に比べてどこが難しいか

曲面とはなにかを考えよう．これと似た問い，すなわち曲線とはなにか，に対する答は定義 1.23 であった．

定義1.23は，(開)曲線とは開区間(a,b)からの，いくつかの条件をみたす写像，すなわち正則パラメータが存在するような集合である，というものであった．

これを次元だけ1から2に変えて，そのまま曲面の定義にすることができるであろうか．例えば，球面$\{(x,y,z)\,|\,x^2+y^2+z^2=1\}$の場合を考えよう．2次元の図形のパラメータには2つの変数が必要である．すなわち球面の点を2つの数の組で表わす必要がある．そのような表わし方としては経度と緯度がある．これは(s,t)を$(\cos s\cos t,\ \sin s\cos t,\ \sin t)$に写す写像$\varphi$を考えることにあたる(図2.1)．しかしこの写像は1対1でない．実際例えば，$t=\pi/2$とすると$\varphi(s,\pi/2)$はどのsに対しても$(0,0,1)$である．多くの目的にはこのことはあまり気にせず，φをパラメータとして用いてもよいが，これでは困ることも多い．

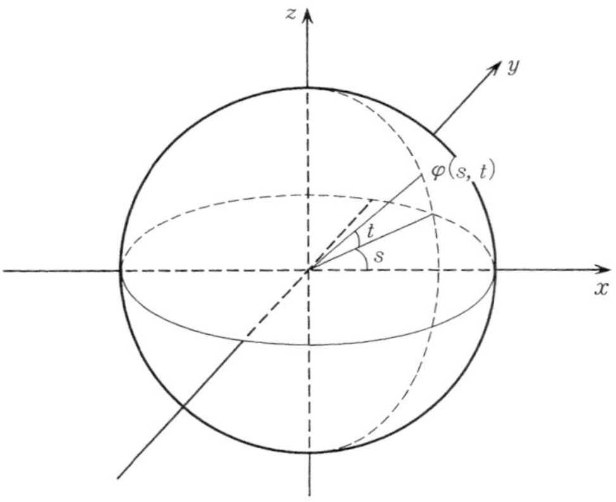

図2.1 経度と緯度

実は球面全体を平面$\mathbb{R}^2$の部分集合に1対1に対応させようとしても，うまくいかない．難しい言葉(位相幾何学の言葉)を使うと，これは，球面は$\mathbb{R}^2$のどの部分集合とも同相でない，と表わせる．この言葉の正確な意味は今はわからなくてもよい．

ところで，実は閉曲線の場合も事情は同じであった．しかし閉曲線の場合は周期的なパラメータ，すなわち $\boldsymbol{l}(t+T)=\boldsymbol{l}(t)$ となるパラメータを考えればうまくいった.

曲線の場合は閉曲線または開曲線だけを考えれば十分であった. ふたたび位相幾何学の言葉を使うと，このことは，連結な曲線は直線 $\mathbb{R}$ または円周 S^1 と同相である，と表現される.「同相」などという耳慣れない言葉を使ったが，なんのことはない，要するに，どんな曲線も連続的に変形していけば直線または円周になる，といっているにすぎない.（図 2.2 の記号 $\cong$ は連続的に変形できることを意味する）.

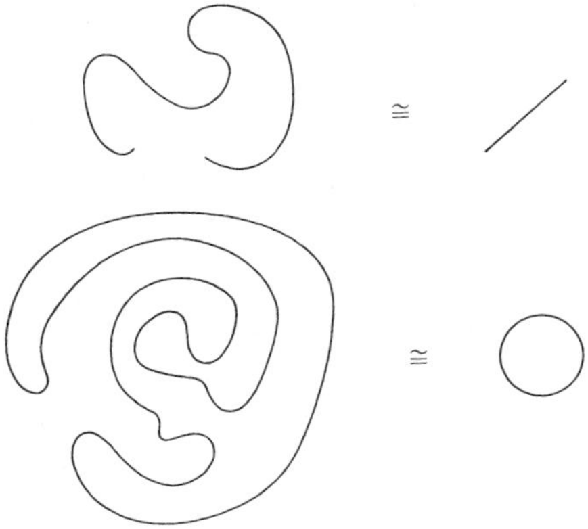

図 2.2　曲線の位相的分類

それでは曲面の場合はどうであろうか. 図 2.3 を見ると分かるように，曲面には，曲線の場合よりもいろいろな種類がある.

連続的に変形するものどうしを同じと考えたとき，曲面にはどのくらい種

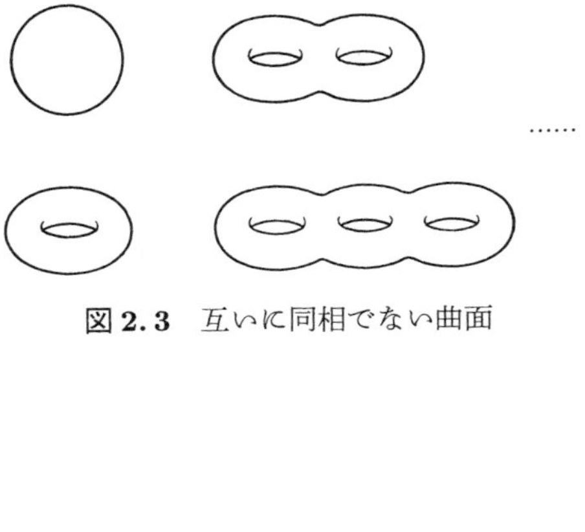

図 2.3　互いに同相でない曲面

類があるか．これは曲面の分類と呼ばれ，19世紀の終わりごろまでに解かれた問題である．同じ問題を3次元以上の場合に考えるのは位相幾何学という学問であり，20世紀に入って大いに発展した分野である．

(b)　曲面の定義

(a)で述べたように，定義1.23そのままで変数を増やして曲面の定義にしようとしてもうまくいかない．正しいやり方を考えるために，§1.3(b)で述べた補題1.34の主張を思い出そう．すなわち，ある集合Lが曲線であることを見るには，Lの各点pに対してその近くでLが曲線であること(補題の(ii))を見ればよかった．

曲面の場合にも補題1.34の(ii)にあたる条件の方を定義にすることができる．すなわち，$S \subseteq \mathbb{R}^3$が曲面であることを，各点$p \in S$に対してSがpの近くで曲面であることと定義する．球面の場合を考えると，各点の近くであれば$\mathbb{R}^2$の部分集合で1対1にパラメータ付けすることができる(例2.2を見よ)．これが局所座標(local coordinate)の考え方である．定義を述べよう．

定義 2.1　部分集合$S \subseteq \mathbb{R}^3$が**曲面**(surface)であるとは，任意の点$p \in S$に対して$\varepsilon > 0$と開集合$U \subseteq \mathbb{R}^2$と無限回微分可能写像$\varphi \colon U \to \mathbb{R}^3$があって，次のことが成立することをいう．

(i)　φの像$\varphi(U)$はSに含まれる．pからの距離がε未満のSの点は$\varphi(U)$に属する．

(ii)　φは単射である．

(iii)　ヤコビ行列$D\varphi$の階数はUのどの点でも2である．

$$D\varphi = \begin{pmatrix} \dfrac{\partial \varphi_1}{\partial s} & \dfrac{\partial \varphi_1}{\partial t} \\ \dfrac{\partial \varphi_2}{\partial s} & \dfrac{\partial \varphi_2}{\partial t} \\ \dfrac{\partial \varphi_3}{\partial s} & \dfrac{\partial \varphi_3}{\partial t} \end{pmatrix}$$

□

ここで，行列$D\varphi$の階数が2であるとは，3つの小行列

$$\begin{pmatrix} \dfrac{\partial \varphi_1}{\partial s} & \dfrac{\partial \varphi_1}{\partial t} \\ \dfrac{\partial \varphi_2}{\partial s} & \dfrac{\partial \varphi_2}{\partial t} \end{pmatrix}, \quad \begin{pmatrix} \dfrac{\partial \varphi_1}{\partial s} & \dfrac{\partial \varphi_1}{\partial t} \\ \dfrac{\partial \varphi_3}{\partial s} & \dfrac{\partial \varphi_3}{\partial t} \end{pmatrix}, \quad \begin{pmatrix} \dfrac{\partial \varphi_2}{\partial s} & \dfrac{\partial \varphi_2}{\partial t} \\ \dfrac{\partial \varphi_3}{\partial s} & \dfrac{\partial \varphi_3}{\partial t} \end{pmatrix}$$

の少なくともどれか1つが可逆なことを指した．またこのことは，$D\varphi$ を3次元ベクトル空間から2次元ベクトル空間への線形写像とみなしたとき，その像が2次元であることと同値であった．さらに縦ベクトル $\dfrac{\partial \varphi}{\partial s}$ と $\dfrac{\partial \varphi}{\partial t}$ が1次独立であることとも同値である(本シリーズ『行列と行列式』参照)．

さて，定義2.1の(i),(ii)は，S の p の近くの点全体が $U \subseteqq \mathbb{R}^2$ と1対1対応することを述べている．(iii)は定義1.23の場合と同じように，S に特異点がないことを意味する．これを次の問で見てほしい．

問1　$\varphi(s,t)=(s^2,t^2,st)$ とおく．$D\varphi$ の階数が2でない点はどこか．その点の近くで φ の像の絵を描け．

定義2.1をみたす φ のことを，S の p の近くでの**(局所)座標**という．局所座標の族 $\{\varphi_i : U_i \to \mathbb{R}^3 \mid i \in I\}$ で $\bigcup_{i\in I} \varphi_i(U_i)$ が S 全体に一致するもののことを**(局所)座標系**と呼ぶ．

例2.2　球面 $S^2=\{(x,y,z)\in\mathbb{R}^3 \mid x^2+y^2+z^2=1\}$ を考えよう．前に考えた写像 $\varphi(s,t)=(\cos s\cos t,\ \sin s\cos t,\ \sin t)$ は $\{(s,t) \mid s\in(0,2\pi),\ t\in(-\pi/2, \pi/2)\}$ に制限すると，定義2.1の条件(ii),(iii)をみたす．この写像の像は $U_y = S^2\backslash\{(x,y,z) \mid x \geqq 0,\ y=0\}$ である．したがって，写像 φ は U_y の座標系を与える．

φ の像に含まれない部分もおおうように座標を与えるには，x,y,z を入れ替えればよい．すなわち $\varphi'(s,t)=(\cos s\cos t,\ \sin t,\ \sin s\cos t)$ は $S^2\backslash\{(x,y,z) \mid x\geqq 0,\ z=0\}$ の座標を与え，$\varphi''(s,t)=(\sin s\cos t,\ \cos s\cos t,\ \sin t)$ は $S^2\backslash\{(x,y,z) \mid x=0,\ y\geqq 0\}$ の座標を与える．したがって，この3つをあわせると球面の座標系になる．　□

問2　図2.4の図形(円錐)から $P=(0,0,1)$ と $L=\{(x,y,0)\mid x^2+y^2=1\}$ を除いた部分は曲面である．この曲面の座標系を与えよ．

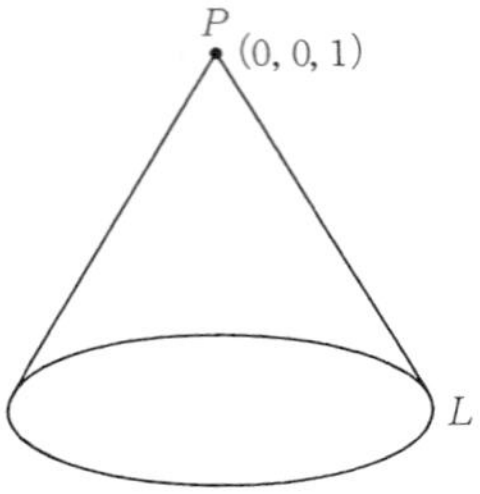

図2.4　円錐

定義2.1の条件(iii)から，曲面上のどの点をとっても，その点の近くで曲面は関数のグラフとみなすことができる．すなわち，

補題2.3　$S\subseteqq\mathbb{R}^3$ を曲面，$p\in S$ とし，φ を S の p の近くでの座標とする．$p=\varphi(s_0,t_0)=(x_0,y_0,z_0)$ とおく．ヤコビ行列の小行列

$$\begin{pmatrix} \dfrac{\partial\varphi_1}{\partial s} & \dfrac{\partial\varphi_1}{\partial t} \\ \dfrac{\partial\varphi_2}{\partial s} & \dfrac{\partial\varphi_2}{\partial t} \end{pmatrix}$$

は (s_0,t_0) で可逆とする．このとき (x_0,y_0) の近くで定義された関数 $g(x,y)$ が存在し，曲面 S は p の近くで g のグラフ $z=g(x,y)$ と一致する．

［証明］　$\varphi(s,t)=(\varphi_1(s,t),\varphi_2(s,t),\varphi_3(s,t))$ であった．(s,t) に $(\varphi_1(s,t),\varphi_2(s,t))$ を対応させる写像を φ_{12} と書く．仮定より，φ_{12} のヤコビ行列は (s_0,t_0) で可逆である．したがって，逆関数定理(本シリーズ『微分と積分2』参照)より，(x_0,y_0) の近くで定義された φ_{12} の逆写像 φ_{12}^{-1} が存在する．

$g(x,y)=\varphi_3(\varphi_{12}^{-1}(x,y))$ とおく．定義2.1の(i)より，p の近くの S の点は $(\varphi_1(s,t),\varphi_2(s,t),\varphi_3(s,t))$ と表わされる．$\varphi_{12}(s,t)=(x,y)$ とおくと

$$(\varphi_1(s,t),\varphi_2(s,t),\varphi_3(s,t))=(x,y,g(x,y)).$$

よって p の近くで，S は g のグラフと一致する．　∎

補題 2.3 と同様にして，

$$\begin{pmatrix} \dfrac{\partial\varphi_1}{\partial s} & \dfrac{\partial\varphi_1}{\partial t} \\ \dfrac{\partial\varphi_3}{\partial s} & \dfrac{\partial\varphi_3}{\partial t} \end{pmatrix}(s_0, t_0)$$

が可逆の場合は，p の近くで，S はグラフ $y=g(x,z)$ で表わされる．

$$\begin{pmatrix} \dfrac{\partial\varphi_2}{\partial s} & \dfrac{\partial\varphi_2}{\partial t} \\ \dfrac{\partial\varphi_3}{\partial s} & \dfrac{\partial\varphi_3}{\partial t} \end{pmatrix}(s_0, t_0)$$

が可逆の場合は，p の近くで，S はグラフ $x=g(y,z)$ で表わされる．これらのことは補題 2.3 と同様に示される．

この 3 つの 2×2 行列のどれかが可逆である，というのが定義 2.1 の条件(iii)であった．

次に定理 1.31 の 3 次元版を考えよう．すなわち

定理 2.4　$S=\{p\in\mathbb{R}^3 \mid f(p)=0\}$ とし，任意の $p\in S$ に対して $\mathrm{grad}\, f(p)\neq \mathbf{0}$ とすると，S は曲面である．

［証明］　$p\in S$ とし $p=(x_0, y_0, z_0)$ とおく．$\mathrm{grad}\, f(p)\neq\mathbf{0}$ であるから

$$\frac{\partial f}{\partial x}(p)\neq 0, \quad \frac{\partial f}{\partial y}(p)\neq 0, \quad \frac{\partial f}{\partial z}(p)\neq 0$$

のどれかが成立する．座標を入れ替えて考えれば，$\dfrac{\partial f}{\partial z}(p)\neq 0$ の場合だけ考えれば十分である．すると陰関数の定理により，$U\ni(x_0, y_0)$ とその上の無限回微分可能関数 g が存在して，$\{q\in S \mid \|p-q\|<\varepsilon\}=\{(s,t,g(s,t)) \mid (s,t)\in U\}$ が成立する．$\varphi(s,t)=(s,t,g(s,t))$ とおけば，これが p の近くでの S の座標を与える．∎

問 3　$S=\{(x,y,z) \mid x^2+y^3+z^4=0\}$ とする．$\mathrm{grad}_{\mathbf{0}}(x^2+y^3+z^4)=\mathbf{0}$ であるから，S は $\mathbf{0}$ の近くで曲面でない．$\mathbf{0}$ の近くでの S の絵を描け．

(c)　接平面と法ベクトル

次に曲面に対して法ベクトルと接平面を定義しよう．

定義 2.5　$S \subseteq \mathbb{R}^3$ を曲面，$p \in S$ とし，φ を p の近くでの S の座標とする．$p=\varphi(s_0,t_0)$ とおく．このとき p での S の**接平面** T_pS とは，φ の (s_0,t_0) でのヤコビ行列 $D\varphi(s_0,t_0)\colon \mathbb{R}^2 \to \mathbb{R}^3$ の像である $\mathbb{R}^3$ の線形部分空間のことを指す．T_pS に含まれるベクトルを**接ベクトル**という．　□

言い換えると，T_pS は2つの縦ベクトル $\dfrac{\partial\varphi}{\partial s}$ と $\dfrac{\partial\varphi}{\partial t}$ で張られる $\mathbb{R}^3$ の線形部分空間である(すなわち，スカラー a,b を用いて，$a\dfrac{\partial\varphi}{\partial s}+b\dfrac{\partial\varphi}{\partial t}$ と書かれるベクトル全体である)．定義2.1の条件(iii)により，T_pS は2次元のベクトル空間である．

定義 2.6　$\boldsymbol{v}$ が p での S の**法ベクトル**であるとは，$\boldsymbol{v}$ がすべての接ベクトルと直交することをいう．長さが1の法ベクトルを**単位法ベクトル**という．□

接平面が2次元であったから，法ベクトル全体は1次元のベクトル空間をなす．

次に，$S=\{p\in\mathbb{R}^3 \mid f(p)=0\}$ の形で与えられる曲面の接平面と法ベクトルを計算しよう．

補題 2.7　$p\in S=\{p\in\mathbb{R}^3 \mid f(p)=0\}$ のとき，$T_pS=\{\boldsymbol{v}\in\mathbb{R}^3 \mid \boldsymbol{v}\cdot\mathrm{grad}\, f(p)=0\}$，すなわち，$\boldsymbol{v}$ が p での S の接ベクトルであるのは，$\boldsymbol{v}$ が $\mathrm{grad}\, f(p)$ と直交するときである．また法ベクトルは $C\,\mathrm{grad}\, f(p)$ (C はスカラー)の形のベクトルである．

［証明］　φ を S の p の近くでの座標とし $p=\varphi(s_0,t_0)$ とおく．$f(\varphi(s,t))\equiv 0$ より，合成関数の微分法から

$$\frac{\partial f}{\partial x}\frac{\partial\varphi_1}{\partial s}+\frac{\partial f}{\partial y}\frac{\partial\varphi_2}{\partial s}+\frac{\partial f}{\partial z}\frac{\partial\varphi_3}{\partial s}=0$$

$$\frac{\partial f}{\partial x}\frac{\partial\varphi_1}{\partial t}+\frac{\partial f}{\partial y}\frac{\partial\varphi_2}{\partial t}+\frac{\partial f}{\partial z}\frac{\partial\varphi_3}{\partial t}=0$$

である．ここで $\varphi(s,t)=(\varphi_1(s,t),\varphi_2(s,t),\varphi_3(s,t))$ と書いた．すなわち，

$$\operatorname{grad} f \cdot \frac{\partial \varphi}{\partial s} = 0, \quad \operatorname{grad} f \cdot \frac{\partial \varphi}{\partial t} = 0$$

である．定義により $\dfrac{\partial \varphi}{\partial s}$ と $\dfrac{\partial \varphi}{\partial t}$ は接平面の基底であるから，$\operatorname{grad} f(p)$ は法ベクトルである．したがって，法ベクトルは $C \operatorname{grad} f(p)$（$C$ はスカラー）の形のベクトルである（仮定により $\operatorname{grad} f(p)$ は $\mathbf{0}$ でなかった）．

上の計算により，接ベクトルは $\operatorname{grad} f(p)$ に直交する．$\operatorname{grad} f(p)$ に直交するベクトル全体は 2 次元のベクトル空間で，接平面も 2 次元であるからこの 2 つは一致する． ∎

問 4　$S = \left\{ (x, y, z) \,\middle|\, x^2 + \dfrac{y^2}{4} + \dfrac{z^2}{9} = 1 \right\}$ の各点での接平面，法ベクトルを求めよ．

局所座標系が与えられているとき，法ベクトルは次のように計算できる．

補題 2.8　$\varphi : U \to \mathbb{R}^3$ を曲面 S の $\boldsymbol{p} = \varphi(s_0, t_0)$ の近傍での座標系とする．このとき $\boldsymbol{p}$ での S の単位法ベクトルは

$$\pm \frac{\partial \varphi}{\partial s} \times \frac{\partial \varphi}{\partial t} \Big/ \left\| \frac{\partial \varphi}{\partial s} \times \frac{\partial \varphi}{\partial t} \right\|.$$

［証明］　外積に対して一般に $\boldsymbol{v} \cdot (\boldsymbol{v} \times \boldsymbol{w}) = 0$ が成立する（左辺はベクトル $\boldsymbol{v}, \boldsymbol{v}, \boldsymbol{w}$ の作る平行 6 面体の体積であった）．よって $\dfrac{\partial \varphi}{\partial s} \times \dfrac{\partial \varphi}{\partial t}$ は $\dfrac{\partial \varphi}{\partial s}$ および $\dfrac{\partial \varphi}{\partial t}$ に直交する．したがって，長さを 1 にした 2 つのベクトル

$$\pm \frac{\partial \varphi}{\partial s} \times \frac{\partial \varphi}{\partial t} \Big/ \left\| \frac{\partial \varphi}{\partial s} \times \frac{\partial \varphi}{\partial t} \right\|$$

が単位法ベクトルである． ∎

補題 2.7, 2.8 により，具体例に対する接平面，法ベクトルを計算することができる．

問 5　f を $\mathbb{R}^2$ 上の滑らかな関数とし，$\varphi(s, t) = (s, t, f(s, t))$ で $\varphi : \mathbb{R}^2 \to \mathbb{R}^3$ を定める．φ は曲面の座標を与える．この曲面を S としたとき，S の接平面，法ベクトルを f を使って記述せよ．

(d) 座標変換

この章で調べているのは曲面の性質である．そのために曲面上に座標をとったのであった．しかし座標は，ここでは，曲面を調べるための道具である．すなわち問題に応じて適当な座標を選んで用いる必要がある．

第1章で線積分について述べたとき，線積分がパラメータによらないことを示した(補題1.16)．このことにより，線積分を計算するのに，計算がしやすいようにうまくパラメータを選ぶことができたのであった．パラメータの取り替えの曲面の場合の類似物が**座標変換**(coordinate change)である．

補題 2.9　$\varphi: U \to \mathbb{R}^3$, $\varphi': U' \to \mathbb{R}^3$ を S の2つの座標とする．

$$W = \{p \in U \mid \varphi(p) \in \varphi'(U')\}, \quad W' = \{p' \in U' \mid \varphi'(p') \in \varphi(U)\}$$

とおく．すると，$\psi: W \to W'$ が存在して次のことが成立する．

(i)　$\psi: W \to W'$ には逆写像 $\psi^{-1}: W' \to W$ が存在する．

(ii)　$\psi: W \to W'$, $\psi^{-1}: W' \to W$ は無限回微分可能である．

(iii)　$\varphi'\psi(s,t) = \varphi(s,t)$ が任意の $(s,t) \in W$ に対して成立する．　□

$\psi: W \to W'$ のことを座標変換という．ユークリッド空間の開集合の間の写像 $\psi: W \to W'$ が**可微分同相写像**(diffeomorphism)であるとは，逆写像 ψ^{-1} が存在し，ψ, ψ^{-1} が微分可能であることを指した．座標変換は可微分同相写像である．

例題 2.10

$$\varphi(s,t) = (\cos s \cos t,\ \sin s \cos t,\ \sin t),$$
$$\varphi'(u,v) = (\cos u \cos v,\ \sin v,\ \sin u \cos v)$$

は球面 S^2 の座標であった．この2つの座標の間の座標変換を求めよ．

［解］　連立方程式

$$\begin{cases} \cos s \cos t = \cos u \cos v \\ \sin s \cos t = \sin v \\ \sin t = \sin u \cos v \end{cases}$$

を u,v について解けばよい．すなわち

$$u=\arctan(\tan t/\cos s),\quad v=\arcsin(\sin s\cos t).$$

逆3角関数は多価である．$u\in(0,2\pi)$, $v\in(-\pi/2,\pi/2)$ となるようにとるが，u はそれでも π の分決まらない．しかし，連立方程式に戻ると，どちらになるか決まる．W は次の領域である．

$$\{(s,t)\mid s\in(0,2\pi),\ t\in(-\pi/2,\pi/2)\}$$
$$\setminus\{(s,t)\mid s\in(0,\pi/2)\cup(3\pi/2,2\pi),\ t=0\}.$$

∎

問6　$U=\{(a,b)\mid a^2+b^2<1\}$, $\varphi''(a,b)=\left(a,b,\sqrt{1-a^2-b^2}\right)$, $\varphi'':U\to\mathbb{R}^3$ とする．φ'' は球面の一部(北半球)の座標である．φ と φ'' の間の座標変換を求めよ．

［補題2.9の証明］　$(s,t)\in W$ とすると W の定義より，$\varphi(s,t)=\varphi'(u,v)$ なる $(u,v)\in W'$ が存在する．φ' は単射であったから，このような (u,v) はただ1つである．$\psi(s,t)=(u,v)$ とおく．(iii)が明らかに成立する．一方，$(u,v)\in W'$ とすると，$\varphi(s,t)=\varphi'(u,v)$ なる $(s,t)\in W$ がただ1つ存在する．$\psi^{-1}(u,v)=(s,t)$ とおく．ψ^{-1} が ψ の逆写像であることは明らかである．

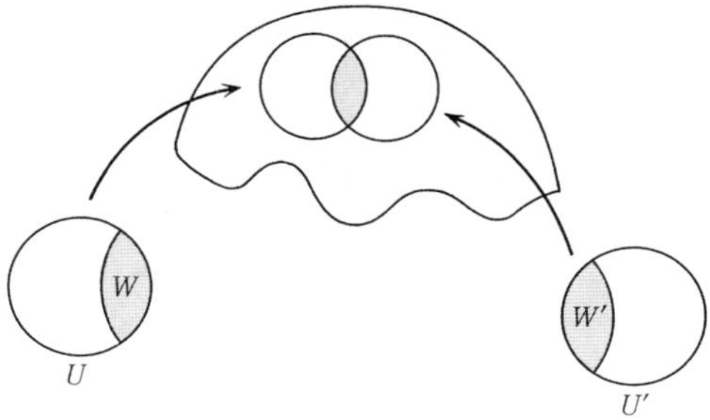

図2.5　座標変換

最後に，$\psi:W\to W'$, $\psi^{-1}:W'\to W$ は無限回微分可能であることを示そう．$\psi:W\to W'$ についてのみ証明する．$(s,t)\in W$ とし，この点で無限回微分可能であることを示せばよい．$\psi(s,t)=(u,v)\in W'$ とおく．φ,φ' を成分で表わして $\varphi=(\varphi_1,\varphi_2,\varphi_3)$, $\varphi'=(\varphi'_1,\varphi'_2,\varphi'_3)$ とおく．

行列 $D\varphi'(p)$ の階数は2であるから

$$\begin{pmatrix} \dfrac{\partial\varphi_1'}{\partial u} & \dfrac{\partial\varphi_1'}{\partial v} \\ \dfrac{\partial\varphi_2'}{\partial u} & \dfrac{\partial\varphi_2'}{\partial v} \end{pmatrix}(u,v),\quad \begin{pmatrix} \dfrac{\partial\varphi_1'}{\partial u} & \dfrac{\partial\varphi_1'}{\partial v} \\ \dfrac{\partial\varphi_3'}{\partial u} & \dfrac{\partial\varphi_3'}{\partial v} \end{pmatrix}(u,v),\quad \begin{pmatrix} \dfrac{\partial\varphi_2'}{\partial u} & \dfrac{\partial\varphi_2'}{\partial v} \\ \dfrac{\partial\varphi_3'}{\partial u} & \dfrac{\partial\varphi_3'}{\partial v} \end{pmatrix}(u,v)$$

なる3つの行列の少なくともどれか1つが可逆である.

$$\begin{pmatrix} \dfrac{\partial\varphi_1'}{\partial u} & \dfrac{\partial\varphi_1'}{\partial v} \\ \dfrac{\partial\varphi_2'}{\partial u} & \dfrac{\partial\varphi_2'}{\partial v} \end{pmatrix}(u,v)$$

が可逆な場合のみ考えて一般性を失わない.

$\varphi'(u,v)=(x_1,y_1,z_1)$ とする．$(\varphi_1',\varphi_2')\colon W'\to\mathbb{R}^2$ なる写像に対して (x_1,y_1) で逆関数定理が使える．すなわち，V なる (x_1,y_1) を含む開集合と $\phi\colon V\to\mathbb{R}^2$ なる無限回微分可能写像で，$(\varphi_1',\varphi_2')\circ(\phi(x,y))=(x,y)$ となるものが存在する.

このときには $\phi(\varphi_1(s,t),\varphi_2(s,t))=\psi(s,t)$ が，十分 (s_1,t_1) に近い $(s,t)\in W$ に対して成立する．なぜなら，$\varphi'\psi(s,t)=\varphi(s,t)$ より $(\varphi_1',\varphi_2')(\psi(s,t))=(\varphi_1,\varphi_2)(s,t)$ であり，また $\phi\colon V\to\mathbb{R}^2$ は $(\varphi_1',\varphi_2')\colon W'\to\mathbb{R}^2$ の逆写像であるから.

$\phi(\varphi_1(s,t),\varphi_2(s,t))=\psi(s,t)$ の左辺は，無限回微分可能写像の合成であるから，無限回微分可能である．したがって $\psi\colon W\to W'$ は (s_1,t_1) で無限回微分可能である. ∎

(e)　曲面の向き

曲線の場合に定義したもう1つの概念は「向き」であった．曲線の場合は，2つの単位接ベクトルのうちどちらを選ぶかが向きである．これは2つの単位法ベクトルのうちどちらを選ぶか，といっても同じであった．曲面の場合には，単位法ベクトルすなわち長さが1の法ベクトルは，曲線の場合と同様に，各点で2つしかないが，単位接ベクトルの方はいっぱいある．したがって，とりあえず法ベクトルを使った定義の方であればそのまま使える．(接平面の方を使う定義も可能である．これは本書では述べない．) すなわち

定義 2.11　曲面 $S \subseteq \mathbb{R}^3$ に対して S の向きとは，$\boldsymbol{n}\colon S \to \mathbb{R}^3$ なる連続写像であって，各々の $p \in S$ に対して $\boldsymbol{n}(p)$ が単位法ベクトルであるようなものをいう．　□

曲線に対してはいつでも向きは存在した．しかし曲面に対しては存在するとは限らない．

例 2.12　$\varphi\colon \{(s,t) \mid s \in \mathbb{R},\, t \in (-1,1)\} \to \mathbb{R}^3$ を

$$\varphi(s,t) = ((2+t\cos(s/2))\sin s,\ (2+t\cos(s/2))\cos s,\ t\sin(s/2))$$

で定義し，その像を S とおく．これを**メビウス**(Möbius)**の帯**といった．

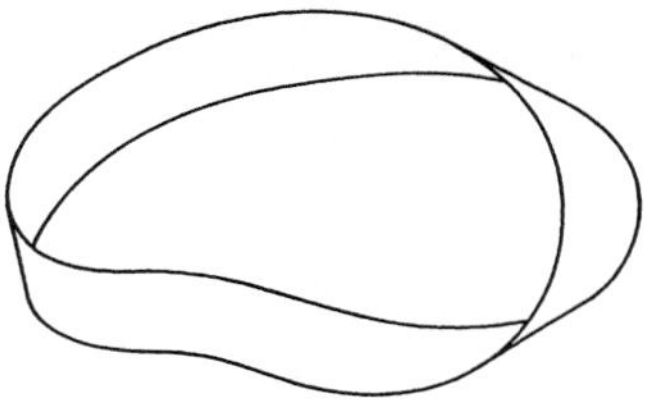

図 2.6　メビウスの帯

メビウスの帯には向きが存在しない．これを確かめよう．

$$\frac{\partial\varphi}{\partial s}(s,0) \times \frac{\partial\varphi}{\partial t}(s,0) = 2(-\sin s\sin(s/2),\ -\cos s\sin(s/2),\ \cos(s/2))$$

である．よって補題 2.8 より定義 2.11 のような $\boldsymbol{n}\colon S \to \mathbb{R}^3$ が存在したとすると，

$$\boldsymbol{n}(\varphi(s,0)) = \pm(-\sin s\sin(s/2),\ -\cos s\sin(s/2),\ \cos(s/2))$$

である．例えば $\boldsymbol{n}(\varphi(0,0)) = (0,0,1)$ としよう．すると $\boldsymbol{n}$ は連続であるから

$$\boldsymbol{n}(\varphi(s,0)) = (-\sin s\sin(s/2),\ -\cos s\sin(s/2),\ \cos(s/2))$$

でなければならない．よって $\boldsymbol{n}(\varphi(2\pi,0)) = (0,0,-1)$．ところが $\varphi(0,0) = \varphi(2\pi,0)$ であるから，これは矛盾である．

$\boldsymbol{n}(\varphi(0,0)) = (0,0,-1)$ としても同様に矛盾する．すなわち，メビウスの帯

S に対して，定義 2.11 の条件をみたす $\boldsymbol{n}\colon S\to\mathbb{R}^3$ は存在しない． □

定義 2.13　定義 2.11 の性質をみたす $\boldsymbol{n}\colon S\to\mathbb{R}^3$ が存在するとき，曲面は**向き付け可能**(orientable)であるという． □

S を向きの付いた曲面とし，$\boldsymbol{n}\colon S\to\mathbb{R}^3$ をその向きとする．$\varphi\colon U\to\mathbb{R}^3$ を S の座標とする．このとき，補題 2.8 より

$$\boldsymbol{n}(\varphi(s,t)) = \pm\frac{\partial\varphi}{\partial s}\times\frac{\partial\varphi}{\partial t}\Big/\left\|\frac{\partial\varphi}{\partial s}\times\frac{\partial\varphi}{\partial t}\right\|$$

が成立する．U が弧状連結ならば，上式の符号の正負は $(s,t)\in U$ によらない．符号が正であるとき，$\varphi\colon U\to\mathbb{R}^3$ は S の**向きを保つ座標**であるという．

ユークリッド空間の部分集合が有界かつ閉であるとき，コンパクトであるといった．曲面がコンパクトであるとき**閉曲面**という．閉曲面は向き付け可能で，さらに標準的な向きが定まる．このことを示すには次の定理 2.15(定理 1.28 の 3 次元版)を用いる．

注意 2.14　本書では曲面はつねに $\mathbb{R}^3$ の中のものだけを考えている．$\mathbb{R}^3$ に埋め込まれない曲面を抽象的に考えることもできる．その場合は向きのない閉曲面が存在する．この代表例がクラインの壺と呼ばれる曲面である(本シリーズ『曲面の幾何』参照)．

定理 2.15　閉曲面 $S\subseteqq\mathbb{R}^3$ は弧状連結とする．このとき $\mathbb{R}^3\backslash S$ は互いに交わらない 2 つの領域に分かれる．一方は有界でもう一方は非有界である． □

証明は省略する．直感的には明らかであろう．$\mathbb{R}^3\backslash S$ が分かれる 2 つの領域のうち有界なもののことを，本書では**閉曲面 S が囲む領域**と呼ぶ．

系 2.16　閉曲面には向きが存在する．

[証明]　閉曲面 S は弧状連結であるとしてよい．閉曲面 S が囲む領域を Ω とする．$p\in S$ に対して単位法ベクトル $\boldsymbol{n}(p)$ のうちで，$p-\varepsilon\boldsymbol{n}(p)$ が十分小さい正の数 ε に対して Ω に含まれるものが，ただ 1 つ存在する．言い換えると，$\boldsymbol{n}(p)$ は Ω の方から S を横切る外向きのベクトルである．$\boldsymbol{n}(p)$ は定義により連続である．したがってこれが S の向きを定める． ■

上のように定めた向きのことを S の**標準的な向き**と呼ぶ．

有界な $\mathbb{R}^3$ の領域 Ω に対して，それが**滑らかな境界を持つ**とは，その境界 $\partial\Omega$ が閉曲面であることをいう．$\partial\Omega$ には Ω の内側から外側に向かう向きを入れる．これは $\partial\Omega$ が弧状連結な閉曲面であるとき，その標準的な向きと一致するが，$\partial\Omega$ が 2 個以上の閉曲面の和であるときは一致しない．

例題 2.17　経度と緯度による球面の座標は球面の標準的な向きを保つか．

［解］　$\varphi(s,t)=(\cos s\cos t,\ \sin s\cos t,\ \sin t)$ が考えている座標であった．よって $\dfrac{\partial\varphi}{\partial s}\times\dfrac{\partial\varphi}{\partial t}$ の第 1 成分は $\cos s\cos^2 t$ である．これは $s=t=0$ とおくと 1 である．一方，$\varphi(0,0)=(1,0,0)$ における球面の標準的向きが定める単位法ベクトルは $(1,0,0)$．よって φ は標準的向きを保つ．∎

シェーンフリスの定理

定理 2.15 および定理 1.28 は，閉曲面および閉曲線が必ず有界な領域を囲んでいることを主張する．この領域はどのような形をしているであろうか．例えば定理 1.28 の場合には，これは円盤と同じである．正確に述べると次のようになる：平面内の閉曲線 L に対して，その囲む領域 Ω と 2 次元円盤 $\{(x,y)\in\mathbb{R}^2 \mid x^2+y^2<1\}$ の間の 1 対 1 かつ全射 $\varphi\colon D^2\to\Omega$ で逆も連続なものがある(このことを $\varphi\colon D^2\to\Omega$ は同相写像であるという)．この定理を**シェーンフリス**(Schoenflies)**の定理**と呼ぶ．

同じことが 3 次元空間でも成り立つであろうか．一般の閉曲面 Σ を考えると，それが囲む領域 Ω が必ずしも 3 次元の球体 $\{(x,y,z)\in\mathbb{R}^2 \mid x^2+y^2+z^2<1\}$ と同じにならないことはすぐに分かる(下図)．

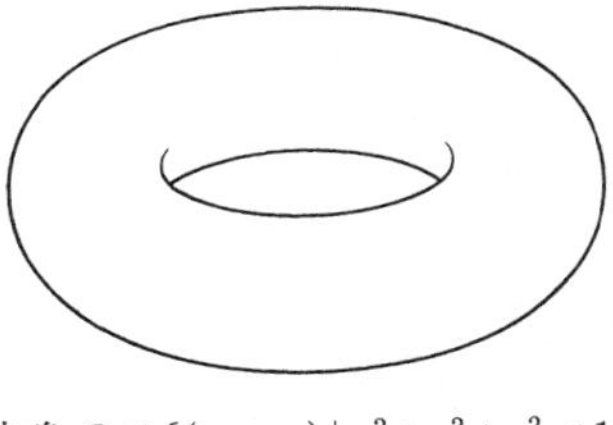

中身 $\Omega\not\cong\{(x,y,z)\mid x^2+y^2+z^2<1\}$

これは当然で，曲面がいろいろあることの帰結である．では曲面の方も球面と同じ形であるとしたらどうだろうか．もうちょっと正確にいうことにして，次の問題を考えてみよう．

$S^2=\{(x,y,z)\in\mathbb{R}^2 \mid x^2+y^2+z^2=1\}$ とし，$\psi\colon S^2\to\mathbb{R}^3$ は連続で単射とする．このとき $\mathbb{R}^3\backslash\psi(S^2)$ は 2 つの領域の和になり，一方は有界，もう一方は非有界である．有界な方を $\psi(S^2)$ が囲む領域という．これを Ω としたとき，$\varphi\colon\{(x,y,z)\in\mathbb{R}^2 \mid x^2+y^2+z^2<1\}\to\Omega$ なる 1 対 1 かつ全射で逆も連続なものが存在するか．

実はこれは正しくない．反例は**アレクサンダー**(Alexander)**の角球**と呼ばれる図形である．しかし写像 $\psi\colon S^2\to\mathbb{R}^3$ が S^2 を含む $\mathbb{R}^3$ の開集合上の単射に拡張されるときはこれは正しい．高次元でも同様な問題が考えられている．シェーンフリスの定理は，たとえば，本間龍雄『組み合わせ位相幾何』(森北出版)などに解説されている．

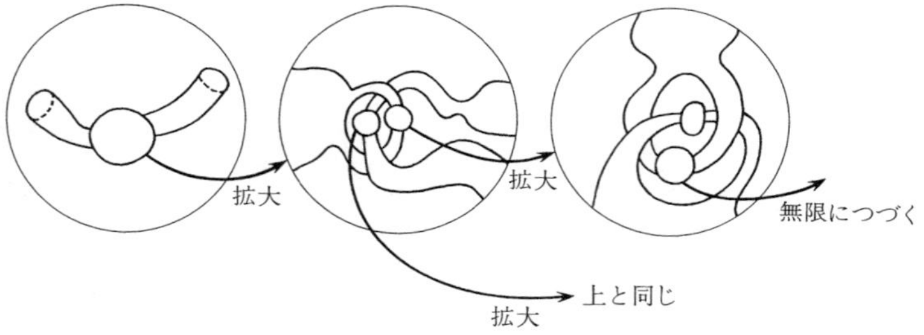

アレキサンダーの角球

§2.2 面積分

(a) 面積分とは

向きの付いた曲面 $S\subseteqq\mathbb{R}^3$ および S の近くで定義されたベクトル場 $\boldsymbol{V}$ に対して，**面積分**(surface integral) $\int_S \boldsymbol{V}\cdot d\boldsymbol{S}$ を定義しよう．また S の近くで定義されたスカラー値関数 f に対しても，積分 $\int_S f\,dS$ を定義する．$\int_S f\,dS$ の定義には S の向きは必要ない．

まずこれらがどんな量を表わすかを，数学的な厳密さをしばらく忘れて説明しよう．$\varepsilon>0$ に対して，S を大きさが ε 以下の小さい部分 $\Delta(\varepsilon,i)$ に分割する(大きさが ε 以下とは，任意の $p,q\in\Delta(\varepsilon,i)$ に対して $\|p-q\|\leqq\varepsilon$ であることをいう)．この分割を $S=\bigcup_{i\in I_\varepsilon}\Delta(\varepsilon,i)$ とする(図2.7)．以後 S は有界とする．このとき各々の ε に対して，I_ε は有限集合であるようにとることができる．すなわち $S=\bigcup_{i\in I_\varepsilon}\Delta(\varepsilon,i)$ は有限個の小部分への S の分割である．

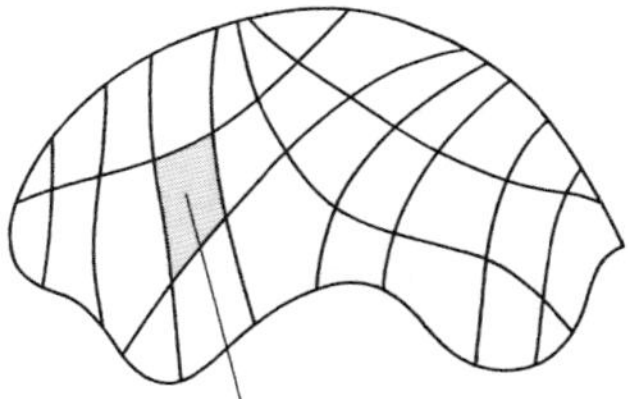

図2.7 曲面の小部分への分割

$p(\varepsilon,i)\in\Delta(\varepsilon,i)$ を各々の ε,i に対して選んでおく．$\boldsymbol{n}: S\to\mathbb{R}^3$ を S の向きから定まる単位法ベクトルとする．$\Delta(\varepsilon,i)$ の面積を $A(\varepsilon,i)$ と書く．

「定義」2.18

$$\int_S \boldsymbol{V}\cdot d\boldsymbol{S}=\lim_{\varepsilon\to0}\sum_{i\in I_\varepsilon}\boldsymbol{V}(p(\varepsilon,i))\cdot\boldsymbol{n}(p(\varepsilon,i))A(\varepsilon,i),$$

$$\int_S f\,dS=\lim_{\varepsilon\to0}\sum_{i\in I_\varepsilon}f(p(\varepsilon,i))A(\varepsilon,i).$$

□

§1.3(g)と同様にして，次のことが分かる．ベクトル場 $\boldsymbol{V}$ が各点での空気の流れる量と方向を表わすとすると，曲面 S に対する面積分 $\int_S\boldsymbol{V}\cdot d\boldsymbol{S}$ は S を通って流れ出る空気の単位時間当たりの量を表わしている．

注意2.19 曲線を小さく分けるやり方を記述するのは比較的容易である．すなわち，曲線のパラメータを $\boldsymbol{l}: [a,b]\to\mathbb{R}^3$ とすると，曲線の分割は $a<t_1<\cdots<t_N<b$ なる数の組 $(t_1,\cdots,t_N)$ と1対1に対応する．これに比べて曲面を分割するやり方は非常に多くあり，それを記述するのはより難しい．その結果，§1.2での

線積分の定義に用いた式(1.2)が収束し線積分を与えることの証明に比べて,「定義」2.18 の右辺の収束の証明はより難しい.

「定義」2.18 に括弧が付いているのは2つの理由がある．第1に，右辺の極限が収束し，極限が分割のとり方によらないことを証明しなければならない．第2に，$\Delta(\varepsilon, i)$ の面積 $A(\varepsilon, i)$ も，論理的な順序からは，定義しなければならない．曲面の面積の定義を数学的にきちっとやるには，$\int_S 1\,dS$ が S の面積であると定義してしまうのが一番手早い．しかし，面積をそう定義してしまうと,「定義」2.18 を面積分の定義としてしまっては循環論法である.

この2つの問題は次のように解決される．まず「定義」2.18 をひとまず認めて，この積分を座標を使って計算する式を(直感的に)求める．次に得られた式が座標によらないことを(数学的に厳密に)証明する．これが示されると，座標による計算式の方を $\int_S \boldsymbol{V}\cdot d\boldsymbol{S}$ および $\int_S f\,dS$ の定義にしてしまう．また面積も $\int_S 1\,dS$ で定義する.

以上のことを実行するのに1つの困難がある．それは前の節で述べたように，曲面は一般には全体を1つの座標で表わすことができないことである．したがって面積分の座標による表示を行なうのが少し面倒である．この点についてはこの節の最後で触れる.

まず簡単のため，S 全体が単独の座標で表わされている場合を考えることにしよう．すなわち，$U \subseteqq \mathbb{R}^2$ と $\varphi\colon U \to \mathbb{R}^3$ なる無限回微分可能写像があって，$\varphi(U) = S$ で，φ は単射で，$D\varphi(s,t)$ の階数は任意の $(s,t) \in U$ に対して2とする．このとき $\int_S \boldsymbol{V}\cdot d\boldsymbol{S}$ および $\int_S f\,dS$ (あるいは「定義」2.18 の右辺)を計算しよう.

(b)　面積分の定義

以下簡単のため U が長方形である場合を考える．U の辺の長さを a, b とする．まず U を図 2.8 のように N^2 個の小さい長方形の和に書く．これらの小長方形を，$\square(i,j;N)$ $(1 \leqq i, j \leqq N)$ と書く.

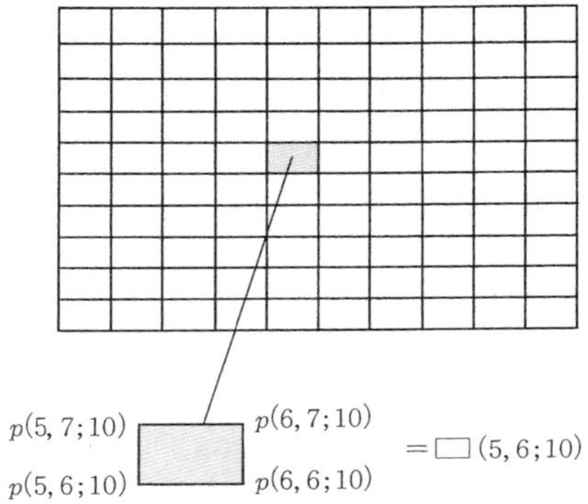

図 2.8　長方形の分割($N=10$ の例)

さて，任意の $\varepsilon>0$ に対して自然数 N を十分大きくとると，$\varphi(\square(i,j;N))$ の大きさがどれも ε 以下であるようにできる．そこで，小長方形の φ による像 $\varphi(\square(i,j;N))$ $(1\leqq i,j\leqq N)$ を $\Delta(\varepsilon,i)$ ととることができる．この場合に「定義」2.18 の極限を計算しよう．

そのためには $\varphi(\square(i,j;N))$ の面積を求めなければならなかった．これは次のようにする．

まず，**無限小のオーダー**(order)という考え方を思い出そう．自然数 N に対して実数 $a(N)$ が決まるとする．$a(N)$ が $N\to\infty$ で N^{-k} のオーダーで 0 に収束するとは，

$$|a(N)|<CN^{-k}$$

なる N によらない数 C が存在することをいう．これを

$$|a(N)|=O(N^{-k})$$

とも表わした．(右辺の O は大文字である．小文字の場合の意味は少し違っていた．注意 1.8 で説明した．)

問 7　$\dfrac{1}{1+N^2}$ は $N\to\infty$ で N^{-2} のオーダーで 0 に収束することを示せ．e^{-N} は，任意の k に対して，$N\to\infty$ で N^{-k} のオーダーで 0 に収束することを示せ．

さて，$\square(i,j;N)$ の 4 頂点を

$$p(i,j;N),\ p(i+1,j;N),\ p(i,j+1;N),\ p(i+1,j+1;N)$$

とする．まず曲面の小さい部分である $\varphi(\square(i,j;N))$ を4点

$$\varphi(p(i,j;N)),\ \varphi(p(i+1,j;N)),\ \varphi(p(i,j+1;N)),\ \varphi(p(i+1,j+1;N))$$

を頂点とする4角形で近似する．この4角形の面積と $\varphi(\square(i,j;N))$ の面積との差は $N\to\infty$ で N^{-3} のオーダーで0に収束する．面積を定義していないのだからこれは証明できない．しかし直感的には，面積の差が $N\to\infty$ で $\varphi(\square(i,j;N))$ の面積より速く0に収束することは納得がいくであろう．$\varphi(\square(i,j;N))$ の面積は N^{-2} のオーダーで0に収束する．

次に φ を $p(i,j;N)$ の近くでテイラー展開すると

$$\varphi(p(i+1,j;N)) = \varphi(p(i,j;N)) + \frac{a}{N}\frac{\partial\varphi}{\partial s}(p(i,j;N)) + O(N^{-2})$$

$$\varphi(p(i,j+1;N)) = \varphi(p(i,j;N)) + \frac{b}{N}\frac{\partial\varphi}{\partial t}(p(i,j;N)) + O(N^{-2})$$

$$\begin{aligned}\varphi(p(i+1,j+1;N)) = \varphi(p(i,j;N)) &+ \frac{a}{N}\frac{\partial\varphi}{\partial s}(p(i,j;N)) \\ &+ \frac{b}{N}\frac{\partial\varphi}{\partial t}(p(i,j;N)) + O(N^{-2})\end{aligned}$$

が成り立つ．これから4角形 $\varphi(p(i,j;N)),\ \varphi(p(i+1,j;N)), \varphi(p(i,j+1;N))$, $\varphi(p(i+1,j+1;N))$ の面積は，

$$\begin{aligned}&\varphi(p(i,j;N)), \quad \varphi(p(i,j;N)) + \frac{a}{N}\frac{\partial\varphi}{\partial s}(p(i,j;N)), \\ &\varphi(p(i,j;N)) + \frac{b}{N}\frac{\partial\varphi}{\partial t}(p(i,j;N)), \\ &\varphi(p(i,j;N)) + \frac{a}{N}\frac{\partial\varphi}{\partial s}(p(i,j;N)) + \frac{b}{N}\frac{\partial\varphi}{\partial t}(p(i,j;N))\end{aligned}$$

の4点を頂点に持つ平行4辺形の面積で近似できる(すなわち面積の差は N^{-3} のオーダーで0に収束する)．

§1.1(c)で述べたように，この平行4辺形の面積は外積

$$\frac{a}{N}\frac{\partial\varphi}{\partial s}(p(i,j;N)) \times \frac{b}{N}\frac{\partial\varphi}{\partial t}(p(i,j;N))$$

の大きさに等しい．以上により次のことがわかった．

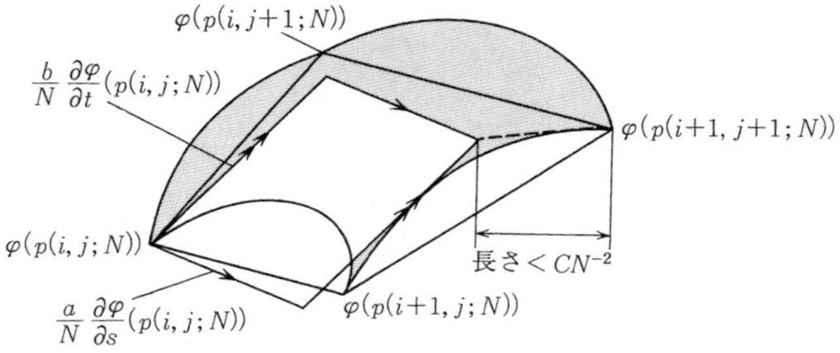

図 2.9　小長方形の面積の近似

「補題」2.20

$$\varphi(\square(i,j;N))\text{ の面積}\approx\left\|\frac{a}{N}\frac{\partial\varphi}{\partial s}(p(i,j;N))\times\frac{b}{N}\frac{\partial\varphi}{\partial t}(p(i,j;N))\right\|.$$

ここで $\approx$ は両辺の差が N^{-3} のオーダーで 0 に収束することを指す.　□

さて「定義」2.18 では，各々の $\varphi(\square(i,j;N))$ に対してその上の 1 点をとった．ここでは $\varphi(p(i,j;N))$ をとる．すると

$$\int_S \boldsymbol{V}\cdot d\boldsymbol{S}=\lim_{N\to 0}\sum_{i,j=1}^{N}\boldsymbol{V}(p(i,j;N))\cdot\boldsymbol{n}(p(i,j;N))$$
$$\times\left\|\frac{a}{N}\frac{\partial\varphi}{\partial s}(p(i,j;N))\times\frac{b}{N}\frac{\partial\varphi}{\partial t}(p(i,j;N))\right\|$$

$$\int_S f\,dS=\lim_{N\to\infty}\sum_{i,j=1}^{N}f(p(i,j;N))\left\|\frac{a}{N}\frac{\partial\varphi}{\partial s}(p(i,j;N))\times\frac{b}{N}\frac{\partial\varphi}{\partial t}(p(i,j;N))\right\|$$

が成り立つ．この右辺は，重積分の定義により，長方形 U での積分で表わせる．すなわち

$$\lim_{N\to\infty}\sum_{i,j=1}^{N}\boldsymbol{V}(p(i,j;N))\cdot\boldsymbol{n}(p(i,j;N))\left\|\frac{a}{N}\frac{\partial\varphi}{\partial s}(p(i,j;N))\times\frac{b}{N}\frac{\partial\varphi}{\partial t}(p(i,j;N))\right\|$$
$$=\int_U \boldsymbol{V}(\varphi(s,t))\cdot\boldsymbol{n}(\varphi(s,t))\left\|\frac{\partial\varphi}{\partial s}(\varphi(s,t))\times\frac{\partial\varphi}{\partial t}(\varphi(s,t))\right\|dsdt$$

$$\lim_{N\to\infty}\sum_{i,j=1}^{N}f(p(i,j;N))\left\|\frac{a}{N}\frac{\partial\varphi}{\partial s}(p(i,j;N))\times\frac{b}{N}\frac{\partial\varphi}{\partial t}(p(i,j;N))\right\|$$
$$=\int_U f(\varphi(s,t))\left\|\frac{\partial\varphi}{\partial s}(\varphi(s,t))\times\frac{\partial\varphi}{\partial t}(\varphi(s,t))\right\|dsdt.$$

上式の右辺をもって(1枚の座標でおおわれている場合の)面積分の定義とする．すなわち

定義 2.21（面積分）

$$\int_S \boldsymbol{V}\cdot d\boldsymbol{S} = \int_U \boldsymbol{V}(\varphi(s,t))\cdot \boldsymbol{n}(\varphi(s,t))\left\|\frac{\partial\varphi}{\partial s}(\varphi(s,t))\times\frac{\partial\varphi}{\partial t}(\varphi(s,t))\right\|dsdt,$$

$$\int_S f\,dS = \int_U f(\varphi(s,t))\left\|\frac{\partial\varphi}{\partial s}(\varphi(s,t))\times\frac{\partial\varphi}{\partial t}(\varphi(s,t))\right\|dsdt.$$

□

補題2.8を使うと，向きを保つ座標 φ に対して，次の式が成り立つ．

$$\int_S \boldsymbol{V}\cdot d\boldsymbol{S} = \int_U \boldsymbol{V}(\varphi(s,t))\cdot\Big(\frac{\partial\varphi}{\partial s}(\varphi(s,t))\times\frac{\partial\varphi}{\partial t}(\varphi(s,t))\Big)dsdt.$$

さて，(a)で述べた手順に従えば，定義2.21の式の右辺が座標によらないことを示す必要がある．このことを確かめよう．まず線形代数の補題を準備する．

補題 2.22　$\boldsymbol{a},\boldsymbol{b}$ を3行1列の行列，つまり3次の縦ベクトルとする．これを並べた $(\boldsymbol{ab})$ を3行2列の行列とみなす．A を可逆な2行2列行列とする．$(\boldsymbol{ab})A=(\boldsymbol{cd})$ とおく．$\boldsymbol{c},\boldsymbol{d}$ もそれぞれ3行1列の行列，つまり3次の縦ベクトルである．このとき

$$\det A(\boldsymbol{a}\times\boldsymbol{b}) = \boldsymbol{c}\times\boldsymbol{d}.$$

［証明］　$A=\begin{pmatrix}\alpha & \beta\\ \gamma & \delta\end{pmatrix}$ とすると，$\boldsymbol{c}=\alpha\boldsymbol{a}+\gamma\boldsymbol{b}$, $\boldsymbol{d}=\beta\boldsymbol{a}+\delta\boldsymbol{b}$ である．よって外積の性質(iii), (iv)(§1.1)より，

$$\boldsymbol{c}\times\boldsymbol{d} = (\alpha\boldsymbol{a}+\gamma\boldsymbol{b})\times(\beta\boldsymbol{a}+\delta\boldsymbol{b}) = (\alpha\delta-\gamma\beta)(\boldsymbol{a}\times\boldsymbol{b}).$$

∎

$U'\subseteqq\mathbb{R}^2$ と $\varphi': U'\to\mathbb{R}^3$ を，S の向きを保つ別の座標とする．すなわち，$\varphi'(U')=S$ かつ φ' は単射で，さらに行列 $D\varphi'(u,v)$ の階数は任意の $(u,v)\in U'$ に対して2である．これに対して，$\psi(s,t)=(\varphi'^{-1}\circ\varphi)(s,t): U\to U'$ とおくと，前節の補題2.9より，これは U,U' の間の可微分同相写像である．さらに $\varphi'\psi=\varphi$ が成立する．したがって変数変換公式(本シリーズ『微分と積分2』)により，

$$\int_U g(\varphi(s,t))dsdt = \int_U g(\varphi'\psi(s,t))dsdt$$

$$= \int_{U'} g(\varphi'(u,v))\,|\det D\psi^{-1}(u,v)|\,dudv \qquad (2.1)$$

が成り立つ．(2.1)を用いて定義2.21が座標によらないことを示そう．

$\varphi'\psi = \varphi$ ゆえ，合成関数の微分法により $\left(\dfrac{\partial\varphi'}{du}\ \dfrac{\partial\varphi'}{dv}\right) = \left(\dfrac{\partial\varphi}{ds}\ \dfrac{\partial\varphi}{dt}\right) D\psi^{-1}$．よって補題2.22より

$$\frac{\partial\varphi'}{du} \times \frac{\partial\varphi'}{dv} = \det(D\psi^{-1})\left(\frac{\partial\varphi}{ds} \times \frac{\partial\varphi}{dt}\right) \qquad (2.2)$$

が分かる．一方，(2.2)と φ, φ' がともに向きを保つことより，$\det D\psi$ は正である．よって，(2.1)で $g(s,t) = \boldsymbol{V}(\varphi(s,t))\cdot\left(\dfrac{\partial\varphi}{\partial s}(s,t) \times \dfrac{\partial\varphi}{\partial t}(s,t)\right)$ とおき(2.2)を使うと，

$$\int_U \boldsymbol{V}(\varphi(s,t))\cdot\left(\frac{\partial\varphi}{\partial s}(s,t) \times \frac{\partial\varphi}{\partial t}(s,t)\right) dsdt$$
$$= \int_{U'} \boldsymbol{V}(\varphi'(u,v))\cdot\left(\frac{\partial\varphi'}{\partial u}(u,v) \times \frac{\partial\varphi'}{\partial v}(u,v)\right) dudv$$

すなわち定義2.21の $\int_S \boldsymbol{V}\cdot d\boldsymbol{S}$ は座標のとり方によらない．$\int_S f\,dS$ の方も

$$g(s,t) = f(\varphi(s,t))\left\|\frac{\partial\varphi}{\partial s}(s,t) \times \frac{\partial\varphi}{\partial t}(s,t)\right\|$$

とおけば，同様に座標によらないことがわかる．以上で全体が1つの座標で書かれる場合の面積分の定義ができた．

例題2.23 球面の一部(北半球)である曲面 $S = \{(x,y,z) \in \mathbb{R}^3 \mid x^2+y^2+z^2 = 1,\ z>0\}$ とベクトル場 $\boldsymbol{V}(x,y,z) = (x,-y,z)$ に対し，面積分 $\int_S \boldsymbol{V}\cdot d\boldsymbol{S}$ を計算せよ(S の向きは球面の標準的な向きから定まるものとする)．

［解］ まず曲面 S に座標を入れよう．曲面に座標を入れるやり方はいろいろあり，うまく入れないと面積分の計算が難しくなる(うまい座標を入れる一般的なやり方はないから試行錯誤するしかない)．ここでは前節で考えた写像(で y,z を入れ替えたもの) $\varphi(s,t) = (\cos s\cos t,\ \sin t,\ \sin s\cos t)$ を使ってみよう．これは $U = \{(s,t) \in \mathbb{R}^2 \mid 0<s<\pi,\ -\pi/2<t<\pi/2\}$ とおくと，U と S の間の1対1写像を与える．また定義2.1の条件(iii)もみたされる．し

たがってこれは S の座標である．すると

$$\frac{\partial\varphi}{\partial s}\times\frac{\partial\varphi}{\partial t}=(-\sin s\cos t,\ 0,\ \cos s\cos t)\times(-\cos s\sin t,\ \cos t,\ -\sin s\sin t)$$
$$=(-\cos s\cos^2 t,\ -\sin t\cos t,\ -\sin s\cos^2 t).$$

$\dfrac{\partial\varphi}{\partial s}\times\dfrac{\partial\varphi}{\partial t}$ は S の標準的な向きと逆の向きを与えることが，1点たとえば $(s,t)=(0,0)$ で考えることにより分かる．よって

$$\int_S \boldsymbol{V}\cdot d\boldsymbol{S}=-\int_U \boldsymbol{V}(\varphi(s,t))\cdot\Big(\frac{\partial\varphi}{\partial s}(s,t)\times\frac{\partial\varphi}{\partial t}(s,t)\Big)dsdt$$
$$=\int_U \cos 2t\cos t\ dsdt=\frac{2\pi}{3}.$$

∎

問8　$U=\{(s,t)\in\mathbb{R}^2\mid s^2+t^2<1\}$，$\varphi(s,t)=\big(s,t,\sqrt{1-s^2-t^2}\big)$ なる座標を用いて積分 $\displaystyle\int_S \boldsymbol{V}\cdot d\boldsymbol{S}$ を計算してみよ．

(c)　曲面の分割と面積分

曲面が1枚の座標でおおえないときはどうしたらよいであろうか．例として，球面(全体) $S=\{(x,y,z)\in\mathbb{R}^3\mid x^2+y^2+z^2=1\}$ を考え，その面積 $\displaystyle\int_S 1\,dS$ を計算してみよう．写像 $\varphi\colon(s,t)\mapsto(\cos s\cos t,\ \sin s\cos t,\ \sin t)$ を考える．前に述べたように，φ を $U=\{(s,t)\in\mathbb{R}^2\mid 0<s<2\pi,\ -\pi/2<t<\pi/2\}$ に制限して考えると，これは U と S から線分 $\{(x,y,z)\in S\mid x>0,\ y=0\}$ を除いた部分への1対1写像を与え，また定義2.1の条件(iii)もみたされる．除かれたのは線分1本だけでその面積は0であるから，これを除いても，積分 $\displaystyle\int_S 1\,dS$ の値は変わらないであろう．したがって

$$\int_S 1\,dS=\int_U\Big\|\frac{\partial\varphi}{\partial s}(s,t)\times\frac{\partial\varphi}{\partial t}(s,t)\Big\|\,dsdt=\int_0^{2\pi}ds\int_{-\pi/2}^{\pi/2}|\cos t|\,dt=4\pi$$

となって，よく知っている球面の面積の公式が得られる．

問9　$\boldsymbol{V}=(0,0,1)$ としたとき，問2の曲面(円錐)に対して $\displaystyle\int_S \boldsymbol{V}\cdot d\boldsymbol{S}$ を計算せよ．

上のやり方は計算法としてはそれで十分であろう．しかし厳密に考えると，「除かれたのは線分1本だけでその面積は0であるから，これは除いて考えてよい」という部分は問題がある．論理的な筋道としては，1枚の座標ではおおえない場合の面積分を定義し，その後でこの議論を正当化しなければならないはずだからである(我々はまだ1枚の座標ではおおえない場合の面積分は定義していない)．これらの問題点についての詳細は，煩雑になるので省略せざるを得ないが，概略は次のとおりである．曲面 S を考え，これの局所座標系 $\{\varphi_i : U_i \to \mathbb{R}^3 \mid i \in I\}$ を考える(すなわち $S = \bigcup_{i \in I} \varphi_i(U_i)$ である)．

補題 2.24 $V_i \subseteqq U_i$ が存在して次のことが成立する．

(i) V_i は区分的に滑らかな曲線 L_i に囲まれた領域である．

(ii) $\bigcup \varphi_i(V_i) = S$．

(iii) $\varphi_i(V_i)$ と $\varphi_j(V_j)$ は $i \neq j$ ならば境界でのみ交わる．すなわち $\varphi_i(V_i) \cap \varphi_j(V_j) \subseteqq \varphi_i(L_i)$． □

この補題の証明はしない．直感的には明らかであろう(図2.10)．

補題2.24を用いて，一般の場合の面積分を次の式で定義する．

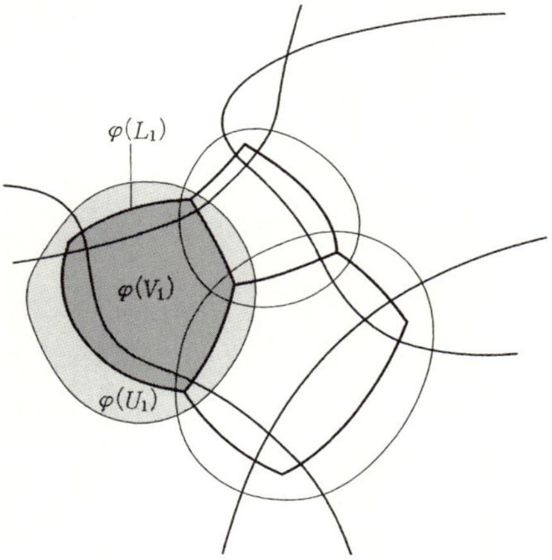

図 2.10 領域をおおう

定義 2.25（面積分）

$$\int_S \boldsymbol{V}\cdot d\boldsymbol{S} = \sum_{i\in I}\int_{V_i}\boldsymbol{V}\cdot d\boldsymbol{S},$$
$$\int_S f\,dS = \sum_{i\in I}\int_{V_i} f\,dS. \qquad (2.3)$$

□

(2.3)の右辺は定義2.21によって定める．1枚の座標でおおえない場合の面積分をこれ以上詳しく学ぶには，多様体とその上の積分を学ぶ方が能率的である．巻末にあげた文献を見よ．

§2.3　ガウスの発散定理(3次元)

(a)　ガウスの発散定理

この節では§1.4で述べた定理1.49を，曲面に囲まれた3次元の領域に対するものに一般化しよう．定理は1.49とまったく同じ形である．

定理 2.26（ガウスの発散定理）　Ω を滑らかな境界 S を持つ $\mathbb{R}^3$ の領域とし，$\boldsymbol{V}$ を Ω の近くで定義されたベクトル場とする．このとき

$$\int_\Omega \operatorname{div}\boldsymbol{V}\,dxdydz = \int_S \boldsymbol{V}\cdot d\boldsymbol{S} \qquad (2.4)$$

が成立する．ここで，S には§2.1で述べた，Ω の内側から外側へ向かう向きを入れる． □

例 2.27　$S=\{(x,y,z)\in\mathbb{R}^3 \mid x^2+y^2+z^2=1\}$，$\boldsymbol{V}=(x,y,z)$ とおく．S 上で内積 $\boldsymbol{V}\cdot\boldsymbol{n}$ がいたるところ1であることが(直接計算で)容易に確かめられる．したがって $\int_S \boldsymbol{V}\cdot d\boldsymbol{S} = \int_S 1\,dS$ でこれは球面の面積 4π である．一方，$\Omega=\{(x,y,z)\in\mathbb{R}^3 \mid x^2+y^2+z^2<1\}$，$\operatorname{div}\boldsymbol{V}=3$．よって

$$\int_\Omega \operatorname{div}\boldsymbol{V}\,dxdydz = \int_\Omega 3\,dxdydz$$

は Ω の体積の3倍である．Ω の体積は(よく知られているように) $4\pi/3$ であるから，定理2.26はこの場合成立している． □

例題 2.28

$$S=\{(x,y,z)\in\mathbb{R}^3\mid 4x^2+y^2+9z^2=36\},\quad \boldsymbol{V}=(x+5z,-y,y+8z)$$

に対して $\int_S \boldsymbol{V}\cdot d\boldsymbol{S}$ を計算せよ.

［解］ (2.4)の左辺を計算する. $\operatorname{div}\boldsymbol{V}=8$ であるから, $\Omega=\{(x,y,z)\in\mathbb{R}^3\mid 4x^2+y^2+9z^2<36\}$ として $\int_S \boldsymbol{V}\cdot d\boldsymbol{S}=\int_\Omega 8\,dxdydz$ が成り立つ. $(a,b,c)\mapsto(3a,6b,2c)$ と変数変換すると, Ω は $\{(a,b,c)\in\mathbb{R}^3\mid a^2+b^2+c^2<1\}$ に写る. 一方 $(a,b,c)\mapsto(3a,6b,2c)$ なる変換のヤコビ行列式は 36 であるから,

$$\int_S \boldsymbol{V}\cdot d\boldsymbol{S}=\int_\Omega 8\,dxdydz=8\cdot 36\int_{a^2+b^2+c^2<1}dadbdc=384\pi.$$

∎

例題 2.28 では(2.4)の左辺の方が右辺より計算しやすかった. どちらが計算しやすいかは問題による. どちらも計算できることも, どちらも積分が初等関数で書けないこともあり得る. 定理 2.26 は計算に使える場合もあるが, むしろ次の章で論ずるように, ベクトル場の境界 S での積分を, 内部での積分に関係づけることが主要な意味である.

証明の前にもう 1 つ例題をあげよう. 定理 2.26 で S は必ずしもつながっている(弧状連結である)必要はない. S が弧状連結でない場合を利用して次に述べるような計算ができる.

例題 2.29

$$S=\{(x,y,z)\in\mathbb{R}^3\mid 4x^2+y^2+9z^2=144\},$$

$$\boldsymbol{V}=\left(\frac{x}{(x^2+y^2+z^2)^{3/2}},\frac{y}{(x^2+y^2+z^2)^{3/2}},\frac{z}{(x^2+y^2+z^2)^{3/2}}\right)$$

とおく. $\int_S \boldsymbol{V}\cdot d\boldsymbol{S}$ を求めよ.

［解］ 直接計算しても計算が大変で多分できない. 例題 2.28 のまねをしよう. $\operatorname{div}\boldsymbol{V}$ を計算すると 0 になる. したがって $\Omega=\{(x,y,z)\in\mathbb{R}^3\mid 4x^2+y^2+9z^2<144\}$ として $\int_S \boldsymbol{V}\cdot d\boldsymbol{S}=\int_\Omega \operatorname{div}\boldsymbol{V}\,dxdydz=0$ とやると間違いである. なぜならベクトル場 $\boldsymbol{V}$ は原点では定義されていないから.

正しくは次のようにする.

$$\Omega' = \{(x,y,z)\in\mathbb{R}^3 \mid 4x^2+y^2+9z^2 < 144,\ 1 < x^2+y^2+z^2\}$$

とする．この領域の境界は $S=\{(x,y,z)\in\mathbb{R}^3 \mid 4x^2+y^2+9z^2=144\}$ と $S_1=\{(x,y,z)\in\mathbb{R}^3 \mid x^2+y^2+z^2=1\}$ である．ベクトル場 $\boldsymbol{V}$ は Ω' の近くでは定義されている．Ω' の内側から外側に向かう向きは，S 上で標準的な向きに一致し，S_1 上では標準的な向きと逆である．よって

$$\int_\Omega \mathrm{div}\,\boldsymbol{V}\,dxdydz = \int_S \boldsymbol{V}\cdot d\boldsymbol{S} - \int_{S_1}\boldsymbol{V}\cdot d\boldsymbol{S}.$$

この左辺は0であるから $\int_S \boldsymbol{V}\cdot d\boldsymbol{S} = \int_{S_1}\boldsymbol{V}\cdot d\boldsymbol{S}$. ところで $\int_{S_1}\boldsymbol{V}\cdot d\boldsymbol{S}$ は $\boldsymbol{V}=(x,y,z)$ が S_1 上成立するから，定義にしたがって直接計算できる．すなわち

$$\int_S \boldsymbol{V}\cdot d\boldsymbol{S} = \int_{S_1}\boldsymbol{V}\cdot\boldsymbol{n}\,dS = \int_{S_1} 1\,dS = 4\pi.$$

∎

(b)　発散定理の証明*

まず定理2.26を次の領域の場合に証明しよう．

$$\Omega = \left\{ (x,y,z)\in\mathbb{R}^3 \;\middle|\; \begin{array}{l} a_1 < x < b_1 \\ a_2 < y < b_2 \\ a_3 < z < f(x,y) \end{array} \right\} \tag{2.5}$$

ただしここで，f は長方形 $\left\{ (x,y)\in\mathbb{R}^2 \;\middle|\; \begin{array}{l} a_1 < x < b_1 \\ a_2 < y < b_2 \end{array} \right\}$ 上で定義された無限回微分可能な関数で，$a_3 < f(x,y)$ なるものである(図2.11)．

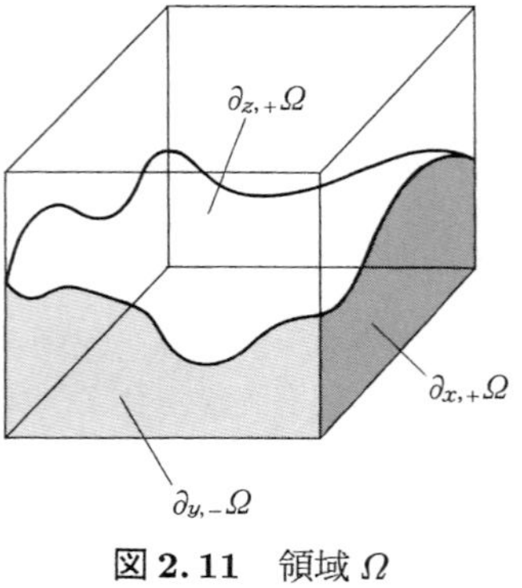

図2.11　領域 Ω

$\boldsymbol{V}=(V_1,V_2,V_3)$ とおくと

$$\int_\Omega \operatorname{div}\boldsymbol{V}\,dxdydz=\int_{a_1}^{b_1}dx\int_{a_2}^{b_2}dy\int_{a_3}^{f(x,y)}\left(\frac{\partial V_1}{\partial x}+\frac{\partial V_2}{\partial y}+\frac{\partial V_3}{\partial z}\right)dz. \tag{2.6}$$

ところが

$$\frac{d}{dx}\int_{a_3}^{f(x,y)}V_1\,dz=\int_{a_3}^{f(x,y)}\frac{\partial V_1}{\partial x}dz+\frac{\partial f}{\partial x}V_1(x,y,f(x,y))$$

ゆえ

$$\begin{aligned}\int_{a_1}^{b_1}dx\int_{a_2}^{b_2}dy\int_{a_3}^{f(x,y)}\frac{\partial V_1}{\partial x}dz&=\int_{a_2}^{b_2}dy\int_{a_3}^{f(x,y)}(V_1(b_1,y,z)-V_1(a_1,y,z))dz\\&\quad-\int_{a_1}^{b_1}dx\int_{a_2}^{b_2}\frac{\partial f}{\partial x}V_1(x,y,f(x,y))dy.\end{aligned}$$

(2.6)の第2項についても同様の式が成り立つ．第3項は微積分学の基本定理がそのまま適用できる．よって

$$\begin{aligned}&\int_\Omega \operatorname{div}\boldsymbol{V}\,dxdydz\\&=\int_{a_2}^{b_2}dy\int_{a_3}^{f(x,y)}(V_1(b_1,y,z)-V_1(a_1,y,z))dz\\&\quad+\int_{a_1}^{b_1}dx\int_{a_3}^{f(x,y)}(V_2(x,b_2,z)-V_2(x,a_2,z))dz\\&\quad+\int_{a_1}^{b_1}dx\int_{a_2}^{b_2}(V_3(x,y,f(x,y))-V_3(x,y,a_3))dy\\&\quad-\int_{a_1}^{b_1}dx\int_{a_2}^{b_2}\left(\frac{\partial f}{\partial x}V_1(x,y,f(x,y))+\frac{\partial f}{\partial y}V_2(x,y,f(x,y))\right)dy.\end{aligned} \tag{2.7}$$

一方，Ω の境界 $\partial\Omega$ は6つの面に分かれる．すなわち

$$\partial_{x,+}\Omega=\left\{(b_1,y,z)\in\mathbb{R}^3\;\middle|\;\begin{array}{l}a_2<y<b_2\\a_3<z<f(b_1,y)\end{array}\right\},$$

$$\partial_{x,-}\Omega=\left\{(a_1,y,z)\in\mathbb{R}^3\;\middle|\;\begin{array}{l}a_2<y<b_2\\a_3<z<f(a_1,y)\end{array}\right\},$$

$$\partial_{y,+}\Omega=\left\{(x,b_2,z)\in\mathbb{R}^3\;\middle|\;\begin{array}{l}a_1<x<b_1\\ a_3<z<f(x,b_2)\end{array}\right\},$$

$$\partial_{y,-}\Omega=\left\{(x,a_2,z)\in\mathbb{R}^3\;\middle|\;\begin{array}{l}a_1<x<b_1\\ a_3<z<f(x,a_2)\end{array}\right\},$$

$$\partial_{z,+}\Omega=\left\{(x,y,z)\in\mathbb{R}^3\;\middle|\;\begin{array}{l}a_1<x<b_1\\ a_2<y<b_2\\ z=f(x,y)\end{array}\right\},$$

$$\partial_{z,-}\Omega=\left\{(x,y,a_3)\in\mathbb{R}^3\;\middle|\;\begin{array}{l}a_1<x<b_1\\ a_2<y<b_2\end{array}\right\}.$$

これらの上で $\boldsymbol{V}$ を面積分すると(向きは Ω の内側から外側へとる)

$$\begin{aligned}
\int_{\partial_{x,+}\Omega}\boldsymbol{V}\cdot d\boldsymbol{S}&=\int_{a_2}^{b_2}dy\int_{a_3}^{f(b_1,y)}V_1(b_1,y,z)dz,\\
\int_{\partial_{x,-}\Omega}\boldsymbol{V}\cdot d\boldsymbol{S}&=-\int_{a_2}^{b_2}dy\int_{a_3}^{f(a_1,y)}V_1(a_1,y,z)dz,\\
\int_{\partial_{y,+}\Omega}\boldsymbol{V}\cdot d\boldsymbol{S}&=\int_{a_1}^{b_1}dx\int_{a_3}^{f(x,b_2)}V_2(x,b_2,z)dz,\\
\int_{\partial_{y,-}\Omega}\boldsymbol{V}\cdot d\boldsymbol{S}&=-\int_{a_1}^{b_1}dx\int_{a_3}^{f(x,a_2)}V_2(x,a_2,z)dz,\\
\int_{\partial_{z,-}\Omega}\boldsymbol{V}\cdot d\boldsymbol{S}&=-\int_{a_1}^{b_1}dx\int_{a_2}^{b_2}V_3(x,y,a_3)dy.
\end{aligned}\tag{2.8}$$

これらは(2.7)の各項に対応している.

$\displaystyle\int_{\partial_{z,+}\Omega}\boldsymbol{V}\cdot d\boldsymbol{S}$ の計算だけは($\partial_{z,+}\Omega$ は曲がっているから)少し違う. $\partial_{z,+}\Omega$ の座標として $\varphi(s,t)=(s,t,f(s,t))$ をとれば $\dfrac{\partial\varphi}{\partial s}\times\dfrac{\partial\varphi}{\partial t}=\left(-\dfrac{\partial f}{\partial t},-\dfrac{\partial f}{\partial s},1\right)$. よって

$$\begin{aligned}
\int_{\partial_{z,+}\Omega}\boldsymbol{V}\cdot d\boldsymbol{S}=\int_{a_1}^{b_1}dx\int_{a_2}^{b_2}\Bigl(&-V_1(x,y,f(x,y))\frac{\partial f}{\partial x}\\
&-V_2(x,y,f(x,y))\frac{\partial f}{\partial y}+V_3(x,y,f(x,y))\Bigr)dy.
\end{aligned}\tag{2.9}$$

(2.7), (2.8), (2.9)より

$$\int_{\Omega} \operatorname{div} \boldsymbol{V}\, dxdydz = \int_{\partial_{x,+}\Omega} \boldsymbol{V}\cdot d\boldsymbol{S} + \int_{\partial_{x,-}\Omega} \boldsymbol{V}\cdot d\boldsymbol{S} + \int_{\partial_{y,+}\Omega} \boldsymbol{V}\cdot d\boldsymbol{S}$$
$$+ \int_{\partial_{y,-}\Omega} \boldsymbol{V}\cdot d\boldsymbol{S} + \int_{\partial_{z,+}\Omega} \boldsymbol{V}\cdot d\boldsymbol{S} + \int_{\partial_{z,-}\Omega} \boldsymbol{V}\cdot d\boldsymbol{S}. \quad (2.10)$$

これで(2.5)の形の領域に対して定理2.26が証明された.

定理2.26はまったく同じやり方で

$$\Omega = \left\{ (x,y,z) \in \mathbb{R}^3 \;\middle|\; \begin{array}{l} a_1 < x < b_1 \\ a_2 < y < b_2 \\ f(x,y) < z < b_3 \end{array} \right\}$$

に対しても証明される. さらにこれらで座標を入れ替えたもの, 例えば

$$\Omega = \left\{ (x,y,z) \in \mathbb{R}^3 \;\middle|\; \begin{array}{l} a_1 < x < b_1 \\ a_2 < y < f(x,z) \\ a_3 < z < b_3 \end{array} \right\}$$

に対しても同様である(全部で6種類ある).

さらに(2.5)で, $a_3 < f(x,y)$ が必ずしも成り立っていない領域(例えば図2.12の領域)でも定理2.26が示される.

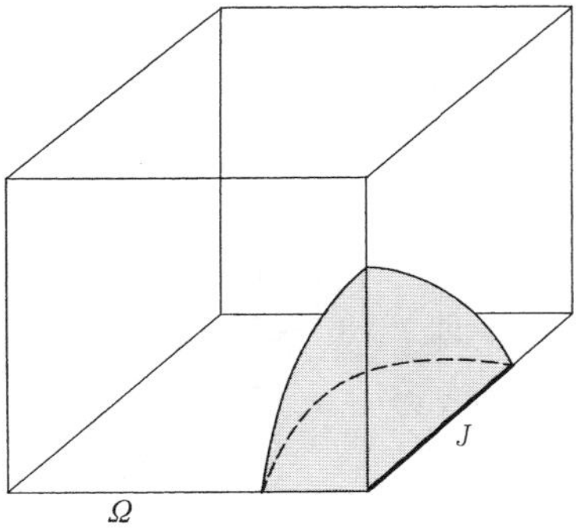

図2.12　少し一般化した Ω

これを見るには, $W = \{(x,y) \in \mathbb{R}^2 \mid f(x,y) > a_3\}$ とおき, (2.6)を

$$\int_{\Omega} \operatorname{div} \boldsymbol{V}\, dxdydz = \int_W dxdy \int_{a_3}^{f(x,y)} \left(\frac{\partial V_1}{\partial x} + \frac{\partial V_2}{\partial y} + \frac{\partial V_3}{\partial z} \right) dz$$

で置き換え，例えば(2.8)の第1式 $\int_{\partial_{x,+}\Omega} \boldsymbol{V}\cdot d\boldsymbol{S} = \int_{a_2}^{b_2} dy \int_{a_3}^{f(b_1,y)} V_1(b_1,y,z)dz$ を

$$\int_{\partial_{x,+}\Omega} \boldsymbol{V}\cdot d\boldsymbol{S} = \int_J dy \int_{a_3}^{f(b_1,y)} V_1(b_1,y,z)dz$$

で置き換えればよい．ここで $J=\{t\in[a_2,b_2]\,|\,(b_1,t)\in W\}$.

さて一般の場合に移ろう．それには領域を分割する必要がある．これには次の補題を用いる．

補題 2.30　曲面を境界に持つ任意の有界領域 Ω は，今まで論じた形の領域の有限個の和 $\Omega=\bigcup\Omega_i$ に書ける．さらに，異なった Ω_i はその境界でしか交わらない．　□

この補題は，幾何学的にはほぼ明らかなのであるが，証明を始めるとかなり面倒である．ここでは省略したい．(図が書きやすいように)2次元の場合の同様な補題を書いたのが図2.13である．

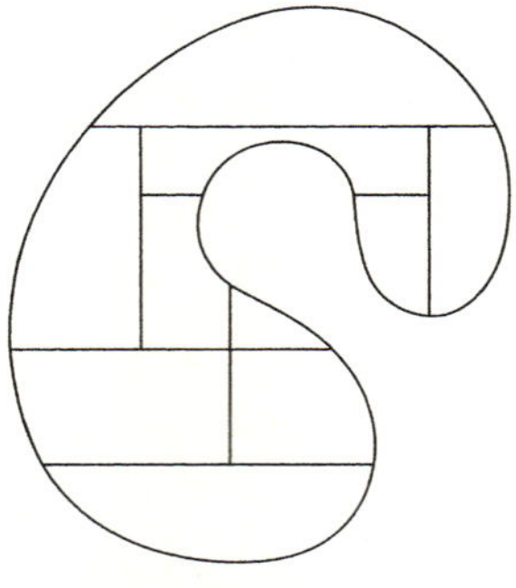

図 2.13　領域の分割

さて $\Omega=\bigcup\Omega_i$ とする．各々の Ω_i に対しては定理2.26はすでに証明したから

$$\int_\Omega \mathrm{div}\,\boldsymbol{V}\,dxdydz = \sum_i \int_{\Omega_i} \mathrm{div}\,\boldsymbol{V}\,dxdydz = \sum_i \int_{\partial\Omega_i} \boldsymbol{V}\cdot d\boldsymbol{S}. \quad (2.11)$$

ここで，$\partial\Omega_i$ を $S=\partial\Omega$ と重なる部分とそうでない部分に分ける．すなわち $\partial_1\Omega_i=\partial\Omega_i\cap S$, $\partial_2\Omega_i=\partial\Omega_i\backslash S$ とする(図2.14).

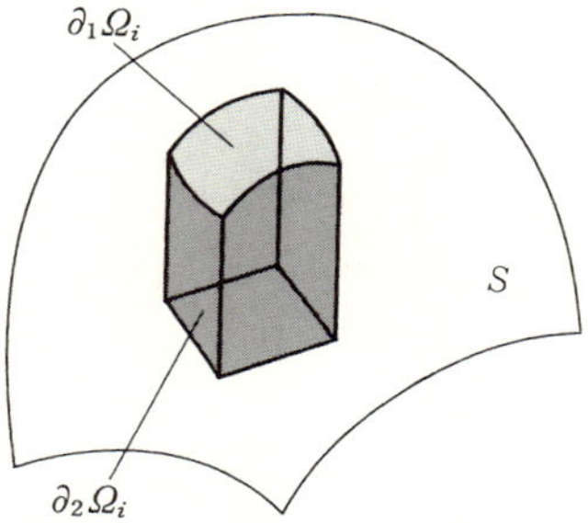

図 2.14　分割された領域の境界

すると定義により

$$\sum_i \int_{\partial_1\Omega_i} \boldsymbol{V}\cdot d\boldsymbol{S} = \int_S \boldsymbol{V}\cdot d\boldsymbol{S} \tag{2.12}$$

である．一方 $\sum_i \int_{\partial_2\Omega_i} \boldsymbol{V}\cdot d\boldsymbol{S}$ であるが，これは実は打ち消しあって 0 になる．例えば図 2.15 の $\partial_{x,+}\Omega_i$ の部分は $\partial_{x,-}\Omega_j$ と重なっていて，しかも向きが逆である．すなわち

$$\int_{\partial_{x,+}\Omega_i} \boldsymbol{V}\cdot d\boldsymbol{S} + \int_{\partial_{x,-}\Omega_j} \boldsymbol{V}\cdot d\boldsymbol{S} = 0.$$

このようにしてすべて打ち消しあうので

$$\sum_i \int_{\partial_2\Omega_i} \boldsymbol{V}\cdot d\boldsymbol{S} = 0. \tag{2.13}$$

(2.11), (2.12), (2.13) より

$$\int_\Omega \operatorname{div} \boldsymbol{V}\, dxdydz = \int_S \boldsymbol{V}\cdot d\boldsymbol{S}$$

となって定理 2.26 が証明される． ∎

問 10　$\Omega=\{(x,y,z)\in\mathbb{R}^3 \mid |z|<1,\ x^2+y^2<1\}$ (円柱) とする．この Ω に対して定理 2.26 を §1.4(c) での円盤の場合にならって証明してみよ．

問 11　$\Omega=\{(x,y,z)\in\mathbb{R}^3 \mid f(x,y,z)<0\}$ とし，f は定理 2.4 の仮定をみたすとする．このとき任意の点 $p\in\{(x,y,z)\in\mathbb{R}^3 \mid f(x,y,z)=0\}$ に対して，p を含む

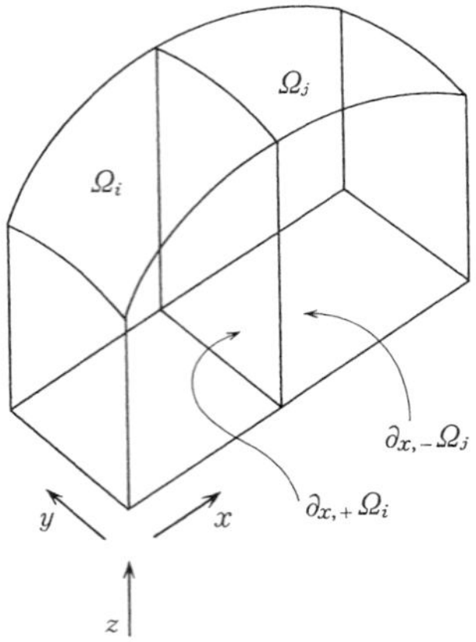

図 2.15 面積分が打ち消しあう

領域 D で，$D\cap\Omega$ が上であげた 6 種類のどれかの領域になっているものが存在することを証明せよ(補題 2.3 を用いよ).

(c) ラプラス作用素とグリーンの公式

最後に，定理 2.26 を利用してもう 1 つ有用な公式を導こう(これもグリーンの公式と呼ばれる). **ラプラス作用素**(Laplacian) Δ を，$\Omega\subsetneqq\mathbb{R}^3$ 上のスカラー値関数 f に対して

$$\Delta f=\frac{\partial^2 f}{\partial x^2}+\frac{\partial^2 f}{\partial y^2}+\frac{\partial^2 f}{\partial z^2} \tag{2.14}$$

で定義する.

定理 2.31 (グリーンの公式) $\Omega\subsetneqq\mathbb{R}^3$ を滑らかな境界 S を持つ領域，f,g を Ω 上のスカラー値関数とすると，

$$\int_\Omega(g\Delta f-f\Delta g)dxdydz=\int_S(g\,\mathrm{grad}\,f-f\,\mathrm{grad}\,g)\cdot d\boldsymbol{S}.$$

[証明] まず(それ自身重要な)次の式に注目する.(直接計算で示せる.)

$$\mathrm{div}\ \mathrm{grad}\,f=\Delta f. \tag{2.15}$$

すると，定理 2.26 より

$$\int_S (g \operatorname{grad} f - f \operatorname{grad} g) \cdot d\boldsymbol{S} = \int_\Omega \operatorname{div}(g \operatorname{grad} f - f \operatorname{grad} g) dxdydz$$
$$= \int_\Omega (g\Delta f - f\Delta g)\, dxdydz.$$

ここで $\operatorname{div}(f\boldsymbol{V}) = \operatorname{grad} f \cdot \boldsymbol{V} + f \operatorname{div} \boldsymbol{V}$ を用いた. ∎

§2.4　ストークスの定理

(a)　3次元空間のベクトル場の回転

§1.4では, 平面上のベクトル場 $\boldsymbol{V}$ のある閉曲線上での線積分と, その閉曲線が囲む図形での回転 $\operatorname{rot} \boldsymbol{V}$ の積分が一致することを学んだ(定理1.52). 平面は3次元ユークリッド空間の中の例えば xy 平面とみなすことができる. 定理1.52について, ベクトル場 $\boldsymbol{V}$ の回転 $\operatorname{rot} \boldsymbol{V}$ の(一般には曲がった)曲面上の積分と, その曲面の境界である曲線上の $\boldsymbol{V}$ の線積分の関係に一般化しよう.

まず3次元空間でのベクトル場の回転の定義から始めよう.

定義2.32　$\boldsymbol{V} = (V_x, V_y, V_z)$ を $\mathbb{R}^3$ の中のベクトル場とする. このとき $\boldsymbol{V}$ の**回転** $\operatorname{rot} \boldsymbol{V}$ を次の式で定義する.

$$\operatorname{rot} \boldsymbol{V} = \left(\frac{\partial V_z}{\partial y} - \frac{\partial V_y}{\partial z}, \frac{\partial V_x}{\partial z} - \frac{\partial V_z}{\partial x}, \frac{\partial V_y}{\partial x} - \frac{\partial V_x}{\partial y} \right).$$ □

定義2.32は行列式を使って

$$\operatorname{rot} \boldsymbol{V} = \det \begin{pmatrix} \boldsymbol{e}_1 & \boldsymbol{e}_2 & \boldsymbol{e}_3 \\ \dfrac{\partial}{\partial x} & \dfrac{\partial}{\partial y} & \dfrac{\partial}{\partial z} \\ V_x & V_y & V_z \end{pmatrix}$$

と書くと覚えやすい. ここで, $\boldsymbol{e}_1 = (1,0,0)$, $\boldsymbol{e}_2 = (0,1,0)$, $\boldsymbol{e}_3 = (0,0,1)$ である. あるいは外積の記号を形式的に使って, $\operatorname{rot} \boldsymbol{V} = \nabla \times \boldsymbol{V}$ と覚えてもよい.

§1.4で述べた平面の場合は, ベクトル場の回転はスカラーすなわち実数値関数であったが, 3次元の場合は, ベクトル場の回転はふたたびベクトル場である．

これは次のように説明できる．p. 40 の囲み記事「回転のイメージ」で述べたように，平面上のベクトル場 $\boldsymbol{V}$ の回転は，ベクトル場が例えば空気の流れる量を表わしているとき，1点を固定された風車がこの空気の流れが作る風で回り出す勢いを示していた．そこで $\mathbb{R}^3$ の中の $\boldsymbol{V}=(V_x, V_y, V_z)$ がやはり空気の流れを表わすとしよう．この中に(例えば) 8 枚の羽を持つ風車を 1 点で($p=(x,y,z)$ に)固定する．すると羽にあたる風の力により風車は回り出すであろう(図 2.16)．

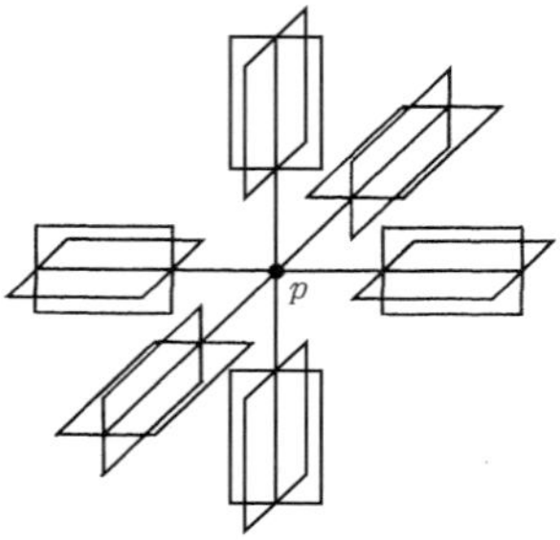

図 2.16　3次元空間に置かれた風車

平面上の物体の回転は，大きさを決めれば，向きは時計回りと反時計回りの 2 種類しかない．$\mathbb{R}^3$ の中の回転を考えると，これはよりいろいろな可能性がある．すなわち回転軸の向きを決めなければならない．3次元空間の場合は，回転はベクトルで表わされる．すなわち回転軸の方向を向いた回転の大きさを長さとした矢印ベクトルで表わす．ただし符号に注意する必要がある．正確にいうと，ベクトル $\boldsymbol{W}$ が表わす回転とは，ベクトル $\boldsymbol{W}$ の方向に右手の親指を向けて手を軽く握るとき，残りの 4 本の指の指す向きへの $\|\boldsymbol{W}\|$ の大きさの回転である(図 2.17)．

問 12*　上で述べたように回転を表わしたとき，ベクトル場 $\boldsymbol{V}$ が表わす空気の流れの中に置かれた風車の回転する勢いは rot $\boldsymbol{V}$ で表わされることを(p. 40 の囲み記事にならって)説明せよ．

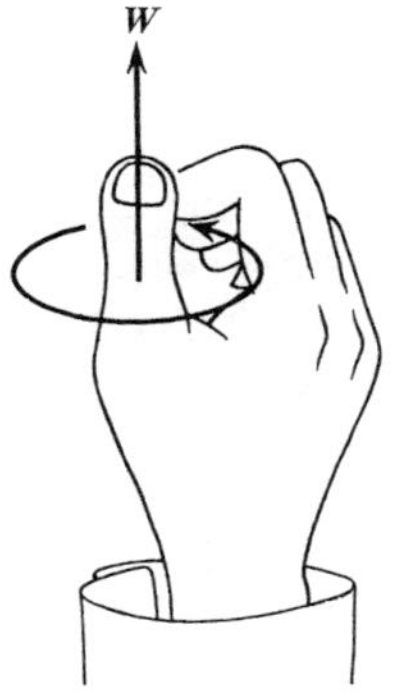

図 2.17　回転をベクトルで表わす

(b)　境界付きの曲面

次に，境界付きの曲面の概念を定義しよう.

定義 2.33　部分集合 $S \subseteqq \mathbb{R}^3$ が**境界付きの曲面**であるとは，任意の点 $p \in S$ に対して，$\varepsilon > 0$ と部分集合 $U \subseteqq \mathbb{R}^2$ と無限回微分可能写像 $\varphi : U \to \mathbb{R}^3$ があって，次のことが成立することをいう.

(i)　φ の像 $\varphi(U)$ は S に含まれ，p からの距離が ε 未満の S の点は $\varphi(U)$ に属する.

(ii)　φ は単射である.

(iii)　行列 $D\varphi$ の階数は任意の点 $x \in U$ で 2 である.

(iv)　U は $\mathbb{R}^2$ の滑らかな境界を持つ領域 V と開集合 W の交わり $V \cap W$ である(図 2.18).　□

定義 2.34　$S \subseteqq \mathbb{R}^3$ を境界付きの曲面とし $S = \bigcup \varphi_i(U_i)$ をその座標系とする．このとき，U_i を定義 2.33(iv)に従って $V_i \cap W_i$ と表わしたとき，和集合 $\bigcup \varphi_i(\partial V_i \cap W_i)$ のことを S の**境界**と呼び，∂S と書く.　□

コンパクトな境界付きの曲面 S に対して，その境界 ∂S は閉曲線の有限個の和になる.

例 2.35　例えば球面の一部，$\{(x,y,z) \in \mathbb{R}^3 \mid x^2+y^2+z^2=4,\ z \geqq 1\}$ は境

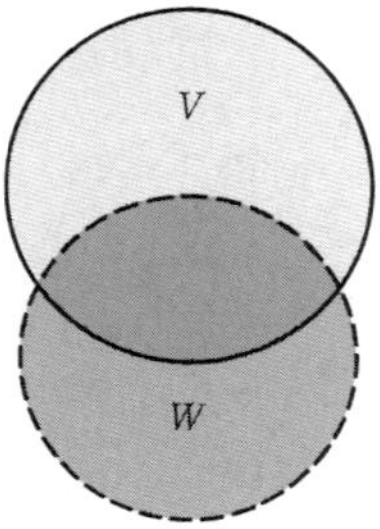

図 2.18　座標の定義域

界付きの曲面の例である．この曲面の境界は円 $\{(x,y,1)\in\mathbb{R}^3 \mid x^2+y^2=3\}$ である． □

この場合は，曲面全体を 1 枚の座標でおおうことができる．それには，例えば $U=\{(x,y)\in\mathbb{R}^2 \mid x^2+y^2\leqq 1\}$ とおき，$\varphi(x,y)=(x,y,\sqrt{4-x^2-y^2})$ とすればよい．もちろん一般には全体を 1 枚の座標でおおえるとは限らない(図 2.19)．

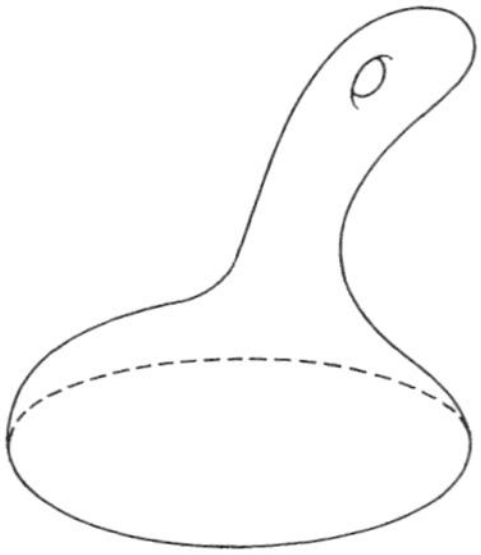

図 2.19　全体を 1 枚の座標で
おおえない境界付きの曲面

§1.3 で平面内の曲線について述べた．ここで現われたのは 3 次元空間の中の曲線である(これを**空間曲線**と言う)．これは §1.3 とほぼ同様に考察できるが，ここで復習しておこう．空間曲線の定義は定義 1.23 とまったく同じである．

空間曲線の**接ベクトル**もまったく同じに定義される．すなわち，$\boldsymbol{l}\colon (a,b)\to$

$\mathbb{R}^3$ をパラメータとしたときに，$C\dfrac{dl}{dt}$ (C はスカラー)と表わされるベクトルのことである．接ベクトルと直交するベクトルのことを**法ベクトル**という．空間曲線の場合には，法ベクトル全体は $\mathbb{R}^3$ の 2 次元の線形部分空間をなす．

§1.3 の曲線の向きの定義のうち，接ベクトルを使う方は空間曲線の場合でもそのまま通用する．すなわち，空間曲線 L の向きは $\boldsymbol{t}\colon L \to \mathbb{R}^3$ なる連続写像で $\boldsymbol{t}(p)$ が L の p における単位接ベクトルであるものを指す．

問 13* 空間曲線の向きを定義するには接ベクトルを，$\mathbb{R}^3$ の中の曲面の向きを定義するには法ベクトルを用いた．それでは，4 次元空間の中の 2 次元の図形の向きはどうやったら定義できるだろうか．

境界付きの曲面 S とその境界 ∂S を考える．S に対して向きが定まっていると，これから ∂S の向きが定まる．このことを説明しよう．

$p \in \partial S$ とし，$\varphi\colon U \to \mathbb{R}^3$ を p のまわりでの S の座標とする．$p = \varphi(s,t)$ とすると，(s,t) は U の境界 ∂U 上の点である．∂U には§1.3 で述べたように標準的な向きが定まっている．この向きに対応する単位法ベクトルを $\boldsymbol{n}_1(s,t)$ とする．すなわち，$\boldsymbol{n}_1(s,t)$ は U の内側から外側に向かうベクトルである．$\boldsymbol{n}_1(p) = (D\varphi)(\boldsymbol{n}_1(s,t))$ とおく．$\boldsymbol{n}_2(p)$ を曲面 S の p での単位法ベクトルとする(S の向きを与えてあるから，これはただ 1 つ定まる)．$\boldsymbol{t}(p)$ を ∂S の p での単位接ベクトルとする．単位接ベクトルはちょうど 2 つ(一方が他方の逆向き)ある．このどちらをとるかを決めるのが ∂S の向きである．$\boldsymbol{n}_1(p)$, $\boldsymbol{t}(p)$, $\boldsymbol{n}_2(p)$ の 3 つのベクトルは互いに 1 次独立で，したがって 3 次元ベクトル空間の基底を定める．$\boldsymbol{t}(p)$ をこの 3 つが右手系をなすように選ぶ．すなわち，$\boldsymbol{n}_1(p)$, $\boldsymbol{t}(p)$, $\boldsymbol{n}_2(p)$ が

$$\boldsymbol{n}_1(p) \times \boldsymbol{t}(p) = C\boldsymbol{n}_2(p) \quad (C > 0)$$

をみたすように選ぶといってもよい(図 2.20)．これで境界 ∂S の向きが定まった．

問 14 例 2.35 で考えた球面の一部に球面の標準的な向きを入れるとき，境界の

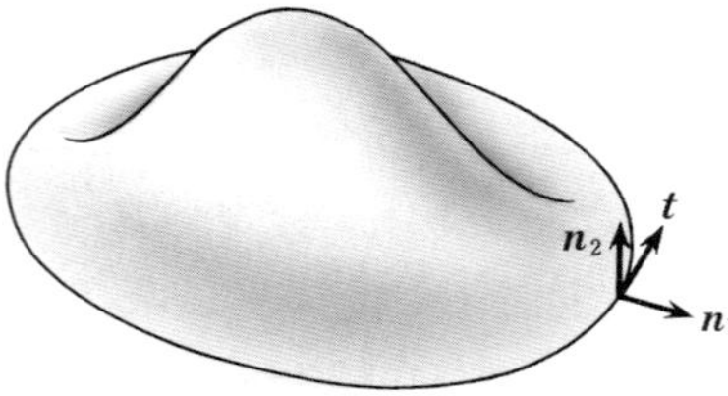

図 2.20　境界の向きの定義

向きはどうなるか.

(c)　ストークスの定理

定理 2.36（ストークス(Stokes)の定理）　S を向きの付いたコンパクトな境界付き曲面, $\boldsymbol{V}$ を S の近くで定義された滑らかなベクトル場とする. このとき

$$\int_S \mathrm{rot}\,\boldsymbol{V}\cdot d\boldsymbol{S} = \int_{\partial S}\boldsymbol{V}\cdot d\boldsymbol{l} \tag{2.16}$$

が成り立つ. ここで $\boldsymbol{l}$ は, ∂S の向きを保つパラメータである. (∂S の向きのとり方は(b)で述べた.) □

例 2.37　S が xy 平面に含まれている場合を考えよう. $\boldsymbol{n}=(0,0,1)$ が法ベクトルであるような S の向きをとる. $\boldsymbol{V}=(V_1,V_2,V_3)$ に対して $\mathbb{R}^2$ 上のベクトル場 $\overline{\boldsymbol{V}}$ を $\overline{\boldsymbol{V}}(x,y)=(V_1(x,y,0),V_2(x,y,0))$ で定める. すると, $\boldsymbol{n}\cdot\mathrm{rot}\,\boldsymbol{V}=\mathrm{rot}\,\overline{\boldsymbol{V}}$ が定義からただちに分かる. したがって, この場合は, 定理 2.36 はグリーンの公式(定理 1.52)に帰着する. □

例 2.38　S に境界がない場合, すなわち閉曲面の場合を考えよう. この場合は, 式(2.16)の右辺は空集合上の積分であるから 0 とみなすべきである. したがって $\int_S \mathrm{rot}\,\boldsymbol{V}\cdot d\boldsymbol{S}=0$ が定理 2.36 の主張である. この主張は, 前節のガウスの定理 2.26 からも, 次のように導くことができる. Ω を S が囲む(3次元の)領域とする. $\boldsymbol{V}$ を Ω 全体のベクトル場に拡張しておく. すると定理 2.26 より

$$\int_\Omega \mathrm{div}\ \mathrm{rot}\, \boldsymbol{V}\, dxdydz = \int_S \mathrm{rot}\, \boldsymbol{V} \cdot d\boldsymbol{S}.$$

次の補題(証明は定義に従って計算すればよい)により左辺は0である. □

補題 2.39 任意のベクトル場に対して

$$\mathrm{div}\ \mathrm{rot}\, \boldsymbol{V} = 0. \qquad \square$$

$\mathrm{rot}\, \boldsymbol{V} = \boldsymbol{W}$ とすると，定理2.36より，$\boldsymbol{W}$ の境界付きの曲面 S 上で面積分 $\int_S \boldsymbol{W} \cdot d\boldsymbol{S}$ は，$L = \partial S$ のみで決まり S によらない．つまり $\partial S = \partial S'$ ならば

$$\int_S \boldsymbol{W} \cdot d\boldsymbol{S} = \int_{S'} \boldsymbol{W} \cdot d\boldsymbol{S}'$$

である．これは $\mathrm{rot}\, \boldsymbol{V} = \boldsymbol{W}$ なる形のベクトル場 $\boldsymbol{W}$ に限らず，$\mathrm{div}\, \boldsymbol{W} = 0$ なる任意のベクトル場に対して成立する．すなわち

系 2.40 $\boldsymbol{W}$ を $\mathbb{R}^3$ 全体で定義されたベクトル場とし，$\mathrm{div}\, \boldsymbol{W} = 0$ を仮定する．$\partial S = \partial S'$ なるコンパクトな境界付き曲面 S, S' に対して

$$\int_S \boldsymbol{W} \cdot d\boldsymbol{S} = \int_{S'} \boldsymbol{W} \cdot d\boldsymbol{S}'$$

が成り立つ．

［証明］ 簡単のため $S \cap S' = \partial S$ とする．すると，$S \cup S'$ は閉曲面である．これが囲む図形を Ω とすると，ガウスの定理により

$$\int_{S \cup S'} \boldsymbol{W} \cdot d\boldsymbol{S} = \int_\Omega \mathrm{div}\, \boldsymbol{W}\, dxdydz = 0.$$

ここで $S \cup S'$ の向き(Ω の内側から外側)は，S, S' の一方でもとの向きと一致し，もう一方で逆である($\partial S = \partial S'$ が向きも含めて成立することから従う)．よって $\int_S \boldsymbol{W} \cdot d\boldsymbol{S} = \int_{S'} \boldsymbol{W} \cdot d\boldsymbol{S}'$. ∎

(d) ストークスの定理の証明

S が1枚の座標 $\varphi: U \to \mathbb{R}^3$ でおおわれている場合にのみ証明する．一般の場合は，S を1枚の座標でおおえる有限個の曲面に分けて考えればよい．座

標 $\varphi\colon U\to\mathbb{R}^3$ を用いて $S=\varphi(U)$ となっているとしよう.

$$\boldsymbol{n}=\frac{D\varphi(1,0)\times D\varphi(0,1)}{\|D\varphi(1,0)\times D\varphi(0,1)\|}$$

は S の単位法ベクトルである.（$D\varphi(1,0)$ は 3×2 行列 $D\varphi$ と 2×1 行列 $(1,0)$ の積.）これが S の向きに一致しないときは，U を $\{(-s,t)\mid(s,t)\in U\}$ で，φ を $(s,t)\mapsto\varphi(-s,t)$ で置き換えると，$\boldsymbol{n}$ を S の向きに一致させることで，はじめから $\boldsymbol{n}$ が S の向きを与えるとしてよい．すると

$$\int_S \mathrm{rot}\,\boldsymbol{V}\cdot d\boldsymbol{S}=\int_U \mathrm{rot}\,\boldsymbol{V}\cdot(D\varphi(1,0)\times D\varphi(0,1))dsdt. \qquad (2.17)$$

ここで(2.16)の右辺の方を計算しよう．$\boldsymbol{m}\colon\mathbb{R}\to\mathbb{R}^2$ を $\boldsymbol{m}(t+T)=\boldsymbol{m}(t)$ なる ∂U のパラメータとすると，$\boldsymbol{l}(t)=\varphi(\boldsymbol{m}(t))$ は ∂S のパラメータである．∂S の向きのとり方により，$\boldsymbol{m}$ が ∂U の向きを保つならば，$\boldsymbol{l}$ は ∂S の向きを保つ．したがって

$$\begin{aligned}\int_{\partial S}\boldsymbol{V}\cdot d\boldsymbol{l}&=\int_0^T \boldsymbol{V}(\boldsymbol{l}(t))\cdot\frac{d\boldsymbol{l}}{dt}dt\\&=\int_0^T \boldsymbol{V}(\boldsymbol{l}(t))\cdot D\varphi\Big(\frac{d\boldsymbol{m}}{dt}\Big)dt\\&=\int_0^T {}^tD\,\varphi(\boldsymbol{V}(\boldsymbol{l}(t)))\cdot\frac{d\boldsymbol{m}}{dt}dt. \qquad (2.18)\end{aligned}$$

ここで $D\varphi$ は3行2列の行列であったから，その転置行列 ${}^tD\,\varphi$ は2行3列である．U 上のベクトル場 $\widetilde{\boldsymbol{V}}$ を $\widetilde{\boldsymbol{V}}(s,t)={}^tD\,\varphi(s,t)\boldsymbol{V}(\varphi(s,t))$ で定義すると，式(2.18)の最後の式は $\displaystyle\int_0^T\widetilde{\boldsymbol{V}}\cdot d\boldsymbol{m}$ と表わされる．したがって定理1.52と式(2.18)より

$$\int_{\partial S}\boldsymbol{V}\cdot d\boldsymbol{l}=\int_U \mathrm{rot}\,\widetilde{\boldsymbol{V}}\,dsdt. \qquad (2.19)$$

(2.19)が(2.17)と等しいことを示す（これが示すべき定理である）には，次の補題を証明すればよい.

補題 2.41

$$\mathrm{rot}\,\boldsymbol{V}\cdot(D\varphi(1,0)\times D\varphi(0,1))=\mathrm{rot}\,\widetilde{\boldsymbol{V}}.$$

［証明］　まず右辺を計算する.

$$\widetilde{\boldsymbol{V}}(s,t)=\begin{pmatrix}\dfrac{\partial\varphi}{\partial s}(s,t)\cdot\boldsymbol{V}(\varphi(s,t))\\ \dfrac{\partial\varphi}{\partial t}(s,t)\cdot\boldsymbol{V}(\varphi(s,t))\end{pmatrix}$$

ゆえ

$$\operatorname{rot}\widetilde{\boldsymbol{V}}=-\frac{\partial\varphi}{\partial s}\cdot\frac{\partial(\boldsymbol{V}\circ\varphi)}{\partial t}+\frac{\partial\varphi}{\partial t}\cdot\frac{\partial(\boldsymbol{V}\circ\varphi)}{\partial s} \tag{2.20}$$

である．$D\varphi(1,0)=(a,b,c)$，$D\varphi(0,1)=(d,e,f)$ とおく．すると $D\varphi(0,1)=\dfrac{\partial\varphi}{\partial t}$，$D\varphi(1,0)=\dfrac{\partial\varphi}{\partial s}$ であったから，(2.20)は，$\boldsymbol{V}=(V_x,V_y,V_z)$ とおくと，

$$\begin{aligned}-(a,b,c)\cdot\Bigg(&\frac{\partial V_x}{\partial x}d+\frac{\partial V_x}{\partial y}e+\frac{\partial V_x}{\partial z}f,\ \frac{\partial V_y}{\partial x}d+\frac{\partial V_y}{\partial y}e+\frac{\partial V_y}{\partial z}f,\\ &\frac{\partial V_z}{\partial x}d+\frac{\partial V_z}{\partial y}e+\frac{\partial V_z}{\partial z}f\Bigg)\\ +(d,e,f)\cdot\Bigg(&\frac{\partial V_x}{\partial x}a+\frac{\partial V_x}{\partial y}b+\frac{\partial V_x}{\partial z}c,\ \frac{\partial V_y}{\partial x}a+\frac{\partial V_y}{\partial y}b+\frac{\partial V_y}{\partial z}c,\\ &\frac{\partial V_z}{\partial x}a+\frac{\partial V_z}{\partial y}b+\frac{\partial V_z}{\partial z}c\Bigg)\end{aligned} \tag{2.21}$$

に等しい．次に，左辺を定義にしたがって計算すると

$$\begin{aligned}&\operatorname{rot}\boldsymbol{V}\cdot(D\varphi(1,0)\times D\varphi(0,1))\\ &\quad=(bf-ce)\left(\frac{\partial V_y}{\partial z}-\frac{\partial V_z}{\partial y}\right)+(cd-af)\left(\frac{\partial V_z}{\partial x}-\frac{\partial V_x}{\partial z}\right)\\ &\qquad+(ae-bd)\left(\frac{\partial V_y}{\partial x}-\frac{\partial V_x}{\partial y}\right).\end{aligned} \tag{2.22}$$

1分ほどにらめば，(2.21)と(2.22)が等しいことがわかるであろう． ∎

補題2.41の証明は闇雲に計算しただけで，何をしたのかよくわからないであろう．この計算の意味は微分形式を導入すればはっきりする(本シリーズ『解析力学と微分形式』§2.3参照)．

(e)　勾配ベクトル場の特徴付け(3)

ストークスの定理の応用として，定理1.59の3次元空間への一般化を考えよう．

定義 2.42　Ω を $\mathbb{R}^3$ の中の領域とする．Ω が単連結とは，Ω に含まれる任意の閉曲線 L に対して，Ω に含まれる向きの付いた境界付き曲面 S で，$\partial S = L$ なるものが存在することをいう．　□

定理 2.43　Ω を $\mathbb{R}^3$ の中の単連結な領域とする．Ω 上のベクトル場 $\boldsymbol{V}$ に対して，次の4つの条件はすべて同値である．

(i)　Ω に含まれる任意の閉曲線 L に対して $\int_L \boldsymbol{V}\cdot d\boldsymbol{l} = 0$．

(ii)　Ω に含まれる任意の道 $\boldsymbol{l}\colon [a,b] \to \Omega$ に沿った $\boldsymbol{V}$ の線積分 $\int_a^b \boldsymbol{V}(\boldsymbol{l}(t))\cdot d\boldsymbol{l}$ は，$\boldsymbol{l}$ の両端 $\boldsymbol{l}(a), \boldsymbol{l}(b)$ のみにより道 $\boldsymbol{l}$ によらない．

(iii)　Ω 上の関数 f が存在して $\boldsymbol{V} = \mathrm{grad}\, f$．

(iv)　$\mathrm{rot}\, \boldsymbol{V} = \boldsymbol{0}$．

［証明］　(i), (ii), (iii)が同値であることの証明は定理1.53の証明と同様である．(iii)から(iv)が従うことは

$$\mathrm{rot}\ \mathrm{grad}\, f = \boldsymbol{0} \tag{2.23}$$

が任意の関数に対して成立することからわかる．(2.23)は直接計算で容易に示せる．

(iv)を仮定して(i)を示そう．L を任意の閉曲線とする．Ω は単連結であるから，Ω に含まれる曲面 S で $\partial S = L$ なるものが存在する．よってストークスの定理より

$$\int_L \boldsymbol{V}\cdot d\boldsymbol{l} = \int_S \mathrm{rot}\, \boldsymbol{V}\cdot d\boldsymbol{S} = 0.$$

∎

上の証明で，領域 Ω が単連結であることを使ったのは(iv) $\Longrightarrow$ (i)の部分だけである．したがって，(i) $\Longleftrightarrow$ (ii) $\Longleftrightarrow$ (iii) $\Longrightarrow$ (iv)は任意の領域で成立する．

注意 2.44　より進んで位相幾何学を学んだ読者は，定義2.42がふつうと異なることに気付かれたと思う．ふつうの定義は

領域 Ω が単連結であるとは，任意の道 $\boldsymbol{l}\colon \mathbb{R}\to\Omega$, $\boldsymbol{l}(t+1)=\boldsymbol{l}(t)$ に対して $\varphi\colon \{(x,y)\in\mathbb{R}^2 \mid x^2+y^2\leqq 1\}\to\Omega$ なる写像で，$\varphi(\cos t,\sin t)=\boldsymbol{l}(t)$ が存在することをいう．

である．定義2.42はむしろ位相幾何学の言葉では，Ω の1次の**ホモロジー**(homology)が0である，ということにあたる．$\mathbb{R}^3$ の中の領域の場合にこの2つは同値であることが知られている(より一般の空間ではこの2つは同値ではない)．

注意2.45 単連結でない領域では，定理2.43の(iv)$\Longrightarrow$(i)は成立しない．その例は§3.3まで進むと，自然に得られるので，ここでは述べない．

問15 次の領域の中で単連結なものはどれか．

(1) $\{(x,y,z)\in\mathbb{R}^3 \mid 1<x^4+y^2+z^2<2\}$

(2) $\{(x,y,z)\in\mathbb{R}^3 \mid 0<x^2+z^4<2\}$

(3) $\mathbb{R}^3\setminus\{(x,y,0)\in\mathbb{R}^3 \mid x^2+y^2=1\}$

(4) $\mathbb{R}^3\setminus\{(x,y,z)\in\mathbb{R}^3 \mid x^2+y^2+z^2<1\}$

《まとめ》

2.1 $\mathbb{R}^3$ の部分集合 S が曲面とは，各点の近くで座標 $\varphi(s,t)$ で S が表わされることを指す．

2.2 曲面の向きとは，各点に対してその点での単位法ベクトルを対応させる連続な写像を指す．

2.3 閉曲面には，標準的な向きが定まる．

2.4 向きの付いた曲面 S とベクトル場 $\boldsymbol{V}$ に対して面積分 $\int_S \boldsymbol{V}\cdot d\boldsymbol{S}$ が定義される．

2.5 ベクトル場 $\boldsymbol{V}$ の閉曲面 S 上の面積分は，S が囲む領域 Ω での発散 $\operatorname{div}\boldsymbol{V}$ の積分に一致する．

2.6 3次元空間のベクトル場 $\boldsymbol{V}$ の回転 $\operatorname{rot}\boldsymbol{V}$ はベクトル場である．

2.7 S を境界 L をもつ曲面，$\boldsymbol{V}$ をベクトル場とすると，$\operatorname{rot}\boldsymbol{V}$ の S での面積分は $\boldsymbol{V}$ の L での線積分に一致する(ストークスの定理)．

2.8 単連結な領域で定義されたベクトル場 $\boldsymbol{V}$ に対して，$\boldsymbol{V}=\operatorname{grad} f$ なる f の存在，$\operatorname{rot}\boldsymbol{V}=\boldsymbol{0}$，$\boldsymbol{V}$ の閉曲線での線積分が0，の3つは同値である．

演習問題

2.1　メビウスの帯上のベクトル場の面積分は意味を持たないが，メビウスの帯の面積はきちんと定まる．どうしてだろうか．

2.2

$$S = \{(x, y, z) \mid 4x^2 + y^2 + z = 1,\ -3 \leqq z\},$$
$$\boldsymbol{V}(x, y, z) = (3yz + 7y + x,\ y,\ z + 3)$$

とする．$\int_S \boldsymbol{V} \cdot d\boldsymbol{S}$ を計算せよ．（S の向きは各自与えよ．）

2.3

$$S = \{(x, y, z) \mid x^2 + y^2 + 4z^6 = 4,\ 0 \leqq z\}, \quad \boldsymbol{W}(x, y, z) = (e^y, z, x^2)$$

とする．$\int_S \boldsymbol{W} \cdot d\boldsymbol{S}$ を計算せよ．（S の向きは各自与えよ．）

2.4　S を例2.12で考えたメビウスの帯，L をその境界とし，L のパラメータを $\boldsymbol{m}$ とする．$\boldsymbol{V}$ を S を含む領域で定義されたベクトル場で $\mathrm{rot}\, \boldsymbol{V} = \boldsymbol{0}$ をみたすものとする．C を $\boldsymbol{l}(s) = (2\sin s,\ 2\cos s,\ 0)$ をパラメータとする閉曲線とする．L にうまく向きを与えると

$$\int_L \boldsymbol{V} \cdot d\boldsymbol{m} = 2\int_C \boldsymbol{V} \cdot d\boldsymbol{l}$$

となることを示せ．

2.5　S を曲面とし，f を S を含む領域上の無限回微分可能な関数とする．$L = \{p \in S \mid f(p) = 0\}$ とおく．$\mathrm{grad}_p f$ はどの $p \in L$ に対しても，p での法ベクトルではないとする．このとき L は曲線の和であることを示せ．

2.6　S_1, S_2 を曲面とし，任意の $p \in S_1 \cap S_2$ に対して $T_pS_1 \neq T_pS_2$ とする．$S_1 \cap S_2$ は曲線の和であることを示せ．（ヒント．2.5を用いよ．）

2.7　S を曲面，A を可逆対角化可能な 3×3 行列とし，$AS = \{Ax \mid x \in S\}$ とおく（ここで $x \in S$ は縦ベクトルとみなした）．A の固有値を重複度も込めて並べたものを α, β, γ, $|\alpha| \leqq |\beta| \leqq |\gamma|$ とする．このとき

$$|\alpha\beta|\mathrm{Area}(S) \leqq \mathrm{Area}(AS) \leqq |\beta\gamma|\mathrm{Area}(S)$$

を示せ．ここで $\mathrm{Area}(S)$ とは S の面積 $\int_S 1\, dS$ を指す．

2.8*　f を $\mathbb{R}^3$ 上の無限回微分可能な凸関数とする．すなわち，

$$f\left(\frac{\alpha x + \beta y}{\alpha + \beta}\right) \leqq \frac{\alpha f(x) + \beta f(y)}{\alpha + \beta}$$

が任意の $x, y \in \mathbb{R}^3$, $\alpha, \beta > 0$ に対して成り立つとする．$f(p) \in [a, b]$ なる任意の p

に対して，$\mathrm{grad}_p f \neq \mathbf{0}$ とする．また $f(p) \leqq b$ なる p 全体の集合は有界であると仮定する．$S_c = \{p \mid f(p) = c\}$ とおく．

(1) $f(p_0) < a$ なる p_0 をとり，$f(p) = c \in [a, b]$ とする．このときベクトル $\overrightarrow{pp_0}$ は接平面 T_pS_c には含まれないことを示せ．

(2) $p \in S_a$ に対して，半直線 p_0p は S_b とただ1点で交わることを示せ．

(3) (2)の点を $\Phi(p)$ と書く．$U_i \subsetneqq \mathbb{R}^2$，$\varphi_i : U_i \to S_a$ を S_a の座標系とすると，$\Phi \circ \varphi_i : U_i \to S_b$ は S_b の座標系であることを示せ．

3 電磁気学

ベクトル解析は電磁気学と密接に関わりながら発展した．それは微積分学の誕生がニュートン力学の誕生と同時であったのと対応する．この章では電磁気学について述べる．そこで読者は第1章，第2章の諸定理のさまざまな応用に出会うだろう．さらに静電場とガウスの発散定理，電位とポアソン方程式，アンペールの法則と絡み数，ベクトルポテンシャルと2次元ホモロジーなど，電磁気学の問題が数学のさまざまな問題と自然に関わるようすを説明したい．

静電場，静磁場の問題は，ポアソン方程式，ラプラス方程式という，重要な楕円型偏微分方程式に帰着する．この章ではポアソン方程式についても述べる．

この章では広義積分が多く現われ，広義積分の場合の微分と積分の交換などが用いられる．これらの考察はデリケートであるが，「微分と積分は交換可能なのは当たり前で，それを数学的に厳密にするためにまわりくどい議論をしている」のではない．実際，交換が不可能な場合が重要な役割を演ずる．本シリーズ『微分と積分 1, 2』の広義積分の部分などを復習しながら，読み進めてほしい．

§3.1　静電場

(a)　クーロンの法則

この節では静電場について述べ，それとガウスの発散定理との関係を見てみよう．静電場についての考察の基礎となるのは次の実験的事実である．

「法則」3.1（クーロン(Coulomb)の法則）　2点$\boldsymbol{p}, \boldsymbol{q}$にそれぞれ電荷$e_1$, e_2を持つ点電荷があると，この2つの点電荷はそれぞれ，

$$\frac{e_1 e_2(\boldsymbol{p}-\boldsymbol{q})}{4\pi\varepsilon_0\|\boldsymbol{p}-\boldsymbol{q}\|^3}, \quad \frac{e_1 e_2(\boldsymbol{q}-\boldsymbol{p})}{4\pi\varepsilon_0\|\boldsymbol{q}-\boldsymbol{p}\|^3} \quad (\varepsilon_0 \text{ は定数})$$

の力を受ける．（この章では点の位置はすべて位置ベクトルで考え，太文字で表わす．）　□

電荷は実数であるから，e_1e_2は正の数にも負の数にもなる．「法則」3.1は「電荷e_1, e_2を持つ質点は，その電荷が同符号であるとき斥けあい，異符号であるとき引き合う．力の大きさは電荷の大きさの積に比例し，距離の2乗に反比例する」と言い換えることができる．

さて**電場**(electric field)という考え方を導入しよう．これは「法則」3.1を次のように2つに分けることにあたる．

「法則」3.2

(i)　1点$\boldsymbol{p}$に置かれた電荷eを持つ点電荷は，

$$\boldsymbol{E}(\boldsymbol{x}) = \frac{e(\boldsymbol{x}-\boldsymbol{p})}{4\pi\varepsilon_0\|\boldsymbol{x}-\boldsymbol{p}\|^3}$$

なる電場を作り出す．

(ii)　電荷e'を持つ1点$\boldsymbol{p}$に置かれた点電荷に電場$\boldsymbol{E}$が与える力は，$e'\boldsymbol{E}(\boldsymbol{p})$である．　□

むろん「法則」3.2は「法則」3.1を単に言い換えたにすぎない．しかしこれが，電気力の働くメカニズムを明らかにしていくための道筋であることは，学習の手引きで述べた通りである．

「法則」3.1では2つの点電荷がある場合を考えた．一般にはもっと多くの

点電荷が力を及ぼしあっている場合を考える．これらの力は互いに独立である．すなわち，ある点電荷 p に電気力を及ぼす点電荷がいくつかあるとき，それらの及ぼす力の和(ベクトルの和)が点電荷 p の受ける電気力であるとする．正確に書くと次のようになる．

「法則」3.3　空間の点 $\boldsymbol{p}^{(1)},\cdots,\boldsymbol{p}^{(N)}$ に，それぞれ電荷 $e_1,\cdots,e_N$ を持った点電荷があるとすると，これらが作る**電場**は

$$\boldsymbol{E}(\boldsymbol{x})=\sum_{i=1}^{N}\frac{e_i(\boldsymbol{x}-\boldsymbol{p}^{(i)})}{4\pi\varepsilon_0\|\boldsymbol{x}-\boldsymbol{p}^{(i)}\|^3} \tag{3.1}$$

で与えられる．□

さて,「法則」3.3 によって決まる電場を考え，この電場の閉曲面 S 上での面積分を求めよう．S が囲む領域を Ω と書く．$\boldsymbol{p}^{(1)},\cdots,\boldsymbol{p}^{(N)}$ を S 上にない点とする．

補題 3.4　式(3.1)の $\boldsymbol{E}(\boldsymbol{x})$ に対して

$$\int_S\boldsymbol{E}\cdot d\boldsymbol{S}=\sum_{i:\boldsymbol{p}^{(i)}\in\Omega}\frac{e_i}{\varepsilon_0}$$

が成り立つ．すなわち $\int_S\boldsymbol{E}\cdot d\boldsymbol{S}$ は Ω に含まれる点 $\boldsymbol{p}^{(i)}$ 全体での $\dfrac{e_i}{\varepsilon_0}$ の和である．

［証明］　左辺も右辺も i について加法的だから，点電荷の数が 1 つのときに証明すればよい．すなわち

$$\int_S\frac{\boldsymbol{x}-\boldsymbol{p}}{\|\boldsymbol{x}-\boldsymbol{p}\|^3}\cdot d\boldsymbol{S}=\begin{cases}4\pi & (\boldsymbol{p}\in\Omega)\\ 0 & (\boldsymbol{p}\notin\Omega)\end{cases} \tag{3.2}$$

を証明すればよい．このために(それ自身重要である)次の補題を用いる．

補題 3.5

$$\operatorname{div}\frac{\boldsymbol{x}-\boldsymbol{p}}{\|\boldsymbol{x}-\boldsymbol{p}\|^3}=0.$$

ここで点 $\boldsymbol{p}$ は固定し，$\dfrac{\boldsymbol{x}-\boldsymbol{p}}{\|\boldsymbol{x}-\boldsymbol{p}\|^3}$ は $\boldsymbol{x}$ を変数とするベクトル場とみなしている．□

補題 3.5 は直接計算で容易に証明できる．

さて，ベクトル場 $\dfrac{\boldsymbol{x}-\boldsymbol{p}}{\|\boldsymbol{x}-\boldsymbol{p}\|^3}$ は点 $\boldsymbol{p}$ 以外の点で定義され，無限回微分可能であることに注意する．したがって $\boldsymbol{p}\notin\Omega$ とすると，Ω でベクトル場 $\dfrac{\boldsymbol{x}-\boldsymbol{p}}{\|\boldsymbol{x}-\boldsymbol{p}\|^3}$ は定義され，そこでの発散は 0 である．よって

$$\int_S \frac{\boldsymbol{x}-\boldsymbol{p}}{\|\boldsymbol{x}-\boldsymbol{p}\|^3}\cdot d\boldsymbol{S} = \int_\Omega \operatorname{div}\frac{\boldsymbol{x}-\boldsymbol{p}}{\|\boldsymbol{x}-\boldsymbol{p}\|^3}\,dx_1dx_2dx_3 = 0$$

(これ以後 $\boldsymbol{x},\cdots$ を座標で表わしたとき $(x_1,x_2,x_3),\cdots$ と書く．) 次に $\boldsymbol{p}\in\Omega$ としよう．十分小さい正の数 ε を $\{\boldsymbol{x}\in\mathbb{R}^3\mid\|\boldsymbol{x}-\boldsymbol{p}\|\leqq\varepsilon\}\subseteqq\Omega$ なるようにとる．$\Omega'=\Omega\setminus\{\boldsymbol{x}\in\mathbb{R}^3\mid\|\boldsymbol{x}-\boldsymbol{p}\|\leqq\varepsilon\}$ とおき，これに対してガウスの定理 2.26 を(例題 2.29 と同様に)使う．すると，$\dfrac{\boldsymbol{x}-\boldsymbol{p}}{\|\boldsymbol{x}-\boldsymbol{p}\|^3}$ は Ω' 上定義され発散が 0 であるから

$$\int_S \frac{\boldsymbol{x}-\boldsymbol{p}}{\|\boldsymbol{x}-\boldsymbol{p}\|^3}\cdot d\boldsymbol{S} = \int_{S_\varepsilon(\boldsymbol{p})} \frac{\boldsymbol{x}-\boldsymbol{p}}{\|\boldsymbol{x}-\boldsymbol{p}\|^3}\cdot d\boldsymbol{S}$$

が示される．ここで $S_\varepsilon(\boldsymbol{p})=\{\boldsymbol{x}\in\mathbb{R}^3\mid\|\boldsymbol{x}-\boldsymbol{p}\|=\varepsilon\}$．右辺の積分は容易に直接計算でき，$4\pi$ に一致する． ∎

(b) ガウスの法則

補題 3.4 に基づいて「法則」3.2 を次のように言い換えよう．

「法則」3.6 S を閉曲面とし，S が囲む領域を Ω と書く．このとき，

$$\varepsilon_0\int_S \boldsymbol{E}\cdot d\boldsymbol{S}$$

は Ω にある電荷の総量に一致する． □

「法則」3.6 は「法則」3.2 に比べて 1 つの利点を持っている．それは「法則」3.2 が有限個の点電荷に対してしか意味を持たないのに対して，「法則」3.6 は連続的に分布した電荷に対しても意味を持つ点である．

これを説明するために**電荷密度**という概念を導入しよう．q なる $\mathbb{R}^3$ 上の(スカラー値の)関数が電荷密度であるとは，任意の領域 Ω に対して，Ω にある電荷の総量が $\int_\Omega q\,dx_1dx_2dx_3$ であることをいう．すると，「法則」3.6 は

$$\varepsilon_0 \int_S \boldsymbol{E} \cdot d\boldsymbol{S} = \int_\Omega q \, dx_1 dx_2 dx_3 \tag{3.3}$$

と表わされる．ここでガウスの定理 2.26 を用いよう．すると

$$\int_S \boldsymbol{E} \cdot d\boldsymbol{S} = \int_\Omega \operatorname{div} \boldsymbol{E} \, dx_1 dx_2 dx_3 \tag{3.4}$$

が分かる．(3.3)と(3.4)より

$$\varepsilon_0 \int_\Omega \operatorname{div} \boldsymbol{E} \, dx_1 dx_2 dx_3 = \int_\Omega q \, dx_1 dx_2 dx_3$$

が任意の領域 Ω に対して成立する．したがって次の法則が成り立つ．

「法則」3.7 $\varepsilon_0 \operatorname{div} \boldsymbol{E} = q$，すなわち，電場の発散は電荷密度の $\dfrac{1}{\varepsilon_0}$ に一致する． □

これを**ガウスの法則**という．(ガウスの定理(§2.3 の定理 2.26)は数学の定理であるが，ガウスの法則は物理法則である．)

ちょっとここで反省してみよう．我々はまず，1 点上に電荷がある場合のクーロンの法則から出発した．これを次に有限個の点の上に電荷がある場合に拡張した．そして，それを「法則」3.6 のような積分形に書き換えることで，連続的に分布した電荷の場合に一般化した．さらにガウスの定理を用いてこれを微分形に直したのが「法則」3.7 であった．

これがもとの点電荷の場合にはどうなるであろうかと考えると，ちょっと気持ちが悪い．なぜなら，その場合は電場は

$$\boldsymbol{E}(\boldsymbol{x}) = \frac{e(\boldsymbol{x}-\boldsymbol{p})}{4\pi\varepsilon_0 \|\boldsymbol{x}-\boldsymbol{p}\|^3}$$

であって，その発散は 0 であったから．しかしよく考えるとこれはつじつまが合っている．すなわち，ベクトル場 $\boldsymbol{E}(\boldsymbol{x})$ が定義されるのは $\boldsymbol{x} \neq \boldsymbol{p}$ であって，発散が 0 というのも $\boldsymbol{x} \neq \boldsymbol{p}$ の点でだけ意味がある．$\boldsymbol{x} \neq \boldsymbol{p}$ では電荷密度は 0 で，「法則」3.7 と一致する．

それでは問題の点 $\boldsymbol{x} = \boldsymbol{p}$ ではどうであろうか．この点での電荷密度は無限大である．より正確には，電荷密度 q は

$$\int_{\Omega} q(\boldsymbol{x})dx_1dx_2dx_3 = \begin{cases} 0 & (\boldsymbol{p} \notin \Omega) \\ e & (\boldsymbol{p} \in \Omega) \end{cases}$$

をみたす「関数」とみなすべきである．通常の関数ではそのようなものはない．しかしこのような「関数」を考えるといろいろ便利である．この「関数」は**ディラック**(Dirac)**のデルタ関数**と呼ばれる．$e=1$, $\boldsymbol{p}=\boldsymbol{0}$ のときこれは $\delta(\boldsymbol{x})$ と書かれる．デルタ関数を数学的に厳密に取り扱うことは可能であるが，それは**超関数**(distribution, hyperfunction)の理論の大事な部分であり本書の範囲を超える．

「法則」3.7を形式的に適用すると，

$$\operatorname{div}\frac{\boldsymbol{x}-\boldsymbol{p}}{\|\boldsymbol{x}-\boldsymbol{p}\|^3} = 4\pi\delta(\boldsymbol{x}-\boldsymbol{p}) \tag{3.5}$$

が導かれる．むろん式(3.5)は通常の微積分では意味がないが，超関数の間の等式として意味を持たせることができる．

(c)　電場の積分による表示

電荷密度が q であるとき，それが引き起こす電場はどのようなものになるであろうか．$\mathbb{R}^3$ を微小な立方体

$$\square_{i,j,k}^N = \left\{(x,y,z) \in \mathbb{R}^3 \,\middle|\, \frac{i}{N} \leqq x \leqq \frac{i+1}{N},\ \frac{j}{N} \leqq y \leqq \frac{j+1}{N},\ \frac{k}{N} \leqq z \leqq \frac{k+1}{N}\right\}$$

の和に表わす．この立方体の体積は N^{-3} である．$\boldsymbol{p}_{i,j,k}^N \in \square_{i,j,k}^N$ をとると，$\square_{i,j,k}^N$ にある電荷の総量はほぼ $N^{-3}q(\boldsymbol{p}_{i,j,k}^N)$ である．また立方体が十分小さければその大きさは無視でき，これが作る電場は電荷が $N^{-3}q(\boldsymbol{p}_{i,j,k}^N)$ の点電荷が $\boldsymbol{p}_{i,j,k}^N$ にある場合とほぼ一致する．したがってこの電荷の分布によってできる電場は

$$\sum \frac{N^{-3}q(\boldsymbol{p}_{i,j,k}^N)(\boldsymbol{x}-\boldsymbol{p}_{i,j,k}^N)}{4\pi\varepsilon_0\|\boldsymbol{x}-\boldsymbol{p}_{i,j,k}^N\|^3}$$

に近い．電場を正確に求めるには $N\to\infty$ の極限をとればよく，したがって積分

$$\boldsymbol{E}(\boldsymbol{x}) = \int_{\boldsymbol{p}\neq\boldsymbol{x}} \frac{q(\boldsymbol{p})(\boldsymbol{x}-\boldsymbol{p})}{4\pi\varepsilon_0\|\boldsymbol{x}-\boldsymbol{p}\|^3} dp_1dp_2dp_3 \tag{3.6}$$

で与えられる．以上をまとめると

「観察」3.8　電荷密度が q である電荷の分布によって生じる電場は(3.6)で与えられる． □

「観察」3.8 によれば，(3.6)の $\boldsymbol{E}$ は「法則」3.7 をみたさなければならない．これは数学の定理として証明できる(定理 3.10)．

ここまでは，物理的なイメージに基づいて議論してきた．この節の残りでは式(3.6)について数学的な考察を行なおう．

(3.6)の右辺の積分は広義積分である．つまり積分する領域は有界でない．また被積分関数は $\boldsymbol{x}=\boldsymbol{p}$ で発散する．このような積分をこの章ではしばしば用いる．

$f(\boldsymbol{x})$ を $\boldsymbol{x}=(x_1,x_2,x_3)$ の関数で，$\mathbb{R}^3\backslash\{\boldsymbol{p}\}$ で定義されているとする．

補題 3.9　ある $R,\delta,C>0$ が存在して，f は(i),(ii)をみたす連続関数とする．

(i)　$\|\boldsymbol{x}\|>R$ で　$|f(\boldsymbol{x})|<\dfrac{C}{\|\boldsymbol{x}\|^{3+\delta}}$

(ii)　$\|\boldsymbol{x}-\boldsymbol{p}\|<1/R$ で　$|f(\boldsymbol{x})|<\dfrac{C}{\|\boldsymbol{x}-\boldsymbol{p}\|^{3-\delta}}$

すると，広義積分

$$\int_{\boldsymbol{p}\neq\boldsymbol{x}} f(\boldsymbol{x})dx_1dx_2dx_3$$

は絶対収束する． □

補題 3.9 の証明はこの節の最後で行なう．

(3.6)の積分が補題 3.9(i),(ii)をみたすように，q に次の仮定をする．$C>0$, $\delta>0$ が存在して，

$$|q(\boldsymbol{x})|<\frac{C}{\|\boldsymbol{x}\|^{2+\delta}}, \quad \left|\frac{\partial q}{\partial x_i}(\boldsymbol{x})\right|<\frac{C}{\|\boldsymbol{x}\|^{2+\delta}}. \tag{3.7}$$

定理 3.10　q を式(3.7)をみたす $\mathbb{R}^3$ の連続微分可能な関数とし，$\boldsymbol{E}$ を式(3.6)で定義する．この積分は収束し，連続微分可能なベクトル場 $\boldsymbol{E}$ を定

め，また $\varepsilon_0 \operatorname{div} \boldsymbol{E} = q$ が成り立つ．

［証明］ (3.6)が収束することは，補題3.9と(3.7)の帰結である．

$\boldsymbol{E}$ が連続微分可能であることを示そう．ただし，

$$\boldsymbol{K}_{\boldsymbol{p}}(\boldsymbol{x}) = 4\pi \frac{\boldsymbol{x}-\boldsymbol{p}}{\|\boldsymbol{x}-\boldsymbol{p}\|^3}$$

とおいたとき，広義積分

$$\int_{\boldsymbol{p} \neq \boldsymbol{x}} \boldsymbol{K}_{\boldsymbol{p}}(\boldsymbol{x}) dp_1 dp_2 dp_3$$

に対して，微分と積分が交換し

$$\frac{\partial}{\partial x_i} \int_{\boldsymbol{p} \neq \boldsymbol{x}} \boldsymbol{K}_{\boldsymbol{p}}(\boldsymbol{x}) dp_1 dp_2 dp_3 = \int_{\boldsymbol{p} \neq \boldsymbol{x}} \frac{\partial \boldsymbol{K}_{\boldsymbol{p}}(\boldsymbol{x})}{\partial x_i} dp_1 dp_2 dp_3$$

となるわけ<u>ではない</u>から注意を要する(この式が成立したら

$$\operatorname{div} \int_{\boldsymbol{p} \neq \boldsymbol{x}} \boldsymbol{K}_{\boldsymbol{p}}(\boldsymbol{x}) dp_1 dp_2 dp_3 = 0$$

になってしまう)．

$\boldsymbol{x} \in \mathbb{R}^3$ と $\delta\boldsymbol{x} \in \mathbb{R}^3$ $(\delta\boldsymbol{x} \neq 0)$ に対して極限

$$\lim_{\varepsilon \to 0} \frac{\displaystyle\int_{\boldsymbol{p} \neq \boldsymbol{x}+\varepsilon\delta\boldsymbol{x}} \boldsymbol{K}_{\boldsymbol{p}}(\boldsymbol{x}+\varepsilon\delta\boldsymbol{x}) dp_1 dp_2 dp_3 - \int_{\boldsymbol{p} \neq \boldsymbol{x}} \boldsymbol{K}_{\boldsymbol{p}}(\boldsymbol{x}) dp_1 dp_2 dp_3}{\varepsilon \|\delta\boldsymbol{x}\|}$$

を調べよう．それには定義より

$$\boldsymbol{K}_{\boldsymbol{p}}(\boldsymbol{x}+\varepsilon\delta\boldsymbol{x}) = \frac{q(\boldsymbol{p})(\boldsymbol{x}-(\boldsymbol{p}-\varepsilon\delta\boldsymbol{x}))}{4\pi\|\boldsymbol{x}-(\boldsymbol{p}-\varepsilon\delta\boldsymbol{x})\|^3}$$

が成り立つことに注意する．そこで $q_\varepsilon(\boldsymbol{p}) = q(\boldsymbol{p}+\varepsilon\delta\boldsymbol{x})$ とおくと

$$\begin{aligned}
&\int_{\boldsymbol{p} \in \mathbb{R}^3} \boldsymbol{K}_{\boldsymbol{p}}(\boldsymbol{x}+\varepsilon\delta\boldsymbol{x}) dp_1 dp_2 dp_3 \\
&\quad = \int_{\boldsymbol{p} \neq \boldsymbol{x}+\varepsilon\delta\boldsymbol{x}} \frac{q(\boldsymbol{p})(\boldsymbol{x}-(\boldsymbol{p}-\varepsilon\delta\boldsymbol{x}))}{4\pi\|\boldsymbol{x}-(\boldsymbol{p}-\varepsilon\delta\boldsymbol{x})\|^3} dp_1 dp_2 dp_3 \\
&\quad = \int_{\boldsymbol{p} \neq \boldsymbol{x}} \frac{q_\varepsilon(\boldsymbol{p})(\boldsymbol{x}-\boldsymbol{p})}{4\pi\|\boldsymbol{x}-\boldsymbol{p}\|^3} dp_1 dp_2 dp_3.
\end{aligned}$$

(ここで2行目と3行目の一致は，$\boldsymbol{p}\mapsto\varepsilon\delta\boldsymbol{x}+\boldsymbol{p}$ と変数変換すれば分かる.)したがって，

$$\begin{aligned}
&\lim_{\varepsilon\to 0}\frac{\displaystyle\int \boldsymbol{K}_{\boldsymbol{p}}(\boldsymbol{x}+\varepsilon\delta\boldsymbol{x})dp_1dp_2dp_3-\int \boldsymbol{K}_{\boldsymbol{p}}(\boldsymbol{x})dp_1dp_2dp_3}{\varepsilon\|\delta\boldsymbol{x}\|}\\
&\quad=\lim_{\varepsilon\to 0}\frac{1}{\varepsilon\|\delta\boldsymbol{x}\|}\int\frac{(q_\varepsilon(\boldsymbol{p})-q(\boldsymbol{p}))(\boldsymbol{x}-\boldsymbol{p})}{4\pi\|\boldsymbol{x}-\boldsymbol{p}\|^3}dp_1dp_2dp_3\\
&\quad=\frac{1}{\|\delta\boldsymbol{x}\|}\int \operatorname{grad} q\cdot\delta\boldsymbol{x}\frac{\boldsymbol{x}-\boldsymbol{p}}{4\pi\|\boldsymbol{x}-\boldsymbol{p}\|^3}dp_1dp_2dp_3. \qquad (3.8)
\end{aligned}$$

(3.8)の2行目から3行目への積分と極限の順序交換は，補題3.9と式(3.7)を用いて確かめられる．以上で $\boldsymbol{E}$ が連続微分可能であることが証明された.

最後に $\operatorname{div}\boldsymbol{E}=q$ を示そう．すでに $\boldsymbol{E}$ が連続微分可能であることが証明されているから，ガウスの定理を使うことができる．よって

$$\begin{aligned}
\varepsilon_0\int_\Omega \operatorname{div}\boldsymbol{E}\,dx_1dx_2dx_3&=\varepsilon_0\int_S \boldsymbol{E}\cdot d\boldsymbol{S}=\int_S\int_{\boldsymbol{p}\neq\boldsymbol{x}}q(\boldsymbol{p})\boldsymbol{K}_{\boldsymbol{p}}(\boldsymbol{x})d\boldsymbol{p}\cdot d\boldsymbol{S}\\
&=\int_{\boldsymbol{p}\neq\boldsymbol{x}}\int_S q(\boldsymbol{p})\boldsymbol{K}_{\boldsymbol{p}}(\boldsymbol{x})\cdot d\boldsymbol{S}d\boldsymbol{p}=\int_{\boldsymbol{p}\in\Omega}q(\boldsymbol{p})dp_1dp_2dp_3
\end{aligned}$$

が任意の Ω に対して成立することから証明される．ここで4番目の等号は(3.2)から従う．1行目と2行目が等しいことを示すには，面積分を座標を用いて表わし，フビニの定理(本シリーズ『微分と積分2』)を用いればよい．これで定理3.10は証明された. ∎

[補題3.9の証明] $D_n=\{\boldsymbol{x}\in\mathbb{R}^3\mid\|\boldsymbol{x}\|<n,\ \|\boldsymbol{x}-\boldsymbol{p}\|>1/n\}$ とする.

$$\int_{D_n}f(\boldsymbol{x})dx_1dx_2dx_3=F_n$$

とおく．F_n が $n\to\infty$ で絶対収束することを示せばよい．$n<n'$ に対して

$$\begin{aligned}
A_{n,n'}&=\{\boldsymbol{x}\in\mathbb{R}^3\mid n'>\|\boldsymbol{x}\|>n\}\\
B_{n,n'}&=\{\boldsymbol{x}\in\mathbb{R}^3\mid 1/n'<\|\boldsymbol{x}-\boldsymbol{p}\|<1/n\}
\end{aligned}$$

とおく(図3.1).

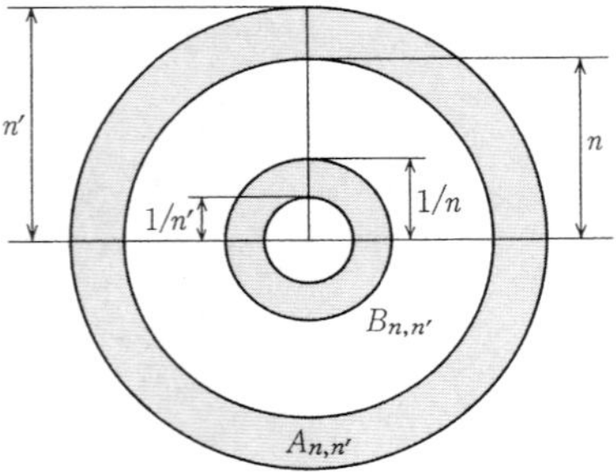

図 3.1

$$|F_{n'}-F_n| < \int_{A_{n,n'}} |f(\boldsymbol{x})|dx_1dx_2dx_3 + \int_{B_{n,n'}} |f(\boldsymbol{x})|dx_1dx_2dx_3$$

である．

(i)より，$A_{n,n+1}$ 上，$|f(\boldsymbol{x})| \leqq Cn^{-3-\delta}$．一方，$A_{n,n+1}$ の体積は

$$\left|\frac{4\pi}{3}(n+1)^3 - \frac{4\pi}{3}n^3\right| < 10\pi n^2.$$

よって

$$\left|\int_{A_{n,n+1}} f(\boldsymbol{x})dx_1dx_2dx_3\right| < C_1n^{-1-\delta}.$$

よって

$$\left|\int_{A_{n,n'}} f(\boldsymbol{x})dx_1dx_2dx_3\right| \leqq \sum_{m=n}^{n'-1}\left|\int_{A_{m,m+1}} f(\boldsymbol{x})dx_1dx_2dx_3\right|$$
$$\leqq C_2(n^{-1-\delta}+\cdots+(n'-1)^{-1-\delta}) \leqq C_3n^{-\delta}.$$

($\sum_{n=1}^{\infty} n^{-1-\delta}$ が収束することを用いた．)

(ii)より，$B_{n-1,n}$ 上，$\|f(\boldsymbol{x})\| \leqq Cn^{3-\delta}$．一方，$B_{n-1,n}$ の体積は

$$\left|\frac{4\pi}{3}\left(\frac{1}{n}\right)^3 - \frac{4\pi}{3}\left(\frac{1}{n-1}\right)^3\right| \leqq \frac{C_4}{n^4}.$$

よって

$$\left|\int_{B_{n-1,n}} f(\boldsymbol{x})dx_1dx_2dx_3\right| < C_5n^{-1-\delta}.$$

これから同様に

$$\left|\int_{B_{n,n'}} f(\boldsymbol{x})dx_1dx_2dx_3\right| < C_6 n^{-\delta}$$

が導かれる．よって

$$|F_{n'} - F_n| < C_7 n^{-\delta}.$$

すなわち，F_n はコーシー列である． ∎

注意 3.11 第1章，第2章では，煩雑さを避けるため，無限回微分可能なベクトル場だけを考えた．そこで述べたガウスの定理，グリーンの定理，ストークスの定理は連続微分可能なベクトル場に対して成立する．証明も第1章，第2章で述べたのと同じでよい．

§3.2 電位とポテンシャル

(a) 電場の回転

前節では，クーロンの法則または式(3.6)から，ガウスの「法則」3.7 が導かれることをみた．はたしてその逆は成り立つであろうか．すなわち，$\varepsilon_0 \operatorname{div} \boldsymbol{E} = q$ をみたす場 $\boldsymbol{E}$ は，式(3.6)のものに限るであろうか．これは正しくない．なぜなら任意の場 $\boldsymbol{F}$ に対して，$\operatorname{div}\operatorname{rot}\boldsymbol{F} = 0$ が成立するから，

$$\boldsymbol{E}'(\boldsymbol{x}) = \int_{\boldsymbol{p}\neq\boldsymbol{x}} \frac{q(\boldsymbol{p})(\boldsymbol{x}-\boldsymbol{p})}{4\pi\varepsilon_0\|\boldsymbol{x}-\boldsymbol{p}\|^3} dp_1dp_2dp_3 + \operatorname{rot}\boldsymbol{F}$$

とおけば，これも $\varepsilon_0 \operatorname{div} \boldsymbol{E}' = q$ をみたす．

そこでガウスの「法則」3.7 以外に，式(3.6)の場がみたす性質を求めてみよう．それは次の法則で与えられる．

「法則」3.12 静電場 $\boldsymbol{E}$ に対して

$$\operatorname{rot}\boldsymbol{E} = \boldsymbol{0}.$$ □

定理 3.13 q をあるコンパクト集合の外で 0 であるような $\mathbb{R}^3$ のスカラー値連続関数とし，

$$\boldsymbol{E}(\boldsymbol{x}) = \int_{\boldsymbol{p}\neq\boldsymbol{x}} \frac{q(\boldsymbol{p})(\boldsymbol{x}-\boldsymbol{p})}{4\pi\varepsilon_0\|\boldsymbol{x}-\boldsymbol{p}\|^3} dp_1dp_2dp_3$$

とおく．このとき $\mathrm{rot}\,\boldsymbol{E}=\boldsymbol{0}$ が成り立つ．

［証明］ $\boldsymbol{K}_{\boldsymbol{p}}(\boldsymbol{x})=\dfrac{\boldsymbol{x}-\boldsymbol{p}}{4\pi\|\boldsymbol{x}-\boldsymbol{p}\|^3}$ とおく．まず $\boldsymbol{x}\neq\boldsymbol{p}$ に対して $\mathrm{rot}\,\boldsymbol{K}_{\boldsymbol{p}}(\boldsymbol{x})=\boldsymbol{0}$ を証明しよう．そのために天下りであるが $f(\boldsymbol{x})=\dfrac{-1}{4\pi\|\boldsymbol{x}-\boldsymbol{p}\|}$ とおこう．簡単な計算で $\mathrm{grad}\,f(\boldsymbol{x})=\boldsymbol{K}_{\boldsymbol{p}}(\boldsymbol{x})$ が分かる．したがって $\mathrm{rot}\ \mathrm{grad}\,f(\boldsymbol{x})=\boldsymbol{0}$ ゆえ，$\mathrm{rot}\,\boldsymbol{K}_{\boldsymbol{p}}(\boldsymbol{x})=\boldsymbol{0}$．さて，もし

$$\varepsilon_0\,\mathrm{rot}\,\boldsymbol{E}(\boldsymbol{x})=\mathrm{rot}\int_{\boldsymbol{p}\neq\boldsymbol{x}}\frac{q(\boldsymbol{p})(\boldsymbol{x}-\boldsymbol{p})}{4\pi\|\boldsymbol{x}-\boldsymbol{p}\|^3}dp_1dp_2dp_3$$

の右辺の積分と rot が交換できれば，$\mathrm{rot}\,\boldsymbol{K}_{\boldsymbol{p}}(\boldsymbol{x})=\boldsymbol{0}$ ゆえ，定理はただちに従う．しかし積分

$$\int_{\boldsymbol{p}\neq\boldsymbol{x}}\frac{q(\boldsymbol{p})(\boldsymbol{x}-\boldsymbol{p})}{4\pi\varepsilon_0\|\boldsymbol{x}-\boldsymbol{p}\|^3}dp_1dp_2dp_3$$

は $\boldsymbol{p}=\boldsymbol{x}$ で特異点を持つ広義積分であるから，微分(rot)との交換可能性は必ずしも明らかではない．これは次のようにして証明する．

定理 3.10 により $\boldsymbol{E}$ は連続微分可能であるから，定理 2.43 が使える．すなわち，$\mathrm{rot}\,\boldsymbol{E}=\boldsymbol{0}$ を示すには，任意の閉曲線 L とそのパラメータ $\boldsymbol{l}$ に対して $\displaystyle\int_L\boldsymbol{E}\cdot d\boldsymbol{l}=0$ を示せばよい．これは($\partial S=L$ として)

$$\begin{aligned}\varepsilon_0\int_L\boldsymbol{E}\cdot d\boldsymbol{l}&=\int_L\int_{\boldsymbol{p}\neq\boldsymbol{x}}\frac{q(\boldsymbol{p})(\boldsymbol{x}-\boldsymbol{p})}{4\pi\|\boldsymbol{x}-\boldsymbol{p}\|^3}dp_1dp_2dp_3\cdot d\boldsymbol{l}\\&=\int_{\boldsymbol{p}\neq\boldsymbol{x}}\int_L\frac{q(\boldsymbol{p})(\boldsymbol{x}-\boldsymbol{p})}{4\pi\|\boldsymbol{x}-\boldsymbol{p}\|^3}\cdot d\boldsymbol{l}\,dp_1dp_2dp_3\\&=\int_{\boldsymbol{p}\neq\boldsymbol{x}}\frac{q(\boldsymbol{p})}{4\pi}\int_S\mathrm{rot}\,\boldsymbol{K}_{\boldsymbol{p}}(\boldsymbol{x})d\boldsymbol{S}dp_1dp_2dp_3\end{aligned}$$

を用いれば，$\mathrm{rot}\,\boldsymbol{K}_{\boldsymbol{p}}(\boldsymbol{x})=\boldsymbol{0}$ より示される． ■

さて以上により，静電場がみたすべき2つの方程式

$$\varepsilon_0\,\mathrm{div}\,\boldsymbol{E}=q \tag{3.9}$$

$$\mathrm{rot}\,\boldsymbol{E}=\boldsymbol{0} \tag{3.10}$$

が求められたことになる．(3.9),(3.10)は式(3.6)と同値であろうか．これ

はほぼ同値である．すなわち

定理 3.14　q を(3.7)をみたす $\mathbb{R}^3$ の連続微分可能関数とする．ベクトル場 $\boldsymbol{E}$ に対して，次の 2 つは同値である．

（i）　$\boldsymbol{E}(\boldsymbol{x}) = \int_{\boldsymbol{p}\neq\boldsymbol{x}} \frac{q(\boldsymbol{p})(\boldsymbol{x}-\boldsymbol{p})}{4\pi\varepsilon_0\|\boldsymbol{x}-\boldsymbol{p}\|^3} dp_1 dp_2 dp_3.$

（ii）　$\boldsymbol{E}$ は(3.9), (3.10)をみたし，さらに $\|\boldsymbol{E}(\boldsymbol{x})\| \leqq \frac{C}{\|\boldsymbol{x}\|^{1+\delta}}$ なる正の数 C, δ が存在する．　□

(i) $\Longrightarrow$ (ii)は定理 3.10, 3.13 である($\|\boldsymbol{E}(\boldsymbol{x})\| \leqq \frac{C}{\|\boldsymbol{x}\|^{1+\delta}}$ の証明は読者にまかせる)．(ii) $\Longrightarrow$ (i)の証明は(c)で行なう．(ii)でつけ加えた条件 $\|\boldsymbol{E}(x)\| \leqq \frac{C}{\|\boldsymbol{x}\|^{1+\delta}}$ は，ベクトル場が無限遠方で十分速く 0 に収束することを意味する．このたぐいの条件のことを**境界条件**(boundary condition)という(この場合は無限遠で境界条件を与えていることになる)．

(b)　電場のポテンシャル

さてここで§2.4 の定理 2.43 を思い出そう．そこで我々は，$\mathrm{rot}\,\boldsymbol{E} = \boldsymbol{0}$ が，($\mathbb{R}^3$ 全体で定義された)ベクトル場 $\boldsymbol{E}$ が勾配ベクトル場であるための，必要十分条件であることを見た．

したがって(3.10)は，$\boldsymbol{E} = -\mathrm{grad}\, f$ なる f が存在することと同値である．このような f のことを，ベクトル場 $\boldsymbol{E}$ の**ポテンシャル**と呼んだ．電場に対するポテンシャルを**電位**と呼び，φ で表わす．電位 φ に対して(3.9)は $-\mathrm{div}\,\mathrm{grad}\,\varphi = \frac{q}{\varepsilon_0}$ という方程式になる．$\mathrm{div}\,\mathrm{grad}\,\varphi = \Delta\varphi$ であったから，これは

$$\Delta\varphi = -\frac{q}{\varepsilon_0} \tag{3.11}$$

と書かれる．(3.11)のことを**ポアソン**(Poisson)**方程式**という．

$\boldsymbol{E} = -\mathrm{grad}\,\varphi$ なる φ は一意でないが，$\mathrm{grad}\,\varphi' = \mathrm{grad}\,\varphi$ ならば $\varphi' - \varphi$ は定数である．したがって電位も定数の分だけの不定性がある．ここで考えている状況(真空の中での電場)では，この定数は φ が無限遠方で 0 になるように選ぶのがふつうである．すなわち $\lim_{\|\boldsymbol{x}\|\to\infty} \varphi(\boldsymbol{x}) = 0$ を仮定する．

注意 3.15　ここで，$\lim_{\|\boldsymbol{x}\|\to\infty}\varphi(\boldsymbol{x})=0$ とは，任意の $\varepsilon>0$ に対して $R>0$ が存在して，

$$\|\boldsymbol{x}\|>R \quad\Longrightarrow\quad |\varphi(\boldsymbol{x})|<\varepsilon$$

であることを指した．

電場 $\boldsymbol{E}(\boldsymbol{x})=\int_{\boldsymbol{p}\neq\boldsymbol{x}}\frac{q(\boldsymbol{p})(\boldsymbol{x}-\boldsymbol{p})}{4\pi\varepsilon_0\|\boldsymbol{x}-\boldsymbol{p}\|^3}dp_1dp_2dp_3$ に対応する電位を求めてみよう．点電荷の場合には，

$$\boldsymbol{E}(\boldsymbol{x})=\frac{\boldsymbol{K_p}(\boldsymbol{x})}{\varepsilon_0}=\frac{\boldsymbol{x}-\boldsymbol{p}}{4\pi\varepsilon_0\|\boldsymbol{x}-\boldsymbol{p}\|^3}$$

に対しては，定理 3.13 の証明中に $\boldsymbol{E}=\mathrm{grad}\,f$ なる f を求めてあった．すなわち $f(\boldsymbol{x})=\frac{-1}{4\pi\varepsilon_0\|\boldsymbol{x}-\boldsymbol{p}\|}$ である．このときの φ は，したがって

$$\varepsilon_0\varphi(\boldsymbol{x})=P_{\boldsymbol{p}}(\boldsymbol{x})=\frac{1}{4\pi\|\boldsymbol{x}-\boldsymbol{p}\|} \tag{3.12}$$

で与えられる．

$$\boldsymbol{E}(\boldsymbol{x})=\int_{\boldsymbol{p}\neq\boldsymbol{x}}\frac{q(\boldsymbol{p})(\boldsymbol{x}-\boldsymbol{p})}{4\pi\varepsilon_0\|\boldsymbol{x}-\boldsymbol{p}\|^3}dp_1dp_2dp_3$$

に対しては，(3.12)の $P_{\boldsymbol{p}}(\boldsymbol{x})$ を $\boldsymbol{p}$ について積分すればよいであろう．すなわち

$$\varphi(\boldsymbol{x})=\frac{1}{\varepsilon_0}\int_{\boldsymbol{p}\neq\boldsymbol{x}}q(\boldsymbol{p})P_{\boldsymbol{p}}(\boldsymbol{x})dp_1dp_2dp_3 \tag{3.13}$$

とおけば，これが電位を与える．正確に述べると

定理 3.16　q を(3.7)をみたす $\mathbb{R}^3$ の連続微分可能関数とする．

$$\varphi(\boldsymbol{x})=\frac{1}{\varepsilon_0}\int_{\boldsymbol{p}\neq\boldsymbol{x}}q(\boldsymbol{p})P_{\boldsymbol{p}}(\boldsymbol{x})dp_1dp_2dp_3,$$

$$\boldsymbol{E}(\boldsymbol{x})=\int_{\boldsymbol{p}\neq\boldsymbol{x}}\frac{q(\boldsymbol{p})(\boldsymbol{x}-\boldsymbol{p})}{4\pi\varepsilon_0\|\boldsymbol{x}-\boldsymbol{p}\|^3}dp_1dp_2dp_3$$

とすると，$\lim_{\|\boldsymbol{x}\|\to\infty}\varphi(\boldsymbol{x})=0$ で，さらに次の 2 つの式が成立する．

$$-\boldsymbol{E}=\mathrm{grad}\,\varphi, \tag{3.14}$$

$$\Delta\varphi = -\frac{q}{\varepsilon_0}. \tag{3.15}$$

［証明］　$\lim_{\|\boldsymbol{x}\|\to\infty}\varphi(\boldsymbol{x})=0$ は容易に確かめられるので，読者の演習問題とする．(3.14)を確かめれば(3.15)は定理3.10より従う．(3.14)を証明しよう．

$$\operatorname{grad}\varphi(\boldsymbol{x}) = \operatorname{grad}\int_{\boldsymbol{p}\neq\boldsymbol{x}} q(\boldsymbol{p})P_{\boldsymbol{p}}(\boldsymbol{x})dp_1dp_2dp_3 \tag{3.16}$$

であるが，この右辺の微分と積分が交換できたらこれは

$$\begin{aligned}\int_{\boldsymbol{p}\neq\boldsymbol{x}} q(\boldsymbol{p})\operatorname{grad}_{\boldsymbol{x}}P_{\boldsymbol{p}}(\boldsymbol{x})\,dp_1dp_2dp_3 &= -\frac{1}{4\pi}\int_{\boldsymbol{p}\neq\boldsymbol{x}} q(\boldsymbol{p})\boldsymbol{K}_{\boldsymbol{p}}\,dp_1dp_2dp_3\\ &= -\varepsilon_0\boldsymbol{E}(\boldsymbol{x})\end{aligned}$$

となって，求める式が得られたことになる．(3.16)の右辺の微分と積分の交換を示そう．$D_n=\{\boldsymbol{p}\in\mathbb{R}^3 \mid 1/n<\|\boldsymbol{x}-\boldsymbol{p}\|<n\}$ とおいたとき

$$\lim_{n\to\infty}\frac{\partial}{\partial x_i}\int_{D_n} q(\boldsymbol{p})P_{\boldsymbol{p}}(\boldsymbol{x})dp_1dp_2dp_3=\lim_{n\to\infty}\int_{D_n} q(\boldsymbol{p})\frac{\partial}{\partial x_i}P_{\boldsymbol{p}}(\boldsymbol{x})dp_1dp_2dp_3 \tag{3.17}$$

が $n\to\infty$ で絶対収束すれば十分である．(関数列 f_n と $\dfrac{\partial f_n}{\partial x_i}$ がそれぞれ f_∞, g_∞ に一様収束すれば，$\dfrac{\partial f_\infty}{\partial x_i}=g_\infty$ となることを用いた.）ところが

$$f(\boldsymbol{p}) = q(\boldsymbol{p})\frac{\partial}{\partial x_i}P_{\boldsymbol{p}}(\boldsymbol{x})$$

とおくと，f は補題3.9の仮定(i),(ii)をみたす．よって(3.17)は絶対収束する． ∎

定理3.16は，数学としては，ポアソン方程式(3.11)の解を積分で表示したことにあたる．電場のイメージを用いれば，数学的に厳密な証明とは別に，この積分表示の意味を了解できるであろう．

(c)　解の一意性

この項で定理3.14の(ii) $\Longrightarrow$ (i)の証明をする．これは無限遠での境界条件をみたす(3.9),(3.10)の解がただ1つである，ということを示すことにあたる．そのためにまず φ の方の一意性を証明しよう．

定理 3.17　$\Delta\varphi=q$, $\lim_{\|\boldsymbol{x}\|\to\infty}\varphi(\boldsymbol{x})=0$ なるスカラー値関数 φ は

$$\varphi(\boldsymbol{x})=\int_{\boldsymbol{p}\neq\boldsymbol{x}}q(\boldsymbol{p})P_{\boldsymbol{p}}(\boldsymbol{x})dp_1dp_2dp_3$$

をみたす.

［証明］　$\varphi_0(\boldsymbol{x})=\int_{\boldsymbol{p}\neq\boldsymbol{x}}q(\boldsymbol{p})P_{\boldsymbol{p}}(\boldsymbol{x})dp_1dp_2dp_3$ とおく．仮定と定理 3.16 より $\Delta(\varphi-\varphi_0)=0$, $\lim_{\|\boldsymbol{x}\|\to\infty}(\varphi-\varphi_0)(\boldsymbol{x})=0$ である．$\Delta u=\boldsymbol{0}$ である関数のことを**調和関数**(harmonic function)という．次の補題 3.18 を用いる．補題 3.18 は**平均値の原理**と呼ばれ調和関数のよく知られた性質である.

補題 3.18　調和関数 u と任意の点 $\boldsymbol{p}$ をとり，$r>0$ に対し $S_r=\{\boldsymbol{x}\in\mathbb{R}^3\mid \|\boldsymbol{x}-\boldsymbol{p}\|=r\}$ とおくと

$$u(\boldsymbol{p})=\frac{1}{4\pi r^2}\int_{S_r}u(\boldsymbol{x})dS_r$$

が成り立つ.

［証明］　$\Omega_\varepsilon=\{\boldsymbol{x}\in\mathbb{R}^3\mid\varepsilon<\|\boldsymbol{x}-\boldsymbol{p}\|<r\}$ とし，グリーンの公式(定理 2.31)を用いると

$$\int_{\Omega_\varepsilon}(u\Delta g-g\Delta u)dx_1dx_2dx_3=\int_{\partial\Omega_\varepsilon}(u\,\mathrm{grad}\,g-g\,\mathrm{grad}\,u)\cdot d\boldsymbol{S}$$

が任意の g について成り立つ．$g=\dfrac{1}{\|\boldsymbol{x}-\boldsymbol{p}\|}$ とおくと,

$$\Delta g=-\mathrm{div}\,\frac{\boldsymbol{x}-\boldsymbol{p}}{\|\boldsymbol{x}-\boldsymbol{p}\|^3}=0$$

が Ω_ε 上成立する．よって $S_\varepsilon=\{\boldsymbol{x}\in\mathbb{R}^3\mid\|\boldsymbol{x}-\boldsymbol{p}\|=\varepsilon\}$ とおくと

$$\int_{S_\varepsilon}(u\,\mathrm{grad}\,g-g\,\mathrm{grad}\,u)\cdot d\boldsymbol{S}_\varepsilon=\int_{S_r}(u\,\mathrm{grad}\,g-g\,\mathrm{grad}\,u)\cdot d\boldsymbol{S}_r.$$

(向きは標準的な向きをとる.) S_r, S_ε の単位法ベクトルを $\boldsymbol{n}$ と書くと

$$\mathrm{grad}\,g\cdot\boldsymbol{n}=\begin{cases}-\dfrac{1}{r^2} & (S_r\text{ 上})\\[2ex] -\dfrac{1}{\varepsilon^2} & (S_\varepsilon\text{ 上})\end{cases}$$

すると,

$$\int_{S_r} u \operatorname{grad} g \cdot d\boldsymbol{S} = -\frac{1}{r^2}\int_{S_r} u\, dS,$$

$$\lim_{\varepsilon\to 0}\int_{S_\varepsilon} u \operatorname{grad} g \cdot d\boldsymbol{S} = -\lim_{\varepsilon\to 0}\frac{1}{\varepsilon^2}\int_{S_\varepsilon} u\, dS = -4\pi u(\boldsymbol{p}).$$

また

$$\int_{S_r} g \operatorname{grad} u \cdot d\boldsymbol{S} = \frac{1}{r}\int_{S_r} \operatorname{grad} u \cdot d\boldsymbol{S} = \frac{1}{r}\int_{\Omega_r} \operatorname{div}\, \operatorname{grad} u\, dx_1 dx_2 dx_3 = 0.$$

同様に $\int_{S_\varepsilon} g \operatorname{grad} u \cdot d\boldsymbol{S} = 0$. よって $-4\pi u(\boldsymbol{p}) = -\frac{1}{r^2}\int_{S_r} u\, dS$. これから補題がただちに得られる. ∎

定理 3.17 を示すには次の補題を示せば十分である.

補題 3.19　u は調和関数で $\lim_{\|\boldsymbol{x}\|\to\infty} u(\boldsymbol{x}) = 0$ とすると, u はいたるところ 0 である.

［証明］　$\boldsymbol{p} \in \mathbb{R}^3$ を任意の点とし,

$$S_R = \{\boldsymbol{x} \mid \|\boldsymbol{x}-\boldsymbol{p}\| = R\},$$

$$C(R) = \sup\{|u(\boldsymbol{x})| \mid \boldsymbol{x} \in S_R\}$$

とおく. 仮定より $\lim_{R\to\infty} C(R) = 0$. 一方, 補題 3.18 より

$$|u(\boldsymbol{p})| = \left|\frac{1}{4\pi R^2}\int_{S_R} u(\boldsymbol{x}) dS_R\right| \leqq \frac{1}{4\pi R^2}\int_{S_R} |u(\boldsymbol{x})| dS_R$$

$$\leqq \frac{C(R)}{4\pi R^2}\int_{S_R} 1\, dS_R = C(R).$$

よって $R\to\infty$ として, $|u(\boldsymbol{p})| \leqq 0$. ∎

以上で定理 3.17 の証明は完成した.

最後に, 定理 3.14 の(ii) $\Longrightarrow$ (i)を示そう. まず(3.10)より $-\operatorname{grad}\varphi = \boldsymbol{E}$ なる φ が存在する. 条件 $\|\boldsymbol{E}(\boldsymbol{x})\| \leqq \dfrac{C}{\|\boldsymbol{x}\|^{1+\delta}}$ から

$$\lim_{R\to\infty} \sup\{|\varphi(\boldsymbol{x}) - \varphi(\boldsymbol{x}')| \mid \|\boldsymbol{x}\|, \|\boldsymbol{x}'\| > R\} = 0.$$

よって φ を定数だけずらして $\lim_{\|\boldsymbol{x}\|\to\infty} \varphi(\boldsymbol{x}) = 0$ とできる. (3.9)に $-\operatorname{grad}\varphi = \boldsymbol{E}$ を代入すると, φ はポアソン方程式をみたす. よって定理 3.17 より

$$\varphi(\boldsymbol{x}) = \int_{\boldsymbol{p}\neq\boldsymbol{x}} q(\boldsymbol{p})P_{\boldsymbol{p}}(\boldsymbol{x})dp_1dp_2dp_3.$$

これを微分して(i)を得る．■

(d)　導体と境界値問題

今までは特に断わらなかったが，電場は真空中でだけ考えてきた．一般には物質によって電場は影響を受ける．より正確には ε_0 はその場所にある物質(媒体)によって異なる．したがって，物質がある場合，ε_0 はスカラー値の関数 ε になる．そのとき「法則」3.7 は

$$\mathrm{div}\,(\varepsilon\boldsymbol{E}) = q$$

である．ε を**誘電率**(permittivity)という．一般の場合は複雑なので，ここでは真空と導体だけがある場合について述べる．導体とは電場に置かれた金属を理想化した概念であるが，導体中の電場の法則は次のように表わされる．

「法則」3.20　導体中では電場は $\mathbf{0}$ である．□

これは導体中で $\varepsilon=\infty$ と言い換えることができる．Ω^c を Ω の補集合とし，Ω は真空で Ω^c には導体が詰まっているとしよう．Ω は有界領域とし，電荷密度 q を Ω 上のスカラー値の関数とする．このとき

「法則」3.21

$$\Delta\varphi = -\frac{q}{\varepsilon_0} \qquad (\Omega\text{ 上})$$

$$\boldsymbol{E} = \mathbf{0} \qquad (\Omega^c\text{ 上})$$

□

Ω^c は連結とする．このとき，φ を定数の分だけ変えて，Ω^c 上で φ は 0 とできる．すると

$$\begin{cases} \Delta\varphi(\boldsymbol{x}) = -\dfrac{q(\boldsymbol{x})}{\varepsilon_0} & (\boldsymbol{x}\in\Omega) \\ \varphi(\boldsymbol{x}) = 0 & (\boldsymbol{x}\in\partial\Omega) \end{cases} \tag{3.18}$$

(3.18)を**ポアソン方程式のディリクレ**(Dirichlet)**問題**という．これを解くことは偏微分方程式，特に楕円型偏微分方程式論の重要なテーマである．

§3.3　定常電流の作る磁場

(a)　ビオ–サバールの法則

ベクトル場の定義を述べたとき，磁石の作る磁場をその例として述べた．本節では磁場について述べる．磁石の作る磁場の扱いは，実は少々面倒である．これは「モノポール(monopole)が存在しない」という性質による．すなわち「磁荷」というスカラー量を考えることができず，磁気モーメントというベクトル量が必要になる．それで磁石による磁場を述べるのではなく，ここでは電流の引き起こす磁場について述べることにする．またこの節では，時間変化しない電流，すなわち定常電流を扱う．

空間中の電場の分布は，電荷密度 q（スカラー値関数）で与えられるとし，点 $\boldsymbol{x}$ で物質は速度 $\boldsymbol{v}(\boldsymbol{x})$ で動いているとする．したがって電荷の流れは各点で $q(\boldsymbol{x})\boldsymbol{v}(\boldsymbol{x})$ である．これを $\boldsymbol{j}(\boldsymbol{x})$ と書く．$\boldsymbol{v}(\boldsymbol{x}), \boldsymbol{j}(\boldsymbol{x}), q(\boldsymbol{x})$ は時間によらず一定であるとする(このような電荷の流れを**定常電流**という)．ここで考えるのは，電荷の運動(電流)から生じる磁場である．電荷密度が時間によらず一定であることから，連続の方程式(1.5)(この場合は**電荷の保存則**という)を用いると

$$\operatorname{div} \boldsymbol{j} = 0 \tag{3.19}$$

が得られる．定常電流によって発生する磁場は次の法則で記述される．

「法則」3.22（ビオ–サバール(Biot-Savart)の法則）　1点 $\boldsymbol{p}$ に微小な電流 $\delta\boldsymbol{j}$ が流れているとき，この電流によって引き起こされる磁場 $\delta\boldsymbol{B}(\boldsymbol{x})$ は

$$\delta\boldsymbol{B}(\boldsymbol{x}) = \mu_0 \frac{\delta\boldsymbol{j} \times (\boldsymbol{x}-\boldsymbol{p})}{4\pi\|\boldsymbol{x}-\boldsymbol{p}\|^3}$$

で与えられる． □

電流全体から生じる磁場は，これを積分すれば求められる．すなわち

$$\boldsymbol{B}(\boldsymbol{x}) = \mu_0 \int_{\mathbb{R}^3} \frac{\boldsymbol{j}(\boldsymbol{p}) \times (\boldsymbol{x}-\boldsymbol{p})}{4\pi\|\boldsymbol{x}-\boldsymbol{p}\|^3} dp_1 dp_2 dp_3. \tag{3.20}$$

式(3.20)が定常電流 $\boldsymbol{j}(\boldsymbol{x})$ から生じる磁場を表わす式である．ところで，

§3.1の電場の場合の記述と比べると，「法則」3.22だけでは不十分である．「法則」3.22には「法則」3.2の(i)にあたる方だけがあって，(ii)にあたる部分がない．すなわち磁場がどのような力を及ぼすかが記述されていない．これは電場の場合より多少複雑であるので，§3.5で述べる．

(b)　閉曲線上を流れる電流の作る磁場

式(3.20)は，3次元空間内に連続的に電流が流れている場合であった．次に閉曲線に沿って，一定の電流が流れている場合を考えよう．Cを3次元空間内の(向きの付いた)閉曲線とし，$\boldsymbol{m}\colon \mathbb{R}\to\mathbb{R}^3$を，$\boldsymbol{m}(t+T)=\boldsymbol{m}(t)$であるような，$C$のパラメータとする．$C$の上を(その向きの方向に)強さ$I$の電流が流れているとする．すなわち単位長さあたり$I$の電流が流れているとする．

この場合に「法則」3.22を適用して磁場を決定しよう．$\{\boldsymbol{m}(t)\mid t_0<t<t_0+\delta t\}$なる$C$の小部分を考える．この部分を流れる電流の量は

$$\left\|\frac{d\boldsymbol{m}}{dt}(t_0)\right\| I\,\delta t$$

である．一方，この部分の大きさを無視して，1点$\boldsymbol{m}(t_0)$であるとみなす．すると「法則」3.22により，この小部分から生じる磁場は

$$\begin{aligned}(\delta\boldsymbol{B})(\boldsymbol{x}) &= \mu_0\frac{\boldsymbol{t}\times(\boldsymbol{x}-\boldsymbol{m}(t_0))}{4\pi\|\boldsymbol{x}-\boldsymbol{m}(t_0)\|^3}\left\|\frac{d\boldsymbol{m}}{dt}(t_0)\right\| I\,\delta t\\ &= \mu_0\frac{\dfrac{d\boldsymbol{m}}{dt}(t_0)\times(\boldsymbol{x}-\boldsymbol{m}(t_0))}{4\pi\|\boldsymbol{x}-\boldsymbol{m}(t_0)\|^3} I\,\delta t\end{aligned}$$

である．ここで$\boldsymbol{t}$は$\boldsymbol{m}(t_0)$でのCの単位接ベクトルである．したがって，C上を流れる電場によって生ずる磁場は，その総和で次の積分で与えられる．

$$\boldsymbol{B}(\boldsymbol{x}) = -\frac{I\mu_0}{4\pi}\int_0^T \frac{(\boldsymbol{x}-\boldsymbol{m}(t))\times\dfrac{d\boldsymbol{m}}{dt}(t)}{\|\boldsymbol{x}-\boldsymbol{m}(t)\|^3}dt. \qquad (3.21)$$

問1　磁場(3.21)が曲線Cのパラメータ$\boldsymbol{m}$のとり方によらないことを，線積分

超関数とカレント

ここで今述べている閉曲線を流れる電荷の場合を，この節のはじめに述べた設定と比べてみよう．この節のはじめの設定では，$\boldsymbol{j}(\boldsymbol{x})$ は点 $\boldsymbol{x}$ の関数であった．今の状況では，電流が流れているのは曲線 C 上だけである．したがって $\boldsymbol{j}(\boldsymbol{x})$ は曲線 C 上だけ 0 でない「関数」である．ただし電流の大きさ(これは $\boldsymbol{j}(\boldsymbol{x})$ を 3 次元で積分した量である)は 0 でない．したがって，$\boldsymbol{j}(\boldsymbol{x})$ は C 上の点では無限大の大きさの「ベクトル場」である．このようなものは(点電荷を，デルタ関数が電荷密度であるような電荷の分布であると考えるべきだと，前節で述べたのと同様に)やはり一種の超関数とみなすべきである．これについてもう少し説明しよう．

まず 3 次元空間 $\mathbb{R}^3$ の中のベクトル場で，コンパクト集合の外で 0 であるもの全体を $X_0(\mathbb{R}^3)$ と表わす．ベクトル場 $\boldsymbol{V}$ が与えられると $X_0(\mathbb{R}^3)$ の元に実数を対応させる写像 $I_{\boldsymbol{V}}$: $X_0(\mathbb{R}^3) \to \mathbb{R}$ が

$$I_{\boldsymbol{V}}(\boldsymbol{W}) = \int_{\mathbb{R}^3} \boldsymbol{V} \cdot \boldsymbol{W}\, dx_1 dx_2 dx_3$$

で定まる．$I_{\boldsymbol{V}}$ は次の性質を持つ．

(i) 線形である．つまり $I_{\boldsymbol{V}}(C_1\boldsymbol{W}_1 + C_2\boldsymbol{W}_2) = C_1 I_{\boldsymbol{V}}(\boldsymbol{W}_1) + C_2 I_{\boldsymbol{V}}(\boldsymbol{W}_2)$

(ii) 連続である．つまり $\boldsymbol{W}_i$ が $\boldsymbol{W}$ に収束すれば，$I_{\boldsymbol{V}}(\boldsymbol{W}_i)$ は $I_{\boldsymbol{V}}(\boldsymbol{W})$ に収束する．

ここで本来は，$\boldsymbol{W}_i$ が $\boldsymbol{W}$ に収束するとは何を指すか，明確にしなければならないが，これは省略する．一方，向きの付いた閉曲線 L があると，やはり $X_0(\mathbb{R}^3)$ の元に実数を対応させる写像 I_L: $X_0(\mathbb{R}^3) \to \mathbb{R}$ が

$$I_L(\boldsymbol{W}) = \int_L \boldsymbol{W} \cdot d\boldsymbol{l}$$

で定まる．これも(i),(ii)をみたす．そこで，閉曲線 L を流れる電流を，あたかもベクトル場 $\boldsymbol{j}$ のように扱うには，(i),(ii)をみたすような線形写像 T: $X_0(\mathbb{R}^3) \to \mathbb{R}$ を「ベクトル場」とみなしてしまえばよい．これが**カレント**(current)と呼ばれる概念である．カレントの概念を用いれば(3.20)と(3.21)を統一的に扱うことができる．

がパラメータによらないことの証明にならって証明せよ.

式(3.21)によって，閉曲線上を流れる(定常)電流が作る磁場を求めることができた．例を計算してみよう．

例 3.23　$\boldsymbol{m}(t)=(r\cos t, r\sin t, 0)$ である場合(円)に，式(3.21)の積分を書き下そう．$\boldsymbol{x}=(x_1,x_2,x_3)$ とおくと

$$\begin{aligned}\boldsymbol{B}(\boldsymbol{x}) &= -\frac{I\mu_0}{4\pi}\int_0^{2\pi}\frac{(\boldsymbol{x}-\boldsymbol{m}(t))\times\dfrac{d\boldsymbol{m}}{dt}(t)}{\|\boldsymbol{x}-\boldsymbol{m}(t)\|^3}dt \\ &= -\frac{I\mu_0}{4\pi}\int_0^{2\pi}\frac{(-x_3r\cos t,\ -x_3r\sin t,\ x_1r\cos t+x_2r\sin t-r^2)}{(x_1^2+x_2^2+x_3^2-2x_1r\cos t-2x_2r\sin t+r^2)^{3/2}}dt\end{aligned} \tag{3.22}$$

となる．この積分を初等関数の範囲で実行するのは不可能であるが，例えば原点では磁場の強さが求まり，それは $\left(0,0,\dfrac{I\mu_0}{2r}\right)$ である．水平面を xy 平面と見ると，電流の向きは水平で反時計回りで，磁場の原点での向きは上向きである．これは高校で習う右ネジの法則に一致する．　□

問 2　$\boldsymbol{m}(t)=(0,0,t)$ $(t\in(-\infty,\infty))$ のとき，積分(3.21)を計算せよ．

(c)　磁場の線積分と絡み数 I

さて§3.1と§3.2では，積分表示(3.6)に対して，それと等価な微分方程式(3.9),(3.10)を求めた．ここでは磁場の積分表示(3.20)または(3.21)に対して，同様にして微分方程式を求めたい．そのために(3.21)で与えられるベクトル場を，もう1つの閉曲線に沿って線積分してみよう．

L を C と交わらない閉曲線，$\boldsymbol{l}\colon\mathbb{R}\to\mathbb{R}^3$ をそのパラメータ($\boldsymbol{l}(s+S)=\boldsymbol{l}(s)$)とする．積分 $\displaystyle\int_L \boldsymbol{B}\cdot d\boldsymbol{l}$ を計算したい．ここで $\boldsymbol{B}(\boldsymbol{x})$ は(3.21)で与えられる．この計算には次の定理を用いる．(定理3.24もガウスによるものである.)

定理 3.24

$$-\frac{1}{4\pi}\int_0^S ds \int_0^T \frac{\left((\boldsymbol{l}(s)-\boldsymbol{m}(t))\times\frac{d\boldsymbol{m}}{dt}(t)\right)\cdot\frac{d\boldsymbol{l}}{ds}(s)}{\|\boldsymbol{l}(s)-\boldsymbol{m}(t)\|^3}dt = Lk(C,L).$$

□

ここで記号 $Lk(C,L)$ は，2つの閉曲線 C と L が互いに何重に巻き付いているかを表わす整数で，**絡み数**(linking number)という．これをもう少し数学的に定義しよう．

閉曲線 C が与えられると，C を境界に持つ，向きの付いた曲面 S が存在する．(このことは証明しないが，それほど自明なことではない．図3.2の閉曲線で考えてみよ．このような S を**ザイフェルト**(Seifert)**膜**と呼ぶ．) また C に向きを与えると，この向きと整合的な S の向きが定まる．

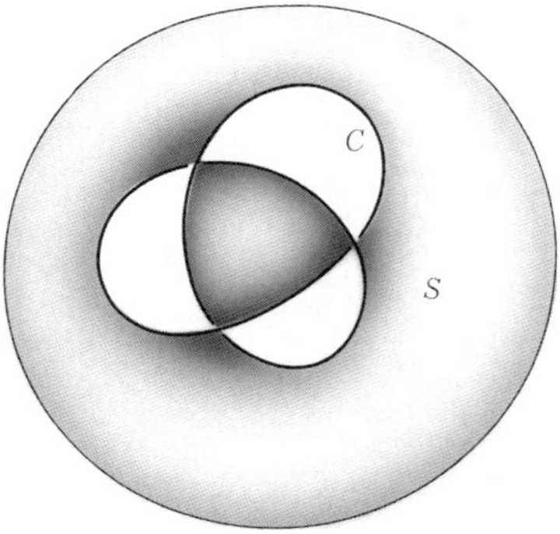

図 3.2　結び目とザイフェルト膜

S と L の交わりを考える．ここで S を少し動かすと，交点で S と L は接することがないようにできる(図3.3)．

$S\cap L=\{\boldsymbol{p}_1,\cdots,\boldsymbol{p}_k\}$ としよう．点 $\boldsymbol{p}_i$ で L の接線が，S をその法線と同じ方向に横切るとき $\varepsilon_i=1$，逆の方向に横切るとき $\varepsilon_i=-1$ とする(図3.4)．(S と L には向きを定めておいたことに注意．) このとき

$$Lk(C,L)=\varepsilon_1+\cdots+\varepsilon_k$$

と定義する．これを L と C の**絡み数**(linking number)という．絡み数は次のような性質を持つ．

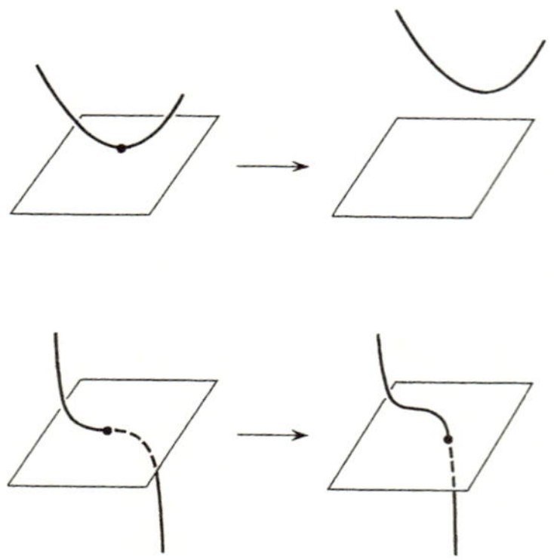

図 3.3　曲面と曲線が接しないようにずらす

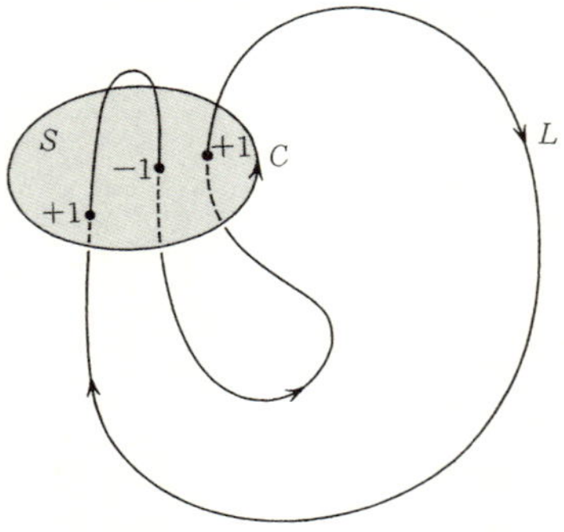

図 3.4　交点での符号の定義

補題 3.25　$\varepsilon_1+\cdots+\varepsilon_k$ は S のとり方によらず，L と C で定まる．また

(i)　$Lk(C,L)=Lk(L,C)$.

(ii)　$\partial S=C\cup -C'$ なる向きの付いた曲面 S で，L と交わらないものがあれば，$Lk(C,L)=Lk(C',L)$（ここで $-C'$ は C' の向きをひっくり返した閉曲線を表わす）.　□

補題 3.25 は位相幾何学に属する補題である．補題の証明は省略し，かわりにいくつか絡み数の絵をあげる(図 3.5)．定理 3.24 の証明はこの節の最後で行なう.

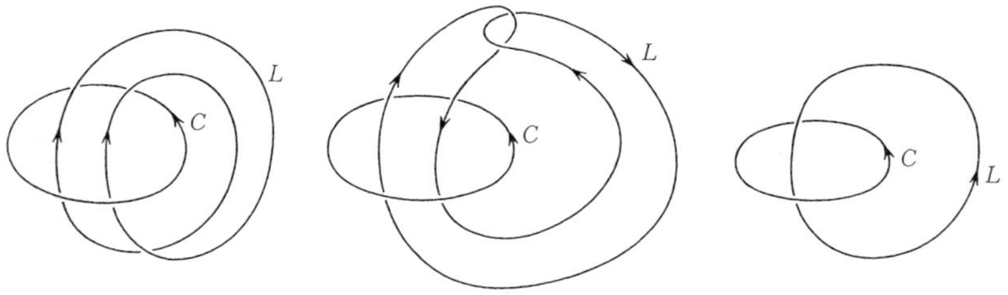

(a) $Lk(C,L)=2$　　(b) $Lk(C,L)=0$　　(c) $Lk(C,L)=-1$

図 3.5　絡み数の絵

(d)　アンペールの法則

定理 3.24 を使うと，(3.21)の磁場 $\boldsymbol{B}(\boldsymbol{x})$ に対して，式

$$\int_L \boldsymbol{B}\cdot d\boldsymbol{l} = I\mu_0 Lk(C,L)$$

が得られる．この式は次の法則を意味する．

「法則」3.26　閉曲線 C 上を流れる定常電流の作る磁場を $\boldsymbol{B}(\boldsymbol{x})$ とする．L を境界にもつ曲面を S とする．このとき，線積分 $\dfrac{1}{\mu_0}\displaystyle\int_L \boldsymbol{B}\cdot d\boldsymbol{l}$ は，S を横切って流れる単位時間当たり電流の量に一致する．□

「法則」3.26 を**アンペール**(Ampère)**の法則**と呼ぶ．ここで「S を横切って流れる単位時間当たり電流の量」は符号を含めて考える．すなわち，S の法線方向と反対向きに(正の)電荷が流れているときは，この量は負と考える．そうすると，絡み数の定義より，S を横切って流れる単位時間当たり電流の量は，$I\cdot Lk(C,L)$ に等しい．

我々は式(3.21)を「法則」3.26 に書き換えた．その利点の 1 つは，「法則」3.26 は，任意の電流に対して意味をもつことである．((3.21)は閉曲線を流れる電流に対してのみ意味をもつ．)

「法則」3.26 を，この節のはじめに考えた場合に適用しよう．すなわち，ベクトル場 $\boldsymbol{j}(\boldsymbol{x})$ があって，点 $\boldsymbol{x}$ で流れている電流の強さが $\boldsymbol{j}(\boldsymbol{x})$ で与えられるとする．このとき S を横切って流れる単位時間当たり電流の量は，§2.2

(a)で述べたように，面積分 $\int_S \boldsymbol{j}\cdot d\boldsymbol{S}$ で与えられる．したがって「法則」3.26はこの場合は次のようになる．

「法則」3.27　ベクトル場 $\boldsymbol{j}(\boldsymbol{x})$ が定常電流を表わすとする．$\boldsymbol{j}(\boldsymbol{x})$ の作る磁場を $\boldsymbol{B}(\boldsymbol{x})$ とする．閉曲線 L と，L を境界に持つ曲面 S に対して，次の式が成立する．

$$\int_L \boldsymbol{B}\cdot d\boldsymbol{l} = \mu_0 \int_S \boldsymbol{j}\cdot d\boldsymbol{S}. \tag{3.23}$$

□

これもアンペールの法則と呼ぶ．さて，(3.23)の左辺にストークスの定理を用いると

$$\int_S \mathrm{rot}\,\boldsymbol{B}\cdot d\boldsymbol{S} = \mu_0 \int_S \boldsymbol{j}\cdot d\boldsymbol{S}$$

が任意の曲面に対して成立する．したがって

「法則」3.28　ベクトル場 $\boldsymbol{j}(\boldsymbol{x})$ で与えられる電荷の流れが作る磁場を $\boldsymbol{B}(\boldsymbol{x})$ とすると，これは次の方程式をみたす．

$$\mathrm{rot}\,\boldsymbol{B} = \mu_0 \boldsymbol{j}. \tag{3.24}$$

□

注意3.29　(3.24)と $\mathrm{div}\,\mathrm{rot}=0$ より $\mathrm{div}\,\boldsymbol{j}=0$ が成立することになる．これは(3.19)である．(3.19)はもともとは連続の方程式を用いて導かれたのであった．一方，(3.23)の右辺 $\int_S \boldsymbol{j}\cdot d\boldsymbol{S}$ を考えると，これはとりあえずは曲面 S による．ところがその左辺 $\int_L \boldsymbol{B}\cdot d\boldsymbol{l}$ は，L のみにより S にはよらない．系2.40によれば，$\mathrm{div}\,\boldsymbol{j}=0$ である場合には，$\int_S \boldsymbol{j}\cdot d\boldsymbol{S}$ は $L=\partial S$ で決まってしまうのであった．

さて§3.1,3.2の道筋にならえば，我々は式(3.20)で定まるベクトル場が方程式(3.24)をみたすことを証明しなければならない．すなわち

定理3.30　$\boldsymbol{j}$ を，ある有界集合の外で $\boldsymbol{0}$ になる(連続微分可能な)ベクトル場とし，$\mathrm{div}\,\boldsymbol{j}=0$ を仮定する．

$$\boldsymbol{B}(\boldsymbol{x}) = \mu_0 \int_{\boldsymbol{p}\neq\boldsymbol{x}} \frac{\boldsymbol{j}(\boldsymbol{p})\times(\boldsymbol{x}-\boldsymbol{p})}{4\pi\|\boldsymbol{x}-\boldsymbol{p}\|^3}\,dp_1dp_2dp_3$$

とおく．この積分は収束し連続微分可能なベクトル場 $\boldsymbol{B}(\boldsymbol{x})$ を定める．さらに $\mathrm{rot}\,\boldsymbol{B}=\mu_0\boldsymbol{j}$ が成立する．　□

これは再び物理的意味を忘れて数学の定理と思っても意味がある．定理の証明は次の節まで保留する．

注意 3.31 $\boldsymbol{j}$ の仮定で「有界集合の外で $\boldsymbol{0}$」を，(3.7)と同様の条件

$$\|\boldsymbol{j}(\boldsymbol{x})\| < \frac{C}{\|\boldsymbol{x}\|^{2+\delta}}, \quad \left\|\frac{\partial \boldsymbol{j}}{\partial x_i}(\boldsymbol{x})\right\| < \frac{C}{\|\boldsymbol{x}\|^{2+\delta}}$$

にゆるめても，定理 3.30 は成り立つ．

(e) 磁場の発散

電場の場合と同様に，方程式(3.24)だけでは，(境界条件を与えても)磁場を決定するのに十分ではない．もう 1 つの方程式は次のように与えられる．

「法則」3.32

$$\operatorname{div} \boldsymbol{B} = 0. \qquad \square$$

電場の場合 $\operatorname{div} \boldsymbol{E}(\boldsymbol{x})$ は点 $\boldsymbol{x}$ での電荷を表わした．このアナロジーから $\operatorname{div} \boldsymbol{B}$ は各点での正負の磁極の大きさの差を表わすと考えられる．したがって「法則」3.32 は，磁極は単独で(例えば正だけで)は存在しないことを主張する．このことをモノポールは存在しないという．数学的には「法則」3.32 の根拠は次の定理である．

定理 3.33 $\boldsymbol{j}, \boldsymbol{B}$ は定理 3.30 の通りとする．このとき $\operatorname{div} \boldsymbol{B} = 0$.

［証明］ $\boldsymbol{e}_1 = (1,0,0)$, $\boldsymbol{K}_{\boldsymbol{p}}(\boldsymbol{x}) = \dfrac{\boldsymbol{x}-\boldsymbol{p}}{4\pi\|\boldsymbol{x}-\boldsymbol{p}\|^3}$, $\Omega_\delta = \{\boldsymbol{p} \in \mathbb{R}^3 \mid \|\boldsymbol{p}-\boldsymbol{x}\| > \delta\}$, $S_\delta = \partial\Omega_\delta$ とおく．

$$\begin{aligned}
\frac{\partial \boldsymbol{B}}{\partial x_1}(\boldsymbol{x}) &= \lim_{\varepsilon\to 0} \frac{\mu_0}{\varepsilon}\Big(\int_{\boldsymbol{x}+\varepsilon\boldsymbol{e}_1 \neq \boldsymbol{p}} \boldsymbol{j}(\boldsymbol{p}) \times \boldsymbol{K}_{\boldsymbol{p}}(\boldsymbol{x}+\varepsilon\boldsymbol{e}_1)dp_1dp_2dp_3 \\
&\qquad - \int_{\boldsymbol{x}\neq\boldsymbol{p}} \boldsymbol{j}(\boldsymbol{p}) \times \boldsymbol{K}_{\boldsymbol{p}}(\boldsymbol{x})dp_1dp_2dp_3\Big) \\
&= \lim_{\varepsilon\to 0}\lim_{\delta\to 0} \frac{\mu_0}{\varepsilon}\int_{\Omega_\delta} (\boldsymbol{j}(\boldsymbol{p}+\varepsilon\boldsymbol{e}_1) - \boldsymbol{j}(\boldsymbol{p})) \times \boldsymbol{K}_{\boldsymbol{p}}(\boldsymbol{x})dp_1dp_2dp_3 \\
&= \mu_0 \lim_{\delta\to 0}\int_{\Omega_\delta} \frac{\partial \boldsymbol{j}}{\partial p_1}(\boldsymbol{p}) \times \boldsymbol{K}_{\boldsymbol{p}}(\boldsymbol{x})dp_1dp_2dp_3.
\end{aligned}$$

$\dfrac{\partial \boldsymbol{B}}{\partial x_2}$ などについても同様である．よって

$$\operatorname{div}\boldsymbol{B}(\boldsymbol{x})=\mu_0\lim_{\delta\to 0}\int_{\Omega_\delta}(\operatorname{rot}\boldsymbol{j})(\boldsymbol{p})\cdot\boldsymbol{K}_{\boldsymbol{p}}(\boldsymbol{x})dp_1dp_2dp_3$$

が計算で確かめられる．一方，2つのベクトル場 $\boldsymbol{V}_1,\boldsymbol{V}_2$ に対して

$$\operatorname{div}(\boldsymbol{V}_1\times\boldsymbol{V}_2)=\operatorname{rot}\boldsymbol{V}_1\cdot\boldsymbol{V}_2-\boldsymbol{V}_1\cdot\operatorname{rot}\boldsymbol{V}_2$$

が直接計算で確かめられる．よって

$$\begin{aligned}\operatorname{div}\boldsymbol{B}(\boldsymbol{x})&=\mu_0\lim_{\delta\to 0}\int_{\Omega_\delta}\operatorname{div}(\boldsymbol{j}(\boldsymbol{p})\times\boldsymbol{K}_{\boldsymbol{p}}(\boldsymbol{x}))dp_1dp_2dp_3\\&=-\mu_0\lim_{\delta\to 0}\int_{S_\delta}(\boldsymbol{j}(\boldsymbol{p})\times\boldsymbol{K}_{\boldsymbol{p}}(\boldsymbol{x}))\cdot d\boldsymbol{S}_\delta.\end{aligned}$$

ここでは，$\boldsymbol{K}_{\boldsymbol{p}}(\boldsymbol{x})$ の $\boldsymbol{p}$ に関する回転が $\boldsymbol{0}$ であること，および定理2.26を用いた．$\boldsymbol{j}(\boldsymbol{p})\times\boldsymbol{K}_{\boldsymbol{p}}(\boldsymbol{x})$ は S_δ の法ベクトルと直交するから，右辺の積分は0である．∎

問3　定理3.33の証明で行なった極限の順序交換を確かめよ．

定理3.17にあたる定理も証明することができるが，ここでは省略する．

(f)　磁場の線積分と絡み数II*

この項では定理3.24の証明をする．定理3.24の式の左辺を $A(C,L)$ とおく．

補題3.34　$A(C,L)$ は補題3.25の性質(i),(ii)を持つ．すなわち

(i)　$A(C,L)=A(L,C)$．

(ii)　$\partial S=C\cup -C'$ なる向きの付いた曲面 S で，L と交わらないものがあれば，$A(C,L)=A(C',L)$．□

(i)は3つのベクトル $\boldsymbol{a},\boldsymbol{b},\boldsymbol{c}$ に対して $(\boldsymbol{a}\times\boldsymbol{b})\cdot\boldsymbol{c}=(\boldsymbol{c}\times\boldsymbol{a})\cdot\boldsymbol{b}$ が成立することからただちにわかる．(ii)は次の補題とストークスの定理から従う．

補題3.35　式(3.21)のベクトル場 $\boldsymbol{B}(\boldsymbol{x})$ に対して，$\operatorname{rot}\boldsymbol{B}=\boldsymbol{0}$ が $\boldsymbol{x}\notin C$ で成立する．

［証明］

$$\mathrm{rot}\,\boldsymbol{B}(\boldsymbol{x}) = -\frac{I\mu_0}{4\pi}\int_0^T \mathrm{rot}\left(\frac{\boldsymbol{x}-\boldsymbol{m}(t)}{\|\boldsymbol{x}-\boldsymbol{m}(t)\|^3}\times\frac{d\boldsymbol{m}}{dt}(t)\right)dt$$

である．この積分を求めるために次の式を用いる．c_1, c_2, c_3 を定数，$\boldsymbol{c}=(c_1, c_2, c_3)$ とする．

$$\mathrm{rot}\,(\boldsymbol{c}\times\boldsymbol{V}) = (\mathrm{div}\,\boldsymbol{V})\boldsymbol{c}-\boldsymbol{c}(\boldsymbol{V}(\boldsymbol{x})). \tag{3.25}$$

ここで $\boldsymbol{c}(\boldsymbol{V}(\boldsymbol{x}))$ は $\boldsymbol{V}=(V_1, V_2, V_3)$ のとき $\boldsymbol{c}(\boldsymbol{V}(\boldsymbol{x}))=(\boldsymbol{c}\cdot\mathrm{grad}\,V_1,\ \boldsymbol{c}\cdot\mathrm{grad}\,V_2,\ \boldsymbol{c}\cdot\mathrm{grad}\,V_3)$ で定義される．

(3.25)の証明は，第1成分だけやってみると

$$\begin{aligned}\text{左辺} &= \frac{\partial}{\partial x_2}(c_1V_2-c_2V_1)-\frac{\partial}{\partial x_3}(c_3V_1-c_1V_3)\\ &= c_1\frac{\partial V_2}{\partial x_2}-c_2\frac{\partial V_1}{\partial x_2}-c_3\frac{\partial V_1}{\partial x_3}+c_1\frac{\partial V_3}{\partial x_3} = \text{右辺}.\end{aligned}$$

前に示したように $\mathrm{div}\,\dfrac{\boldsymbol{x}-\boldsymbol{m}(t)}{\|\boldsymbol{x}-\boldsymbol{m}(t)\|^3}=0$ であるから，$\boldsymbol{c}=\dfrac{d\boldsymbol{m}}{dt}$ として(3.25)を適用すると，

$$\begin{aligned}\mathrm{rot}\,\boldsymbol{B}(\boldsymbol{x}) &= -\frac{I\mu_0}{4\pi}\int_0^T \frac{d\boldsymbol{m}}{dt}(t)\left(\frac{\boldsymbol{x}-\boldsymbol{m}(t)}{\|\boldsymbol{x}-\boldsymbol{m}(t)\|^3}\right)dt\\ &= -\frac{I\mu_0}{4\pi}\int_0^T \frac{d}{dt}\left(\frac{\boldsymbol{x}-\boldsymbol{m}(t)}{\|\boldsymbol{x}-\boldsymbol{m}(t)\|^3}\right)dt = \boldsymbol{0}.\end{aligned}$$

ここで $\boldsymbol{m}(0)=\boldsymbol{m}(T)$ を用いた． ∎

補題3.25と補題3.34により定理3.24を証明するには，2つの閉曲線を，互いに交わらない範囲で，自由に動かしてよいことがわかる．

さて定理3.24を証明しよう．$\boldsymbol{l}$ は L のパラメータ，$\boldsymbol{m}$ は C のパラメータとする．絡み数を定義するのに使った曲面 S を考える．すなわち，S は $\partial S=C$ なる曲面で，L と接しないとする．$S\cap L=\{\boldsymbol{p}_1, \cdots, \boldsymbol{p}_N\}$ としよう．S から $\boldsymbol{p}_1, \cdots, \boldsymbol{p}_N$ のまわりの小さい円盤を切り取ったものを Σ とする．Σ は境界付きの曲面で，$\partial\Sigma=C\cup -C_1\cup\cdots\cup -C_N$，かつ C_i と L の絡み数は1または-1である(図3.6)．したがって補題3.25と3.34を使うと，

$$Lk(C, L)=\sum Lk(C_i, L), \quad AC(C, L)=\sum AC(C_i, L).$$

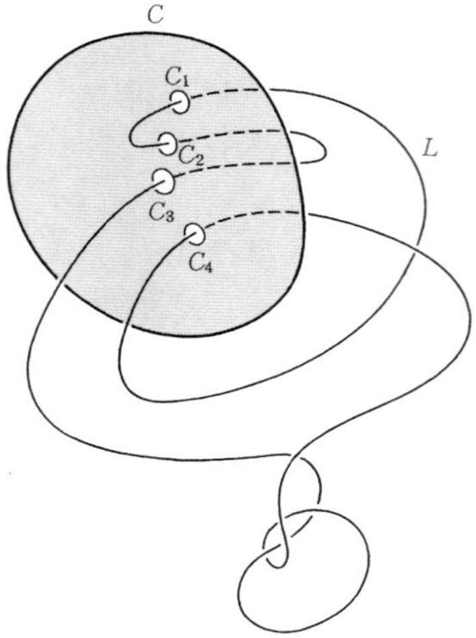

図 3.6　絡み数 1 の場合に帰着する

よって C_i と L について定理を証明すれば十分である．これをはじめから C と L としよう．

さらに C と L を互いに交わらないように連続に動かせば，C は x_1x_2 平面内の円としてよい．パラメータは $\boldsymbol{m}(t)=(\cos t, \sin t, 0)$ で与える．この場合の磁場はすでに例 3.23 で計算してあった．次に L であるが，これを連続に動かして，$(0,0,-n),(0,0,n),(0,n,n),(0,n,-n)$ を 4 頂点とする長方形に結び目を付けた曲線 L_n とする(図 3.7)．向きもこの順番にとる．

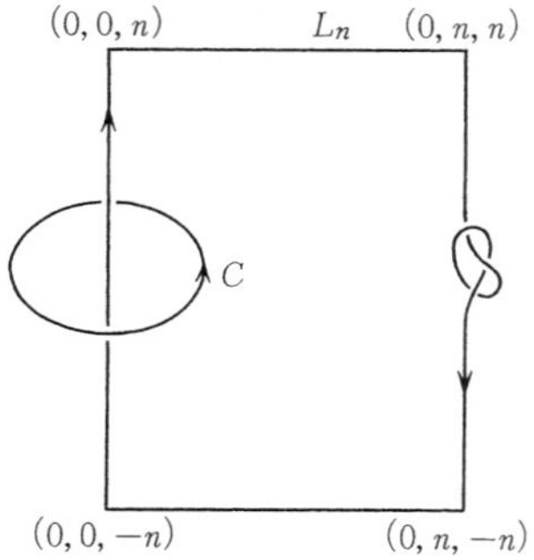

図 3.7　曲線 L_n

$A(C,L_n)$ は n によらなかった(補題 3.34). $n\to\infty$ での $A(C,L_n)$ の極限を考えよう. L_n を $(0,0,-n)$ と $(0,0,n)$ を結ぶ線分の部分とその他とに分ける. 第2の部分では

$$\boldsymbol{B}(\boldsymbol{x}) = -\frac{1}{4\pi}\int_0^{2\pi}\frac{(\boldsymbol{x}-\boldsymbol{m}(t))\times\dfrac{d\boldsymbol{m}}{dt}(t)}{\|\boldsymbol{x}-\boldsymbol{m}(t)\|^3}dt$$

の大きさは Cn^{-2} 以下で, またこの部分の長さは, $4n$ と結び目の部分の長さ(n によらない)の和である. よって第2の部分の積分は $n\to\infty$ で0に近づく. 一方, 第1の部分の積分の $n\to\infty$ の極限は $\boldsymbol{l}(s)=(0,0,s)$ とおいて

$$\int_{-\infty}^{\infty}\boldsymbol{B}(\boldsymbol{l}(s))\cdot\frac{d\boldsymbol{l}}{ds}ds$$

である. ここまでくれば直接計算できる. すなわち

$$\boldsymbol{B}(0,0,s) = -\frac{1}{4\pi}\int_0^{2\pi}\frac{(-s\cos t,-s\sin t,-1)}{(s^2+1)^{3/2}}dt$$

であるから

$$-\frac{1}{4\pi}\int_0^S ds\int_0^T\frac{\left((\boldsymbol{l}(s)-\boldsymbol{m}(t))\times\dfrac{d\boldsymbol{m}}{dt}(t)\right)\cdot\dfrac{d\boldsymbol{l}}{ds}(s)}{\|\boldsymbol{l}(s)-\boldsymbol{m}(t)\|^3}dt = \int_{-\infty}^{\infty}\frac{ds}{2(s^2+1)^{3/2}}.$$

この最後の積分は $s=\tan\theta$ と置換すれば計算でき, 答は1である. ∎

以上の証明をみると, 次の補題が示されていることが分かる.

補題 3.36 C を閉曲線とし, $\boldsymbol{V}$ を C の外で定義されたベクトル場とする. $\mathrm{rot}\,\boldsymbol{V}=\boldsymbol{0}$ を仮定する. このとき, $\boldsymbol{V}$ にのみよる数 Π が存在して, C と交わらない向きの付いた任意の閉曲線 L に対して,

$$\int_L\boldsymbol{V}\cdot d\boldsymbol{l} = \Pi\cdot Lk(C,L)$$

が成り立つ. □

また, 定理 2.43 の(iv) ⟹ (i)が成立しない例を得ることができる. すなわち例 3.23 のベクトル場 $\boldsymbol{B}$ を考える. このとき Ω を $\mathbb{R}^3$ から円周 $\boldsymbol{m}(t)=(r\cos t,r\sin t,0)$ を除いた集合とする. 補題 3.35 より Ω の点では $\mathrm{rot}\,\boldsymbol{B}$ は

$\mathbf{0}$ である．一方，定理 3.24 より $\displaystyle\int_{L_n} \boldsymbol{B}\cdot d\boldsymbol{l} \neq 0$.

このような現象が起きるのは，$\mathbb{R}^3$ から円周を除いた領域が単連結でないためである．

バシリエフ不変量とその積分表示

定理 3.24 の式，

$$-\frac{1}{4\pi}\int_0^1 ds \int_0^1 \frac{\left((\boldsymbol{l}(s)-\boldsymbol{m}(t))\times\dfrac{d\boldsymbol{m}}{dt}(t)\right)\cdot\dfrac{d\boldsymbol{l}}{ds}(s)}{\|\boldsymbol{l}(s)-\boldsymbol{m}(t)\|^3}dt = Lk(C,L)$$

を考えよう．この式はたいへん不思議で面白い式である．左辺の被積分関数は，もちろん閉曲線 C や L を動かすと変化する．ところが，右辺の絡み数 $Lk(C,L)$ は，C や L を動かしても，それらが交わらないかぎり一定である．被積分関数は変化するのに，積分すると同じ値になってしまうわけである．

このように図形を連続に変形しても変わらない量を**位相不変量**という．お互いに交わらないいくつかの閉曲線の和を**絡み目**(link)という．絡み数は絡み目のもっとも基本的な位相不変量である．

1つの閉曲線が3次元ユークリッド空間の中にあるとき**結び目**(knot)という．結び目は自分自身と交わらないように連続的に変形できるとき，同じ結び目であるとみなす．例えば図の(a)と(b)は同じ結び目で，これらは(c)とは違う．

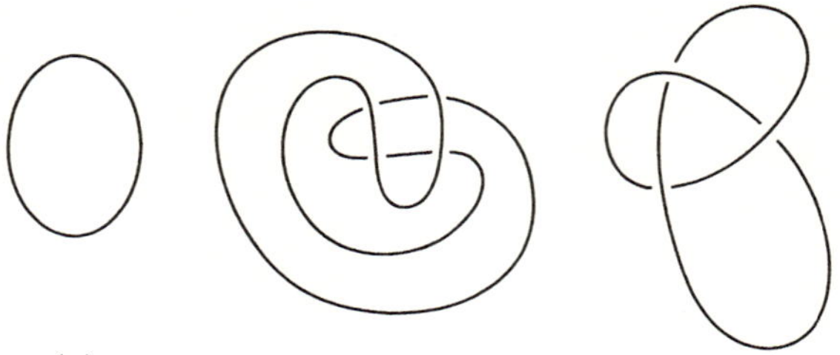

(a)　　(b)　　(c)

絡み目のときと同じように，結び目の位相不変量を積分を使ってつくれないだろうか．例えばパラメータ $\boldsymbol{l}$ ($\boldsymbol{l}(t+1)=\boldsymbol{l}(t)$) を用いて次のような積分を考えよう.

$$\int_0^1 dt_1 \int_{t_1}^1 dt_2 \int_{t_2}^1 dt_3 \int_{t_3}^1 \frac{\left((\boldsymbol{l}(t_1)-\boldsymbol{l}(t_3))\times\frac{d\boldsymbol{l}}{dt_1}(t_1)\right)\cdot\frac{d\boldsymbol{l}}{dt_3}(t_3)}{\|\boldsymbol{l}(t_1)-\boldsymbol{l}(t_3)\|^3}$$
$$\times\frac{\left((\boldsymbol{l}(t_2)-\boldsymbol{l}(t_4))\times\frac{d\boldsymbol{l}}{dt_2}(t_2)\right)\cdot\frac{d\boldsymbol{l}}{dt_4}(t_4)}{\|\boldsymbol{l}(t_2)-\boldsymbol{l}(t_4)\|^3}dt_4.$$

複雑な式であるが，これは次の図の(a)のような図式に対応する．((b)の図式には

$$-\frac{1}{4\pi}\int_0^1 ds \int_0^1 \frac{\left((\boldsymbol{l}(s)-\boldsymbol{m}(t))\times\frac{d\boldsymbol{m}}{dt}(t)\right)\cdot\frac{d\boldsymbol{l}}{ds}(s)}{\|\,\boldsymbol{l}(s)-\boldsymbol{m}(t)\,\|^3}dt$$

が対応する.)

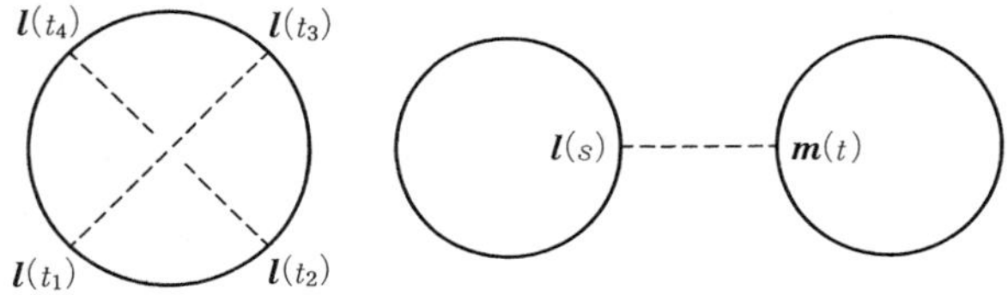

(a)　(b)

この積分そのものではダメなのだが，これに少し余分な項を付け加えた量が，結び目の位相不変量を与えることが知られている．これはバシリエフ(Vassiliev)というロシアの数学者の考えた一連の不変量の，最初のものである．(バシリエフの与え方はかなりこれとは異なる.)

いま述べたような研究が始まったのは，ほんの数年前のことで，このような積分が与える位相不変量についてはまだわからないことが多く，現在盛んに研究されている．

絡み数の公式は磁場と密接に結びついていたが，バシリエフの不変量は「非可換ゲージ場」と深い関係にある．この話題について興味をもった読者には，『数理物理への誘い』(江沢洋編，遊星社，1994)の中の河野俊丈氏の文が参考になるであろう．

§3.4　ベクトルポテンシャル

(a)　ベクトルポテンシャル

§3.2では，電場 $\boldsymbol{E}$ がポテンシャル(電位) φ を用いて $\boldsymbol{E}=-\mathrm{grad}\,\varphi$ と表わせることを見た．これは電場が方程式 $\mathrm{rot}\,\boldsymbol{E}=\boldsymbol{0}$ (「法則」3.12)をみたしているためであった．

磁場については $\mathrm{rot}\,\boldsymbol{B}=\boldsymbol{0}$ はみたされないから，$\boldsymbol{B}=\mathrm{grad}\,\varphi$ なるスカラー値関数 φ を見つけることはできない．そのかわりに使うことができるのが，「法則」3.32すなわち $\mathrm{div}\,\boldsymbol{B}=0$ である．これにより次の定理を適用することができる．

定理3.37　$\mathrm{div}\,\boldsymbol{B}=0$ をみたし，$\mathbb{R}^3$ 全体で定義されたベクトル場 $\boldsymbol{B}$ に対して，ベクトル場 $\boldsymbol{A}$ が存在して $\boldsymbol{B}=\mathrm{rot}\,\boldsymbol{A}$ と表わされる．　□

この証明のために，まず2次元の場合の同様な命題を示そう．

補題3.38　$\mathbb{R}^2$ 全体で定義された任意の関数 f に対して，ベクトル場 $\boldsymbol{F}=(F_1,F_2)$ が存在して $\mathrm{rot}\,\boldsymbol{F}=f$ が成り立つ．

[証明]

$$F_1(y_1,y_2)=-\int_0^{y_2}f(y_1,x_2)dx_2,\quad F_2(y_1,y_2)=0$$

とおけばよい．　■

[定理3.37の証明]　$\boldsymbol{B}=(B_1,B_2,B_3)$，$\boldsymbol{A}=(A_1,A_2,A_3)$ と成分で表わそう．まず B_3 を x_1x_2 平面 $(x_3=0)$ に制限して考える．すると，補題3.38より $B_3=\dfrac{\partial A_2}{\partial x_1}-\dfrac{\partial A_1}{\partial x_2}$ となるような x_1x_2 平面上の関数の組 (A_1,A_2) が存在する．これを使って

$$\begin{cases} A_1(y_1,y_2,y_3)=+\displaystyle\int_0^{y_3}B_2(y_1,y_2,x_3)dx_3+A_1(y_1,y_2,0) \\ A_2(y_1,y_2,y_3)=-\displaystyle\int_0^{y_3}B_1(y_1,y_2,x_3)dx_3+A_2(y_1,y_2,0) \\ A_3(y_1,y_2,y_3)=0 \end{cases}$$

とおく．$\mathrm{rot}\,\boldsymbol{A}=\boldsymbol{B}$ は第1,2成分に対しては明らかである．第3成分に対し

ては

$$\left(\frac{\partial A_2}{\partial y_1}-\frac{\partial A_1}{\partial y_2}\right)(y_1,y_2,y_3)$$
$$=-\int_0^{y_3}\frac{\partial B_1}{\partial y_1}(y_1,y_2,x_3)dx_3+\frac{\partial A_2}{\partial y_1}(y_1,y_2,0)$$
$$-\int_0^{y_3}\frac{\partial B_2}{\partial y_2}(y_1,y_2,x_3)dx_3-\frac{\partial A_1}{\partial y_2}(y_1,y_2,0)$$
$$=-\int_0^{y_3}\left(\frac{\partial B_1}{\partial y_1}(y_1,y_2,x_3)+\frac{\partial B_2}{\partial y_2}(y_1,y_2,x_3)\right)dx_3+B_3(y_1,y_2,0)$$
$$=\int_0^{y_3}\frac{\partial B_3}{\partial y_3}(y_1,y_2,x_3)dx_3+B_3(y_1,y_2,0)$$
$$=B_3(y_1,y_2,y_3)$$

ゆえ成立する．ここで，2 行目から 3 行目に移るときには x_1x_2 平面上で $\mathrm{rot}\,(A_1,A_2)=(B_1,B_2)$ が成立していることを，3 行目から 4 行目に移るときは $\mathrm{div}\,\boldsymbol{B}=0$ を用いた． ∎

定理を(定常電流の作る)磁場 $\boldsymbol{B}$ に適用すると，ベクトル場 $\boldsymbol{A}$ が得られる．このベクトル場 $\boldsymbol{A}$ のことを磁場の**ベクトルポテンシャル**(vector potential)という．

(b)　ベクトルポテンシャルの存在条件*

定理 3.37 ではベクトル場 $\boldsymbol{B}$ は $\mathbb{R}^3$ 全体で定義されていると仮定した．これは定理 1.53 または定理 2.43 と同様な問題があるためである．$\mathbb{R}^3$ 全体では定義されていないベクトル場に対しては，$\mathrm{div}\,\boldsymbol{B}=0$ であっても $\boldsymbol{B}=\mathrm{rot}\,\boldsymbol{A}$ なるベクトル場 $\boldsymbol{A}$ が存在しない場合がある．

例 3.39　$\boldsymbol{B}(\boldsymbol{x})=\dfrac{\boldsymbol{x}}{\|\boldsymbol{x}\|^3}$ とおこう．これは原点以外で定義されたベクトル場である．補題 3.5 により，$\mathrm{div}\,\boldsymbol{B}=0$ である．ところが補題 3.4 により

$$\int_S \boldsymbol{B}\cdot d\boldsymbol{S}=4\pi\neq 0$$

である(ここで $S=\{(x_1,x_2,x_3)\in\mathbb{R}^3\mid x_1^2+x_2^2+x_3^2=1\}$)．一方 $\boldsymbol{B}=\mathrm{rot}\,\boldsymbol{A}$ とす

ると，ストークスの定理(例2.38)より

$$\int_S \boldsymbol{B}\cdot d\boldsymbol{S} = \int_S \mathrm{rot}\,\boldsymbol{A}\cdot d\boldsymbol{S} = 0$$

である．したがって $\boldsymbol{B}=\mathrm{rot}\,\boldsymbol{A}$ となる $\boldsymbol{A}$ は存在しない． □

定理1.21にあたるのが次の定理である．

定理3.40 $\boldsymbol{B}$ を $\mathbb{R}^3$ の領域 Ω で定義されたベクトル場とすると，次の2つは同値である．

(i) Ω に含まれる任意の閉曲面 S に対して $\int_S \boldsymbol{B}\cdot d\boldsymbol{S}=0$.

(ii) $\boldsymbol{B}=\mathrm{rot}\,\boldsymbol{A}$ なるベクトル場 $\boldsymbol{A}$ が存在する．

［証明］ (ii)$\Longrightarrow$(i)は上で見たように，ストークスの定理の帰結である．(i)$\Longrightarrow$(ii)の証明を一般の領域に対して行なうのは，それほどやさしくないので，ここでは領域 $\Omega=\mathbb{R}^3\backslash\{(0,0,x_3)\,|\,|x_3|\leqq 1\}$ に対してだけ証明する．まず(i)を仮定して，$\mathrm{div}\,\boldsymbol{B}=0$ を証明しよう．$\boldsymbol{p}\in\Omega$ とし $\boldsymbol{p}$ を中心とした半径 ε の球面を S_ε，これが囲む領域を D_ε としよう．すると

$$\lim_{\varepsilon\to 0}\frac{\int_{D_\varepsilon}\mathrm{div}\,\boldsymbol{B}\,dx_1dx_2dx_3}{\mathrm{Vol}\,(D_\varepsilon)} = \mathrm{div}\,\boldsymbol{B}(\boldsymbol{p})$$

である($\mathrm{Vol}\,(D_\varepsilon)$ は領域 D_ε の体積を表わす)．一方ガウスの定理(定理2.26)と仮定により

$$\int_{D_\varepsilon}\mathrm{div}\,\boldsymbol{B}\,dx_1dx_2dx_3 = \int_{S_\varepsilon}\boldsymbol{B}\cdot d\boldsymbol{S} = 0.$$

よって $\mathrm{div}\,\boldsymbol{B}(\boldsymbol{p})=0$（ここまでは領域の形は何でもよい）．

さて $\Omega=\mathbb{R}^3\backslash\{(0,0,x_3)\,|\,|x_3|\leqq 1\}$ の場合を考えよう．$\Omega_1=\mathbb{R}^3\backslash\{(0,0,x_3)\,|\,x_3\geqq -1\}$，$\Omega_2=\mathbb{R}^3\backslash\{(0,0,x_3)\,|\,x_3\leqq 1\}$ とおく．$\Omega=\Omega_1\cup\Omega_2$ である．まずそれぞれの Ω_i で定義されたベクトル場 $\boldsymbol{A}^{(i)}$ で $\mathrm{rot}\,\boldsymbol{A}^{(i)}=\boldsymbol{B}$ なるものを作ろう．これは $\mathrm{div}\,\boldsymbol{B}=0$ を用いて，定理3.37の証明と同じようにできる．つまり

$$A_1^{(1)}(y_1,y_2,-2) = -\int_0^{y_2} B_3(y_1,x_2,-2)dx_2$$

$$A_2^{(1)}(y_1, y_2, -2) = A_3(y_1, y_2, -2) = 0$$

$$\begin{cases} A_1^{(1)}(y_1, y_2, y_3) = +\int_{-2}^{y_3} B_2(y_1, y_2, z)dz + A_1^{(1)}(y_1, y_2, -2) \\ A_2^{(1)}(y_1, y_2, y_3) = -\int_{-2}^{y_3} B_1(y_1, y_2, z)dz + A_2^{(1)}(y_1, y_2, -2) \\ A_3^{(1)}(y_1, y_2, y_3) = 0 \end{cases} \tag{3.26}$$

とすればよい．(3.26)が意味を持つのはちょうど $(y_1, y_2, y_3) \in \Omega_1$ に対してである．$\boldsymbol{A}^{(2)}$ の作り方も同様である．さて，もし $\boldsymbol{A}^{(1)} = \boldsymbol{A}^{(2)}$ が $\Omega' = \Omega_1 \cap \Omega_2$ 上で成立していれば，これで終わりである．しかし一般にはそうでない．そこで次のことを使う．

補題 3.41 $\operatorname{grad} f = \boldsymbol{A}^{(1)} - \boldsymbol{A}^{(2)}$ なるような，$\Omega' = \Omega_1 \cap \Omega_2$ 上の関数 f が存在する． □

補題の証明はもう少し後にして，定理の証明を完成させよう．まず $\chi\colon \mathbb{R} \to [0,1]$ なる関数で

$$\chi(t) = \begin{cases} 0 & (t \leqq -1) \\ 1 & (t \geqq +1) \end{cases} \tag{3.27}$$

なるものを選ぶ．そして $\Omega' = \Omega_1 \cap \Omega_2$ 上で

$$\boldsymbol{A} = \operatorname{grad}(\chi(x_3) f(x_1, x_2, x_3)) + \boldsymbol{A}^{(2)}$$

とおく．すると $\operatorname{grad} f = \boldsymbol{A}^{(1)} - \boldsymbol{A}^{(2)}$ と(3.27)により，$x_3 \geqq 1$ で $\boldsymbol{A} = \boldsymbol{A}^{(1)}$，$x_3 \leqq -1$ で $\boldsymbol{A} = \boldsymbol{A}^{(2)}$ が成り立つ．したがって，$\Omega \backslash \Omega'$ の点に対しても $x_3 \geqq 1$ で $\boldsymbol{A} = \boldsymbol{A}^{(1)}$，$x_3 \leqq -1$ で $\boldsymbol{A} = \boldsymbol{A}^{(2)}$ とおくと，Ω 上のベクトル場 $\boldsymbol{A}$ が定まる．$\operatorname{rot}\operatorname{grad} = \boldsymbol{0}$ を用いると，定義から $\boldsymbol{B} = \operatorname{rot} \boldsymbol{A}$ が示せる． ∎

［補題 3.41 の証明］ $\operatorname{rot}(\boldsymbol{A}^{(1)} - \boldsymbol{A}^{(2)}) = \operatorname{rot} \boldsymbol{A}^{(1)} - \operatorname{rot} \boldsymbol{A}^{(2)} = \boldsymbol{0}$ である．しかし考えている領域 $\Omega' = \Omega_1 \cap \Omega_2$ は単連結でないから，このことだけからは，

$$\operatorname{grad} f = \boldsymbol{A}^{(1)} - \boldsymbol{A}^{(2)}$$

なる関数 f の存在は導かれない．ここで補題 3.36 を用いる．領域 Ω' は $\mathbb{R}^3 \backslash C$（$C$ は閉曲線）という形はしていないが，$\mathbb{R}^3 \backslash x_3$ 軸である．したがって補題 3.36 と同様に次のことが分かる．任意の Ω' の閉曲線 L に対して

$$\int_L (\boldsymbol{A}^{(1)} - \boldsymbol{A}^{(2)}) \cdot d\boldsymbol{l} = 0 \tag{3.28}$$

が成り立つためには，x_3 軸と絡み数 1 を持つある閉曲線に対して，(3.28)が成立すればよい．よって，$\mathrm{grad}\, f = \boldsymbol{A}^{(1)} - \boldsymbol{A}^{(2)}$ なる関数 f が存在するためには，$\boldsymbol{l}(t) = (2\cos t, 2\sin t, 0)$ としたとき

$$\int_0^{2\pi} (\boldsymbol{A}^{(1)} - \boldsymbol{A}^{(2)}) \cdot d\boldsymbol{l} = 0$$

が成り立てばよい．これを確かめよう．

$$S^{(1)} = \{(x_1, x_2, x_3) \in \mathbb{R}^3 \mid x_1^2 + x_2^2 + x_3^2 = 4,\ x_3 \leqq 0\}$$
$$S^{(2)} = \{(x_1, x_2, x_3) \in \mathbb{R}^3 \mid x_1^2 + x_2^2 + x_3^2 = 4,\ x_3 \geqq 0\}$$

とおく．$\partial S^{(i)}$ はともに $\boldsymbol{l}$ が定める閉曲線である．また $S^{(i)} \subseteqq \Omega_i$．よってストークスの定理と $\mathrm{rot}\, \boldsymbol{A}^{(i)} = \boldsymbol{B}$ より

$$\int_0^{2\pi} \boldsymbol{A}^{(i)} \cdot d\boldsymbol{l} = \pm \int_{S^{(i)}} \mathrm{rot}\, \boldsymbol{A}^{(i)} \cdot d\boldsymbol{S}^{(i)} = \pm \int_{S^{(i)}} \boldsymbol{B} \cdot d\boldsymbol{S}^{(i)}. \tag{3.29}$$

ここで(3.29)の符号を決めよう．$S = S^{(1)} \cup S^{(2)}$ は半径 2 の原点を中心とした球面である．これに標準的な向きを入れる．すると $\partial S^{(i)}$ に向きが定まる．この向きと $\boldsymbol{l}$ が定める閉曲線の向きを考えると，$i=2$ でこれは一致し，$i=1$ では逆向きである(§2.4 の境界付き曲面の境界に対する向きの決め方参照)．したがって(3.29)の符号は，$S^{(i)}$ に標準的な向きを与えたとき，$i=1$ ではマイナス，$i=2$ ではプラスである．よって

$$-\int_0^{2\pi} (\boldsymbol{A}^{(1)} - \boldsymbol{A}^{(2)}) \cdot d\boldsymbol{l} = \int_S \boldsymbol{B} \cdot d\boldsymbol{S}.$$

仮定した(i)よりこれは 0 である． ▮

定理 3.40 および今説明したその証明のための議論は，高次元化されド・**ラーム**(de Rham)**の定理**と呼ばれる重要な定理に発展した(岩波講座現代数学の基礎「微分形式の幾何学」参照)．

ところで，定理 3.40 から次のことが分かる．$\mathbb{R}^3$ の領域 Ω に対して次の条件を考える．

条件 3.42　Ω に含まれる任意の閉曲面 S に対して，S が囲む領域は再び Ω に含まれる．□

定理 3.43　領域 Ω が条件 3.42 をみたすとする．$\boldsymbol{B}$ を Ω 上のベクトル場とする．$\mathrm{div}\,\boldsymbol{B}=0$ を仮定する．このとき，ベクトル場 $\boldsymbol{A}$ が存在して $\boldsymbol{B}=\mathrm{rot}\,\boldsymbol{A}$ が成り立つ．

［証明］　定理 3.40 の(i)を確かめればよい．S を Ω に含まれる任意の閉曲面とする．条件 3.42 により S が囲む領域は Ω に含まれる．この領域を D とすると，ガウスの定理 2.26 により

$$\int_S \boldsymbol{B}\cdot d\boldsymbol{S} = \int_D \mathrm{div}\,\boldsymbol{B}\,dx_1dx_2dx_3.$$

右辺は $\mathrm{div}\,\boldsymbol{B}=0$ ゆえ 0 である．■

条件 3.42 は，領域が単連結という，定理 2.43 の条件とは異なる．例えば $\mathbb{R}^3$ から原点を除いたものは単連結であるが，条件 3.42 はみたさない．また $\mathbb{R}^3$ から x 軸を除いたものは，条件 3.42 をみたすが単連結でない．条件 3.42 のことを位相幾何学の用語を使うと，Ω の 2 次のホモロジーは 0 である，という．ホモロジーとは何かは岩波講座現代数学の基礎「位相幾何学」などで説明されるであろう．

(c)　クーロンゲージ*

さてここで定理 3.37 に戻ろう．定理 3.37 を証明するときに，補題 3.38 では第 2 成分が 0 になるようにとり，また定理の証明そのものでは第 3 成分が 0 になるようにとった．このように定理の証明のベクトルポテンシャルの求め方は，座標について対称性を崩している．発散が 0 のベクトル場に対して，そのベクトルポテンシャルのとり方はいろいろある．その中からベクトルポテンシャルを 1 つ選ぶことをゲージを決めるという．

場を決めたとき，ゲージのとり方(ベクトルポテンシャルのとり方)はどのくらいあるであろうか．$\mathrm{rot}\,\boldsymbol{A}_1=\mathrm{rot}\,\boldsymbol{A}_2=\boldsymbol{B}$ としよう．すると $\mathrm{rot}\,(\boldsymbol{A}_1-\boldsymbol{A}_2)=\boldsymbol{0}$ であるから，(領域が単連結であれば)定理 2.43 より $\boldsymbol{A}_1=\boldsymbol{A}_2+\mathrm{grad}\,\varphi$ なるスカラー値関数 φ が存在する．ベクトルポテンシャル $\boldsymbol{A}$ を

$$\boldsymbol{A} \mapsto \boldsymbol{A} + \operatorname{grad} \varphi \tag{3.30}$$

と写す変換のことを**ゲージ変換**(gauge transform)という．すなわち，ベクトルポテンシャルのとり方は，ちょうどゲージ変換の分の不定性がある．

静磁場のときの代表的なゲージはクーロンゲージである．これは $\operatorname{div} \boldsymbol{A} = 0$ なるゲージである．クーロンゲージの存在と一意性を証明しよう．

定理 3.44　$\boldsymbol{B}$ は $\mathbb{R}^3$ 全体で定義されたベクトル場で，ある有界集合の外で $\boldsymbol{0}$ になるものとする．$\operatorname{div} \boldsymbol{B} = 0$ を仮定する．これに対して，(3.31),(3.32)をみたすベクトル場 $\boldsymbol{A}$ がただ1つ存在する．

$$\boldsymbol{B} = \operatorname{rot} \boldsymbol{A} \quad \text{かつ} \quad \operatorname{div} \boldsymbol{A} = 0, \tag{3.31}$$

$$|\boldsymbol{A}(\boldsymbol{x})| \leqq \frac{C}{\|\boldsymbol{x}\|}. \tag{3.32}$$

［証明］　天下りであるが，$\operatorname{rot} \boldsymbol{B} = \boldsymbol{j}$ として

$$\boldsymbol{A}(\boldsymbol{x}) = \int_{\boldsymbol{x} \neq \boldsymbol{p}} \frac{\boldsymbol{j}(\boldsymbol{p})}{4\pi \|\boldsymbol{x} - \boldsymbol{p}\|} dp_1 dp_2 dp_3 \tag{3.33}$$

とおく．これが(3.31)をみたすことを示そう．$\operatorname{div} \boldsymbol{A} = 0$ の証明は，$\operatorname{div} \boldsymbol{j} = \operatorname{div} \operatorname{rot} \boldsymbol{B} = 0$ ゆえ，(3.8)の計算と同様である．また同じようにして

$$\begin{aligned}(\operatorname{rot} \boldsymbol{A})(\boldsymbol{x}) &= \operatorname{rot} \int_{\boldsymbol{x} \neq \boldsymbol{p}} \frac{\boldsymbol{j}(\boldsymbol{p})}{4\pi \|\boldsymbol{x} - \boldsymbol{p}\|} dp_1 dp_2 dp_3 \\ &= \int_{\boldsymbol{x} \neq \boldsymbol{p}} (\operatorname{rot} \boldsymbol{j})(\boldsymbol{p}) \frac{1}{4\pi \|\boldsymbol{x} - \boldsymbol{p}\|} dp_1 dp_2 dp_3 \\ &= \int_{\boldsymbol{x} \neq \boldsymbol{p}} (\operatorname{rot} \operatorname{rot} \boldsymbol{B})(\boldsymbol{p}) \frac{1}{4\pi \|\boldsymbol{x} - \boldsymbol{p}\|} dp_1 dp_2 dp_3 \end{aligned} \tag{3.34}$$

が成り立つ．ここでベクトル場に作用するラプラス作用素を定義しよう．

定義 3.45　$\boldsymbol{F} = (F_1, F_2, F_3)$ に対して

$$\Delta \boldsymbol{F} = (\Delta F_1, \Delta F_2, \Delta F_3).$$

□

次の等式が成り立つ．

$$\Delta \boldsymbol{F} = -\operatorname{rot} \operatorname{rot} \boldsymbol{F} + \operatorname{grad} \operatorname{div} \boldsymbol{F}. \tag{3.35}$$

(3.35)の証明は単純な計算である．定理3.44の証明にもどる．(3.35)と仮定 $\operatorname{div} \boldsymbol{B} = 0$ より $\Delta \boldsymbol{B} = -\operatorname{rot} \operatorname{rot} \boldsymbol{B}$．したがって

$$(\mathrm{rot}\,\boldsymbol{A})(\boldsymbol{x}) = -\int_{\boldsymbol{x}\neq\boldsymbol{p}} (\Delta\boldsymbol{B})(\boldsymbol{p}) \frac{1}{4\pi\|\boldsymbol{x}-\boldsymbol{p}\|} dp_1dp_2dp_3$$

$$= -\int_{\boldsymbol{x}\neq\boldsymbol{p}} (\Delta\boldsymbol{B})(\boldsymbol{p}) P_{\boldsymbol{p}}(\boldsymbol{x}) dp_1dp_2dp_3. \qquad (3.36)$$

ここで $P_{\boldsymbol{p}}(\boldsymbol{x})$ は(3.12)で定義する．よって定理3.16を成分ごとに使って $\Delta\boldsymbol{B} = \Delta(\mathrm{rot}\,\boldsymbol{A})$ が示される．ところで仮定より $\lim_{\|\boldsymbol{x}\|\to\infty} \boldsymbol{B}(\boldsymbol{x}) = \boldsymbol{0}$. また(3.36)より $\lim_{\|\boldsymbol{x}\|\to\infty} \mathrm{rot}\,\boldsymbol{A}(\boldsymbol{x}) = \boldsymbol{0}$. よって $\boldsymbol{B}-\mathrm{rot}\,\boldsymbol{A}$ の各成分に補題3.19を用いれば，$\boldsymbol{B} = \mathrm{rot}\,\boldsymbol{A}$ が得られる．これで $\boldsymbol{A}$ の存在が証明された．

次に，一意性を示そう．$\boldsymbol{A}, \boldsymbol{A}'$ がともに(3.31)をみたすとしよう．すると，$\mathrm{rot}\,(\boldsymbol{A}-\boldsymbol{A}') = \boldsymbol{0}$, $\mathrm{div}\,(\boldsymbol{A}-\boldsymbol{A}') = 0$ である．よって(3.35)より $\Delta(\boldsymbol{A}-\boldsymbol{A}') = \boldsymbol{0}$. ところが $\lim_{\|\boldsymbol{x}\|\to\infty} (\boldsymbol{A}-\boldsymbol{A}')(\boldsymbol{x}) = \boldsymbol{0}$. よって $\boldsymbol{A}-\boldsymbol{A}'$ の各成分に補題3.19を用いれば，$\boldsymbol{A} = \boldsymbol{A}'$ が得られる． ∎

さて，ここで前節で保留した定理3.30を証明しよう．

［証明］ $\boldsymbol{j}$ が定理3.30の仮定をみたすとする．

$$\boldsymbol{A}(\boldsymbol{x}) = \int_{\boldsymbol{x}\neq\boldsymbol{p}} \frac{\boldsymbol{j}(\boldsymbol{p})}{4\pi\|\boldsymbol{x}-\boldsymbol{p}\|} dp_1dp_2dp_3$$

とおく．式(3.8)と同様の計算により

$$\Delta\boldsymbol{A}(\boldsymbol{x}) = \int_{\boldsymbol{x}\neq\boldsymbol{p}} (\Delta\boldsymbol{j})(\boldsymbol{p}) \frac{1}{4\pi\|\boldsymbol{x}-\boldsymbol{p}\|} dp_1dp_2dp_3.$$

よって定理3.16を成分ごとに用いて，$\Delta\boldsymbol{A} = -\boldsymbol{j}$. ところで，$\mathrm{div}\,\boldsymbol{j} = 0$ を仮定していたから，$\mathrm{div}\,\boldsymbol{A} = 0$ が(3.8)と同様な計算で得られる．よって(3.35)より

$$\boldsymbol{j}(\boldsymbol{x}) = -\Delta\boldsymbol{A}(\boldsymbol{x}) = (\mathrm{rot}\,\mathrm{rot}\,\boldsymbol{A})(\boldsymbol{x}).$$

次に $\mathrm{rot}\,\boldsymbol{A}$ を別の方法で計算しよう．微分と積分の交換が(1回は)できて

$$\left(\frac{\partial}{\partial x_i}\int_{\boldsymbol{x}\neq\boldsymbol{p}} \frac{\boldsymbol{j}(\boldsymbol{p})}{4\pi\|\boldsymbol{x}-\boldsymbol{p}\|} dp_1dp_2dp_3\right)(\boldsymbol{x}) = \int_{\boldsymbol{x}\neq\boldsymbol{p}} \frac{\boldsymbol{j}(\boldsymbol{p})}{4\pi} \frac{\partial}{\partial x_i} \frac{1}{\|\boldsymbol{x}-\boldsymbol{p}\|} dp_1dp_2dp_3$$

が成り立つ(確かめよ)．したがって $\mathrm{rot}\,\boldsymbol{A}$ の第1成分は

$$\left(\frac{\partial}{\partial x_2}\int_{\boldsymbol{x}\neq\boldsymbol{p}} \frac{j_3(\boldsymbol{p})}{4\pi\|\boldsymbol{x}-\boldsymbol{p}\|} dp_1dp_2dp_3 - \frac{\partial}{\partial x_3}\int_{\boldsymbol{x}\neq\boldsymbol{p}} \frac{j_2(\boldsymbol{p})}{4\pi\|\boldsymbol{x}-\boldsymbol{p}\|} dp_1dp_2dp_3\right)(\boldsymbol{x})$$

$$
\begin{aligned}
&= \int_{x \neq p} \left(\frac{\partial}{\partial x_2} \frac{1}{\|\boldsymbol{x}-\boldsymbol{p}\|} \right) \cdot \frac{j_3(\boldsymbol{p})}{4\pi} dp_1 dp_2 dp_3 \\
&\quad - \int_{x \neq p} \left(\frac{\partial}{\partial x_3} \frac{1}{\|\boldsymbol{x}-\boldsymbol{p}\|} \right) \cdot \frac{j_2(\boldsymbol{p})}{4\pi} dp_1 dp_2 dp_3 \\
&= - \int_{x \neq p} \left(\frac{x_2 - p_2}{\|\boldsymbol{x}-\boldsymbol{p}\|^3} \right) \cdot \frac{j_3(\boldsymbol{p})}{4\pi} dp_1 dp_2 dp_3 \\
&\quad + \int_{x \neq p} \left(\frac{x_3 - p_3}{\|\boldsymbol{x}-\boldsymbol{p}\|^3} \right) \cdot \frac{j_2(\boldsymbol{p})}{4\pi} dp_1 dp_2 dp_3 \\
&= \int_{x \neq p} \left(\frac{\boldsymbol{j}(\boldsymbol{p}) \times (\boldsymbol{x}-\boldsymbol{p})}{4\pi\|\boldsymbol{x}-\boldsymbol{p}\|^3} \right)_1 dp_1 dp_2 dp_3 \qquad (3.37)
\end{aligned}
$$

である．ここで $\left(\dfrac{\boldsymbol{j}(\boldsymbol{p}) \times (\boldsymbol{x}-\boldsymbol{p})}{4\pi\|\boldsymbol{x}-\boldsymbol{p}\|^3} \right)_1$ は $\dfrac{\boldsymbol{j}(\boldsymbol{p}) \times (\boldsymbol{x}-\boldsymbol{p})}{4\pi\|\boldsymbol{x}-\boldsymbol{p}\|^3}$ の第1成分である．(3.37)より

$$
\begin{aligned}
\boldsymbol{B}(\boldsymbol{x}) &= \mu_0 \operatorname{rot} \int_{x \neq p} \frac{\boldsymbol{j}(\boldsymbol{p})}{4\pi\|\boldsymbol{x}-\boldsymbol{p}\|} dp_1 dp_2 dp_3 \\
&= \mu_0 \int_{x \neq p} \frac{\boldsymbol{j}(\boldsymbol{p}) \times (\boldsymbol{x}-\boldsymbol{p})}{4\pi\|\boldsymbol{x}-\boldsymbol{p}\|^3} dp_1 dp_2 dp_3. \qquad (3.38)
\end{aligned}
$$

すなわち，$\boldsymbol{B} = \mu_0 \operatorname{rot} \boldsymbol{A}$，一方 $\boldsymbol{j} = \operatorname{rot} \operatorname{rot} \boldsymbol{A}$．よって定理3.30が成り立つ．∎

上の議論から $\operatorname{div} \boldsymbol{B} = \mu_0 \operatorname{div} \operatorname{rot} \boldsymbol{A} = 0$．これは定理3.33の別証である．

§3.5　マクスウェルの方程式

(a)　ローレンツ力

前節までで述べたのは，時間変化のない場合の電場と磁場の振舞いであった．そこでは電場と磁場は形式的に相当似通っていたが，一応独立に現われた．この節では，変化する電場と磁場を扱う．すると電場と磁場は別々のものではなく，一体化したものと考えるのが自然であることが分かってくる．

その前に(それと密接に関わるのであるが) §3.3で保留した問題，すなわち磁場はどのような力を物質に及ぼすかを考えよう．磁場が物質に影響を与

える典型的例は，導体を磁場の中で動かすことである．ベクトル場 $\boldsymbol{B}$ が磁場を表わしているとする．この中で導体を動かそう．我々が出発点とする実験的事実は，このとき導体に電流が流れるということである．

これを定量的に述べよう．もし単に導体(電線)があるだけだと，抵抗が0であるから，(ショートして)流れる電流の量は無限大になってしまう．これでは量をはかることができないので，導体の1点に豆電球をつける．そのとき，豆電球から出た光の量のことを，電線を動かして得られた**起電力**という．(ここではエネルギーと力を混同しているが，同じ豆電球を使う限り両者は比例する．)

これに対する実験的事実は次の「法則」3.46である．電線は時刻 t で閉曲線 L_t をなすとし，

$$S_{t_0,t_1} = \bigcup_{t \in [t_0,t_1]} L_t$$

とおく．すなわち，t_0 と t_1 の間に，電線が通る点全体が S_{t_0,t_1} である．S_{t_0,t_1} は曲面をなすとしよう(図3.8)．

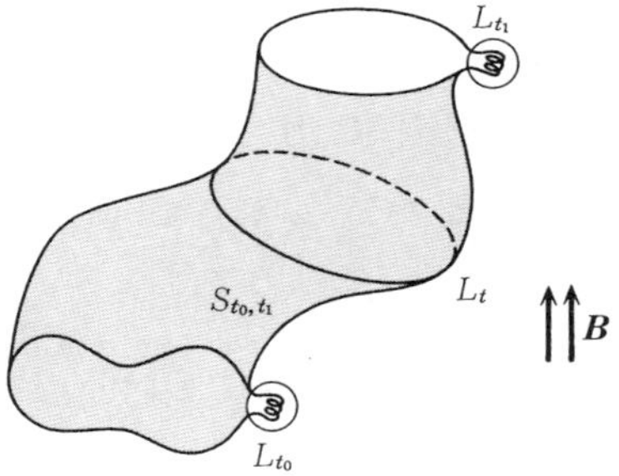

図3.8 電線を磁場の中で動かす

「法則」3.46 時刻 t_0 と t_1 の間に，豆電球から出る光の量は

$$\int_{S_{t_0,t_1}} \boldsymbol{B} \cdot d\boldsymbol{S}_{t_0,t_1}$$

に比例する． □

注意 3.47 物理の本ではこの法則は，起電力は電線が横切る磁束の数に比例

する，と述べられることが多い．磁束の密度とか数という概念は数学的に定式化しづらいので本書ではこの概念を用いなかった．

「法則」3.46 から，点電荷が運動するとき磁場から受ける力を求めよう．それには次のように考える．まず導体とは金属を理想化したものであるが，金属にはたくさんの自由電子が存在していて，これが電気を伝える．自由電子を点電荷とみなす．導体を動かすと，自由電子が磁場から力を受けて動く．導体の太さが0である場合には，電子は電線の方向には自由に動けるが，電線の外に向かっては動くことができない．したがって電子が導体の中を流れ電流を生じる．これが法則 3.46 が記述する電流であるとする．

ここで1つの仮定をおく．

「仮定」3.48　電荷 e をもつ点電荷が，速度 $\boldsymbol{v}$ で磁場 $\boldsymbol{B}$ の中を動くとき，点電荷の受ける力は

$$e\boldsymbol{F}(\boldsymbol{v},\boldsymbol{B})$$

で与えられる．ここで $\boldsymbol{F}$ は $\boldsymbol{v},\boldsymbol{B}$ で決まるあるベクトルである．　□

我々の目的は，「法則」3.46 を用いて，「仮定」3.48 の $\boldsymbol{F}$ を($\boldsymbol{v},\boldsymbol{B}$ の関数として)決定することである．

まず積分 $\int_{S_{t_0,t_1}}\boldsymbol{B}\cdot d\boldsymbol{S}_{t_0,t_1}$ を座標を用いて表わそう．閉曲線 L_t のパラメータを $\boldsymbol{l}_t(s)$，$\boldsymbol{l}_t(s)=\boldsymbol{l}_t(s+1)$ とする．$\varphi(t,s)=\boldsymbol{l}_t(s)$ とおく．$\varphi(t,s)$ ($t_0\leqq t\leqq t_1$，$0\leqq s\leqq 1$) は S_{t_0,t_1} の座標である．よって

$$\int_{S_{t_0,t_1}}\boldsymbol{B}\cdot d\boldsymbol{S}_{t_0,t_1}=\int_{t_0}^{t_1}dt\int_0^1\boldsymbol{B}(\varphi(t,s))\cdot\left(\frac{\partial\varphi}{\partial t}\times\frac{\partial\varphi}{\partial s}\right)ds. \quad (3.39)$$

次に，起電力を $\boldsymbol{F},\varphi$ を使って表わそう．時刻 t_0 に $\boldsymbol{l}_{t_0}(s)=\varphi(t_0,s)$ にあった電子は，時刻 t には $\varphi(t,s)$ にある．したがってこの電子の速度は $\dfrac{\partial\varphi}{\partial t}$ である．よって「仮定」3.48 より，この電子が受ける力は

$$\boldsymbol{F}=\boldsymbol{F}\left(\frac{\partial\varphi}{\partial t}(t,s),\boldsymbol{B}\left(\varphi(t,s)\right)\right)$$

である．また，電線の微小な部分 $\{\boldsymbol{l}(s)\mid s_0<s<s_0+\delta s\}$ にある電子の数は，

おおよそ $\delta s\left\|\dfrac{d\boldsymbol{l}}{ds}(s_0)\right\|$ に比例する．一方，電子は電線の中しか動くことができないから，起電力に寄与するのは $\boldsymbol{F}$ の接線方向の成分である．したがって $\boldsymbol{F}$ の接線方向の成分の $\left\|\dfrac{d\boldsymbol{l}}{ds}\right\|$ 倍を，$0<s<1$, $t_0<t<t_1$ について積分すれば，起電力が得られる．すなわち

$$\int_{t_0}^{t_1} dt \int_0^1 \boldsymbol{F}\Big(\frac{\partial\varphi}{\partial t}(t,s), \boldsymbol{B}(\varphi(t,s))\Big)\cdot\frac{\partial\varphi}{\partial s}(t,s)ds \qquad (3.40)$$

である．

定数 α があって，(3.39)の α 倍と(3.40)が等しい，というのが「法則」3.46 であった．これが任意の曲面 S_{t_0,t_1} に対して成立するから，

$$\alpha\boldsymbol{B}\cdot\Big(\frac{\partial\varphi}{\partial t}\times\frac{\partial\varphi}{\partial s}\Big)=\boldsymbol{F}\Big(\frac{\partial\varphi}{\partial t},\boldsymbol{B}\Big)\cdot\frac{\partial\varphi}{\partial s} \qquad (3.41)$$

が成り立つ．比例定数 α については論じない．(3.41)が任意の $\boldsymbol{B},\varphi$ に対して成立するのであるから，$\boldsymbol{F}(\cdot,\cdot)$ は(定数倍を除いて)

$$\boldsymbol{b}\cdot(\boldsymbol{a}\times\boldsymbol{c})=\boldsymbol{F}(\boldsymbol{a},\boldsymbol{b})\cdot\boldsymbol{c}$$

をみたさなければならない．このような $\boldsymbol{F}(\cdot,\cdot)$ は $\boldsymbol{F}(\boldsymbol{a},\boldsymbol{b})=\boldsymbol{b}\times\boldsymbol{a}$ である($\boldsymbol{b}\cdot(\boldsymbol{a}\times\boldsymbol{c})=\boldsymbol{c}\cdot(\boldsymbol{b}\times\boldsymbol{a})$ であった)．すなわち我々は「法則」3.46 から，(比例定数を除いて)次の法則を導いたことになる．

「法則」3.49 電荷 e をもつ粒子が速度 $\boldsymbol{v}$ で磁場 $\boldsymbol{B}$ の中を運動したとき，これが受ける力は $\boldsymbol{F}=e\boldsymbol{v}\times\boldsymbol{B}$ で与えられる． □

この力のことを**ローレンツ**(Lorentz)**力**という(「法則」3.49 は式(3.41)と符号が逆であるが，これは電子の電荷が負であるためである)．

「法則」3.49 が電場の場合の「法則」3.2(ii)にあたる．電場と磁場との両方が存在するとき，それらが及ぼす力は独立である．したがって，電荷 e をもつ粒子が時刻 t で $\boldsymbol{x}(t)$ にあるとき，これが受ける力は

$$\boldsymbol{F}=e\boldsymbol{E}(\boldsymbol{x}(t))+e\frac{d\boldsymbol{x}}{dt}\times\boldsymbol{B}(\boldsymbol{x}(t)) \qquad (3.42)$$

で与えられる．

例題 3.50 質量 1，電荷 1 をもつ粒子が，$\boldsymbol{B}\equiv(0,0,1)$ なる磁場の中を運

動しているとする．時刻0でこの粒子の位置が $(0,0,0)$，速度が $(1,0,0)$ のとき，この粒子の運動を決定せよ．

［解］　ニュートンの運動方程式は $m\dfrac{d^2\boldsymbol{x}}{dt^2}=\boldsymbol{F}$ である．ここで m は質量で，今は1としていた．また $\boldsymbol{F}$ は(3.42)より，$\dfrac{d\boldsymbol{x}}{dt}\times(0,0,1)$ であった．すなわち，運動方程式は

$$\frac{d^2\boldsymbol{x}}{dt^2}=\frac{d\boldsymbol{x}}{dt}\times(0,0,1)$$

で与えられる．この方程式は容易に解けて，その解は定数 t_0,C,r,x_0,y_0,z_0 を用いて $(x_1(t),x_2(t),x_3(t))=(r\cos(t+t_0)+x_0,\ r\sin(t+t_0)+y_0,\ Ct+z_0)$ と表わされる．与えられた初期条件から t_0,C,r,x_0,y_0,z_0 を求めて代入すると，$(x_1(t),x_2(t),x_3(t))=(\sin t,\cos t-1,0)$．∎

(b)　電磁誘導

次に**電磁誘導**を論じよう．これは磁場が変化するとき，電場が発生するというものである．電磁誘導の法則を確立するために，次のように考える．「法則」3.46を実験で確かめるには，磁場を起こすもの(例えば磁石)をどこかに固定し，これが作った磁場の中を電線を動かすことになるであろう．これに対して電線の方を固定し，磁石を動かしたらどうなるであろうか．次の要請はこの2つが同じ起電力を引き起こすことを主張する．

「要請」3.51　磁石を固定し，その引き起こす磁場の中を電線を動かしたときに豆電球から出る光と，電線を固定し，磁石を逆方向に同じだけ動かしたとき豆電球から出る光とは同じ量である．□

注意3.52　これは相対性原理の一種である．ただし「要請」3.51はガリレイ相対性にあたる．電磁現象では本来は，ローレンツ相対性すなわち特殊相対論の相対性原理を使わなければならない．ここでは電線または磁石を十分ゆっくり動かすとして相対論の効果を無視する．

「要請」3.51を用いて，磁場の変化が電場を生む現象を記述する方程式を導こう．電線の方を固定し磁石を動かすという現象を考える．このとき電流

が流れる，というのが「要請」3.51 の主張である．したがって，やはり電線中の電子が力を受けていると考えなければならない．電線は動いていないから，この力は式(3.42)の第2項ではなく第1項からくると考えなければならない．すなわち電場が発生していると考えるべきである．このとき発生した電場を $\boldsymbol{E}$ としよう．これはどのように発生したと考えるべきであろうか．

磁石が時刻0で作っていた磁場を $\boldsymbol{B}$ とする．磁石を平行移動している，すなわち時刻 t で最初の位置から $\boldsymbol{m}(t)$ だけずらしているとすると，時刻 t での磁場は $\boldsymbol{B}(\boldsymbol{x},t)=\boldsymbol{B}(\boldsymbol{x}-\boldsymbol{m}(t))$ で与えられる．したがって $\dfrac{d\boldsymbol{B}}{dt}\neq\boldsymbol{0}$ である．この磁場の変化が電場 $\boldsymbol{E}$ を作り出し，これが電子を動かして電流を生じさせていると考える．我々の目標は「法則」3.46 と「要請」3.51 に基づいて，生じている電場 $\boldsymbol{E}$ を決定することである．

時刻 t と $t+\delta t$ の間に発生する起電力は，「法則」3.46 と「要請」3.51 から次のようにして求められる．磁場を止めて電線を動かす場合にもどる．$\varphi(s,t)=\boldsymbol{l}(s)+t\boldsymbol{v}$ とおき $S_{0,\delta t}$ を $\{\varphi(s,t)\,|\,0\leqq s\leqq 1,\ 0<t<\delta t\}$ なる曲面とすると，生じている起電力は

$$\int_{S_{0,\delta t}}\boldsymbol{B}\cdot d\boldsymbol{S}_{0,\delta t}$$

である．S を $\partial S=\boldsymbol{l}$ なる境界付き曲面とし，これを $\boldsymbol{v}\delta t$ 平行移動した曲面を $S_{\delta t}$ とする．$S_{\delta t}$ には S の向きを平行移動した向きを入れる．$S_{0,\delta t}, S, S_{\delta t}$ をあわせると閉曲面になる(図3.9)．この閉曲面の囲む図形を Ω とすると，$\operatorname{div}\boldsymbol{B}=0$ ゆえ，定理2.26 により

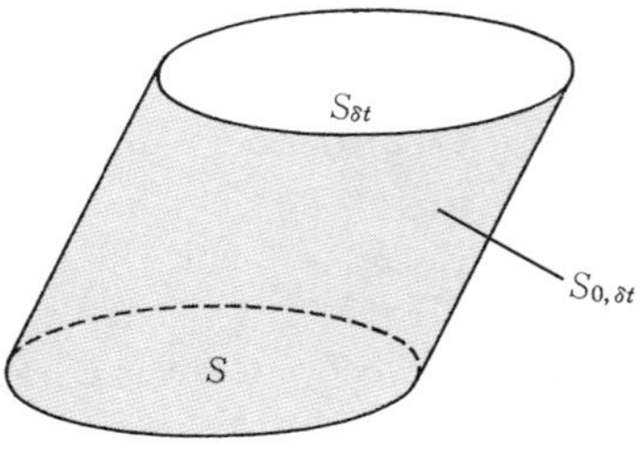

図 3.9 電磁誘導の法則とローレンツ力の関係

$$\int_{S_{0,\delta t}} \boldsymbol{B}\cdot d\boldsymbol{S}_{0,\delta t} - \int_S \boldsymbol{B}\cdot d\boldsymbol{S} + \int_{S_{\delta t}} \boldsymbol{B}\cdot d\boldsymbol{S}_{\delta t} = \int_\Omega \mathrm{div}\,\boldsymbol{B}\,dx_1dx_2dx_3 = 0$$

である(向きにも注意)．よって次の式が成立する．

$$\int_{S_{0,\delta t}} \boldsymbol{B}\cdot d\boldsymbol{S}_{0,\delta t} = \int_S \boldsymbol{B}\cdot d\boldsymbol{S} - \int_{S_{\delta t}} \boldsymbol{B}\cdot d\boldsymbol{S}_{\delta t}. \tag{3.43}$$

さて電線を止めて磁場を動かす場合にもどる．$\boldsymbol{B}(\boldsymbol{x},t)=\boldsymbol{B}(\boldsymbol{x}-\boldsymbol{m}(t))$ を用いると(3.43)は

$$-\int_S \boldsymbol{B}(\boldsymbol{x},\delta t)\cdot d\boldsymbol{S} + \int_S \boldsymbol{B}(\boldsymbol{x},0)\cdot d\boldsymbol{S} \tag{3.44}$$

に一致する．「要請」3.51 によれば，この積分が電場 $\boldsymbol{E}$ による起電力と一致しなければならない．電場 $\boldsymbol{E}$ は点 $\boldsymbol{l}(s)$ にある電子に $\boldsymbol{E}(\boldsymbol{l}(s))$ なる力を与える．このうち起電力に寄与するのは

$$\boldsymbol{E}(\boldsymbol{l}(s))\cdot\frac{d\boldsymbol{l}}{ds}(s)\Big/\left\|\frac{d\boldsymbol{l}}{ds}(s)\right\|$$

である．また，電線の微小な部分 $\{\boldsymbol{l}(s)\mid s_0<s<s_0+\delta s\}$ にある電子の数はおおよそ $\delta s\left\|\dfrac{d\boldsymbol{l}}{ds}(s_0)\right\|$ に比例する．したがって時刻 0 と δt の間に電場 $\boldsymbol{E}$ によって発生する起電力を，ストークスの定理を使って計算すると，

$$\begin{aligned}\int_0^{\delta t}dt\int_0^1 \boldsymbol{E}(\boldsymbol{l}(s),t)\cdot\frac{\partial\boldsymbol{l}}{\partial s}ds &= \int_0^{\delta t}dt\int_0^1 \boldsymbol{E}(\boldsymbol{l}(s),t)\cdot d\boldsymbol{l}\\ &= \int_0^{\delta t}dt\int_S \mathrm{rot}\,\boldsymbol{E}\cdot d\boldsymbol{S}\end{aligned} \tag{3.45}$$

である．(3.44)と(3.45)が等しいことから

$$\int_S \boldsymbol{B}(\boldsymbol{x},\delta t)\cdot d\boldsymbol{S} - \int_S \boldsymbol{B}(\boldsymbol{x},0)\cdot d\boldsymbol{S} = -\int_0^{\delta t}dt\int_S \mathrm{rot}\,\boldsymbol{E}\cdot d\boldsymbol{S}$$

が得られる．両辺を δt で割って，$\delta t\to 0$ とすると，

$$\int_S \frac{d\boldsymbol{B}}{dt}(\boldsymbol{x},0)\cdot d\boldsymbol{S} = -\int_S \mathrm{rot}\,\boldsymbol{E}\cdot d\boldsymbol{S}$$

が得られる．これが任意の S に対して成り立つことから次の法則を得る．

「法則」3.53（ファラデー(Faraday)の**電磁誘導の法則**）

$$\frac{d\boldsymbol{B}}{dt} = -\mathrm{rot}\,\boldsymbol{E}.$$

□

我々は，「法則」3.53を非常に特殊な磁場の時間変化，すなわち平行移動の場合のガリレイ相対性原理から得た．したがって，そうでないタイプの磁場の変化に対しても「法則」3.53が成り立つことは，別に確かめなければならない．

そのような実験を行なう方法の1つは，2つの回路を用意し，一方に電池とスイッチを，もう一方に豆電球をつけ，第1の回路を切ったり付けたりすることである(図3.10)．すると，第1の回路を付けた瞬間と切った瞬間に，回路を流れる電流が作る磁場が変化し，それが第2の回路に電流を生じさせ豆電球がつく．このような実験はファラデーによる．

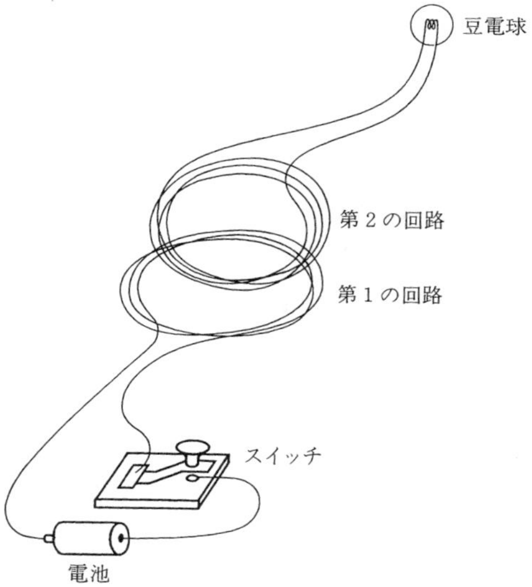

図3.10　ファラデーの実験

ところでこうして第2の回路に電流が流れると，それから磁場が生じる．「法則」3.22と3.53を比べると，この磁場は第1の回路が作る磁場と正反対の向きを向いている(これを**レンツ(Lentz)の法則**という)．言い換えると，逆向きに磁場を作る電流に抗して磁場を作るためには，電池がその分のエネルギーを消費しなければならない．このようにして，電池のエネルギーが磁場を通して第2の回路に伝わり，豆電球をつけたことになる．

(c)　変位電流

さて，我々は変化する電磁場の法則の1つ「法則」3.53を見いだした．他の法則はどうなるであろうか．2つの法則 $\varepsilon_0 \operatorname{div} \boldsymbol{E} = q$，$\operatorname{div} \boldsymbol{B} = 0$ は変える必要がない(後者は「法則」3.53の導出でもすでに使った)．「法則」3.28，$\mu_0 \operatorname{rot} \boldsymbol{B} = \boldsymbol{j}$ は修正の必要がある．これは次の理由による．この節では電流は定常電流とは限らない．したがって，連続の方程式(1.5)により

$$\operatorname{div} \boldsymbol{j} + \frac{\partial q}{\partial t} = 0$$

が成り立つ．しかしもし $\operatorname{rot} \boldsymbol{B} = \mu_0 \boldsymbol{j}$ だったとすると，$\mu_0 \operatorname{div} \boldsymbol{j} = \operatorname{div} \operatorname{rot} \boldsymbol{B} = 0$ となるから，$\dfrac{\partial q}{\partial t} = 0$ となってしまう．

これはどのように修正したらよいであろうか．ベクトル場 $\boldsymbol{X}$ が

$$\operatorname{div}\left(\frac{1}{\mu_0} \operatorname{rot} \boldsymbol{B} - \boldsymbol{j}\right) = \frac{dq}{dt} = \operatorname{div} \boldsymbol{X}$$

をみたすとする．すると $\varepsilon_0 \operatorname{div} \boldsymbol{E} = q$ より

$$\varepsilon_0 \frac{d \operatorname{div} \boldsymbol{E}}{dt} = \operatorname{div} \boldsymbol{X} \tag{3.46}$$

が成り立つ．したがって $\boldsymbol{X} = \varepsilon_0 \dfrac{d\boldsymbol{E}}{dt}$ とすればよいであろう．$\varepsilon_0 \dfrac{d\boldsymbol{E}}{dt}$ のことを**変位電流**(displacement current)という．

すなわち

「法則」3.54

$$\frac{1}{\mu_0} \operatorname{rot} \boldsymbol{B} = \varepsilon_0 \frac{d\boldsymbol{E}}{dt} + \boldsymbol{j}.$$

□

「法則」3.54を以上のような考え方で導いたのは，マクスウェル(Maxwell)であった．

以上の考察で得た方程式系は，マクスウェルの方程式系とよばれ，電磁気

学の基本法則である．ここでもう一度まとめておこう．

マクスウェルの方程式系

$$\varepsilon_0 \operatorname{div} \boldsymbol{E} = q \tag{3.47}$$

$$\operatorname{rot} \boldsymbol{E} = -\frac{d\boldsymbol{B}}{dt} \tag{3.48}$$

$$\operatorname{div} \boldsymbol{B} = 0 \tag{3.49}$$

$$\frac{1}{\mu_0} \operatorname{rot} \boldsymbol{B} = \varepsilon_0 \frac{d\boldsymbol{E}}{dt} + \boldsymbol{j} \tag{3.50}$$

$$\boldsymbol{F} = e\boldsymbol{E}(\boldsymbol{x}(t)) + e\frac{d\boldsymbol{x}}{dt} \times \boldsymbol{B}(\boldsymbol{x}(t)) \tag{3.51}$$

(d)　電磁波

マクスウェルの方程式を詳しく調べるのは他の本に譲るが，ここでは**電磁波**(electromagnetic wave)の存在がこの方程式から導かれることを見ておこう．そのために§3.2と§3.4で論じたポテンシャルの考え方を，方程式系(3.47)–(3.51)に従う定常的ではない場に対して，どのように一般化したらよいか考えよう．まず方程式(3.49)は成立しているから，磁場に対するベクトルポテンシャル $\boldsymbol{A}$ はやはり存在する(定理3.37)．すなわち

$$\boldsymbol{B} = \operatorname{rot} \boldsymbol{A} \tag{3.52}$$

である．ただしこの $\boldsymbol{A}$ は空間の点だけでなく時間の関数でもある．電場のポテンシャルはどうであろうか．(3.48)を見ると，変化する電磁場の場合，$\operatorname{rot} \boldsymbol{E}$ は $\boldsymbol{0}$ でない．したがって $-\operatorname{grad}\varphi = \boldsymbol{E}$ なる φ は存在しない．しかし(3.52)を見ると $\operatorname{rot}\left(\boldsymbol{E} + \dfrac{d\boldsymbol{A}}{dt}\right) = \boldsymbol{0}$ が成立している．したがって

$$\boldsymbol{E} = -\operatorname{grad}\varphi - \frac{d\boldsymbol{A}}{dt} \tag{3.53}$$

なるスカラー値関数 φ が存在する．この組 $(\boldsymbol{A}, \varphi)$ をポテンシャルと考える．

残りの2つの方程式(3.47),(3.50)を見るまえに，組 $(\boldsymbol{A}, \varphi)$ のとり方にどのくらいの不定性があるのか考えてみよう．

$(\boldsymbol{A}', \varphi')$ もまた(3.52),(3.53)をみたすとしよう．するとまず(3.52)より，

$A' - A = \mathrm{grad}\,\psi$ なる(時間に依存する)スカラー値関数 ψ が存在する．したがってこれを(3.53)に代入すると，$\mathrm{grad}\,\varphi' - \mathrm{grad}\,\varphi + \dfrac{d\,\mathrm{grad}\,\psi}{dt} = \mathbf{0}$ が得られる．よって $\varphi' = \varphi - \dfrac{d\psi}{dt}$ となる．

$$\begin{cases} \varphi' = \varphi - \dfrac{d\psi}{dt} \\ \boldsymbol{A}' = \boldsymbol{A} + \mathrm{grad}\,\psi \end{cases} \tag{3.54}$$

なる変換を**ゲージ変換**という．$(\boldsymbol{A}, \varphi)$ を選ぶことをゲージを選ぶという．2つの異なったゲージはゲージ変換で移りあう．変化する電磁場の場合，もっとも普通に用いられるのが，次の補題の結論(3.55)をみたすゲージで，これを**ローレンツゲージ**と呼ぶ．

補題 3.55　任意の(有界集合の外で0になる)組 $(\boldsymbol{A}, \varphi)$ に対して，(3.54)の変換を施すと，$(\boldsymbol{A}', \varphi')$ が

$$\varepsilon_0 \frac{d\varphi'}{dt} + \frac{1}{\mu_0} \mathrm{div}\, \boldsymbol{A}' = 0 \tag{3.55}$$

をみたすようにできる．□

補題の証明は省略する．さて，ローレンツゲージ $(\boldsymbol{A}, \varphi)$ でマクスウェルの方程式を考えよう．すなわち，(3.52)と(3.53)を方程式系(3.47)–(3.50)に代入しよう．(3.48)と(3.49)は自動的にみたされる．残りの2つ(3.47)と(3.50)は，代入して計算すると

$$-\varepsilon_0\, \mathrm{div}\ \mathrm{grad}\,\varphi - \varepsilon_0\, \mathrm{div}\, \frac{d\boldsymbol{A}}{dt} = q$$

$$\frac{1}{\mu_0} \mathrm{rot}\ \mathrm{rot}\, \boldsymbol{A} = -\varepsilon_0 \frac{d^2\boldsymbol{A}}{dt^2} - \varepsilon_0\, \mathrm{grad}\, \frac{d\varphi}{dt} + \boldsymbol{j}$$

となる．これにローレンツゲージの条件(3.55)を代入して，$\mathrm{div}\ \mathrm{grad} = \Delta$，$-\mathrm{rot}\ \mathrm{rot} + \mathrm{grad}\ \mathrm{div} = \Delta$ を用いると

$$\varepsilon_0\mu_0 \frac{d^2\varphi}{dt^2} - \Delta\varphi = \frac{q}{\varepsilon_0} \tag{3.56}$$

$$\varepsilon_0\mu_0 \frac{d^2\boldsymbol{A}}{dt^2} - \Delta\boldsymbol{A} = \mu_0 \boldsymbol{j} \tag{3.57}$$

を得る．ここで

$$\Box = \varepsilon_0\mu_0\frac{\partial^2}{\partial t^2} - \Delta = \varepsilon_0\mu_0\frac{\partial^2}{\partial t^2} - \frac{\partial^2}{\partial x_1^2} - \frac{\partial^2}{\partial x_2^2} - \frac{\partial^2}{\partial x_3^2}$$

とおき，**ダランベール**(d'Alembert)**作用素**と呼ぶ．これを用いると，(3.56)，(3.57)は

$$\Box\varphi = \frac{q}{\varepsilon_0}$$

$$\Box\boldsymbol{A} = \mu_0\boldsymbol{j}$$

と書ける．この方程式は波動方程式と呼ばれるものの代表例である．これにここで深入りすることはしない(本シリーズ『熱・波動と微分方程式』参照)．ここでは $q=0$, $\boldsymbol{j}=\boldsymbol{0}$ の場合の代表的な解を1つ書いておこう(すなわち電荷がない真空中の電磁場である)．

いま φ_0 を1変数のスカラー値の関数とする．また $\boldsymbol{e}\in\mathbb{R}^3$ を $\|\boldsymbol{e}\|=1$ なるベクトルとする．このとき

$$\varphi(\boldsymbol{x},t) = \varphi_0(\boldsymbol{x}\cdot\boldsymbol{e} - t/\sqrt{\mu_0\varepsilon_0})$$

とおくと，これは $\Box\varphi=0$ をみたすことが容易に確かめられる．したがって φ は(3.56)の $q=0$, $\boldsymbol{j}=\boldsymbol{0}$ の場合の解である．$\boldsymbol{A}$ の方も

$$\boldsymbol{A}(\boldsymbol{x},t) = \boldsymbol{A}_0(\boldsymbol{x}\cdot\boldsymbol{e} - t/\sqrt{\mu_0\varepsilon_0})$$

とおけば，(3.57)をみたす．この解の電磁場は $\boldsymbol{e}$ の方向に波の形を変えることなく伝播する．これが電磁波である．電磁波の速さは $c = \dfrac{1}{\sqrt{\mu_0\varepsilon_0}}$ である．

マクスウェルはその方程式系からこのような波の存在を予言した．電磁波の存在はヘルツ(Hertz)によって実験的に検証され，これがマクスウェルの方程式の実験的確証になった．光の波も電磁波である．

《まとめ》

3.1 点電荷の間に働く力は，距離の2乗に反比例し，電荷の積に比例する．

3.2 電場の発散は電荷密度に比例する．

3.3 電荷密度 q の電荷の分布から発生する電場は，q を用いて積分で表わさ

れる.

3.4　電場の回転は $\mathbf{0}$ で，したがってポテンシャル φ が存在する．φ を電位という.

3.5　ポテンシャル φ はポアソン方程式をみたす.

3.6　電荷の流れ(電流)は磁場を起こす.

3.7　閉曲線 L 上の電流が生む磁場の，別の閉曲線 C での線積分は絡み数 $Lk(C,L)$ に比例する.

3.8　磁場の回転は電流に一致する.

3.9　磁場の発散は 0 である.

3.10　発散が 0 のベクトル場は，他のベクトル場の回転で表わされる.

3.11　$\operatorname{rot}\boldsymbol{A}$ が磁場 $\boldsymbol{B}$ であるとき，$\boldsymbol{A}$ を $\boldsymbol{B}$ のベクトルポテンシャルという.

3.12　点電荷が磁場の中を運動すると力を受ける．これをローレンツ力という.

3.13　ローレンツ力は速度と磁場の外積に比例する.

3.14　変化する磁場は電場を生ずる．生じた電場の回転は，磁場の時間微分に比例する.

3.15　変化する電場は磁場を生ずる．生じた磁場の回転は，電場の時間微分に比例する.

演習問題

(問題の中で使用する記号)

$$S_r(\boldsymbol{p}) = \{\boldsymbol{x} \mid \|\boldsymbol{x}-\boldsymbol{p}\| = r\},\quad S_r = \{\boldsymbol{x} \mid \|\boldsymbol{x}\| = r\},$$
$$D_r(\boldsymbol{p}) = \{\boldsymbol{x} \mid \|\boldsymbol{x}-\boldsymbol{p}\| \leqq r\},\quad D_r = \{\boldsymbol{x} \mid \|\boldsymbol{x}\| \leqq r\}$$

3.1　$f(r)$ を 1 変数の関数とし，$q(\boldsymbol{x}) = f(\|\boldsymbol{x}\|)$ とおく．q は無限回微分可能とし，また $q(\boldsymbol{x}) = 0$ が $\|\boldsymbol{x}\| > 1$ で成り立つと仮定する．$\int_{\mathbb{R}^3} q(\boldsymbol{x})dx_1dx_2dx_3 = Q$ とおく．q なる電荷密度を持つ電荷が作る電場を $\boldsymbol{E}$ とおく.

(1)　$\boldsymbol{E}(\boldsymbol{x})$ は $\boldsymbol{x}$ と平行であることを示せ.

(2)　$\int_{S_r} \boldsymbol{E}\cdot d\boldsymbol{S}_r$ を求めよ.

(3) $\|\boldsymbol{x}\|>1$ のとき，$\boldsymbol{E}(\boldsymbol{x})=\dfrac{Q\boldsymbol{x}}{4\pi\varepsilon_0\|\boldsymbol{x}\|^3}$ であることを示せ．

(4) (3)は回転対称な電荷分布による電場が，電荷分布の外側では，すべての電荷を中心に集めた場合の電場と一致することを主張している．もしクーロンの法則が正確に逆2乗ではなく，

$$\boldsymbol{E}(\boldsymbol{x})=\frac{e(\boldsymbol{x}-\boldsymbol{p})}{4\pi\varepsilon_0\|\boldsymbol{x}-\boldsymbol{p}\|^{3+\alpha}},\quad \alpha\neq 0$$

であったら，このことは成り立たないことを確かめよ．

3.2 Ω を $\mathbb{R}^3$ の中の滑らかな境界を持つ有界領域とする．$\overline{\Omega}=\Omega\cup\partial\Omega$ とおく．$\overline{\Omega}\times\overline{\Omega}$ で $\overline{\Omega}$ の元の組全体を表わす．また $\Delta=\{(\boldsymbol{p},\boldsymbol{p})\mid\boldsymbol{p}\in\overline{\Omega}\}\subset\overline{\Omega}\times\overline{\Omega}$ とおく．$G(\boldsymbol{p},\boldsymbol{q})$ なる $\overline{\Omega}\times\Omega\backslash\Delta$ 上の連続関数が**グリーン関数**であるとは，次の性質(a),(b),(c)を持つことをいう．

(a) $G(\boldsymbol{p},\boldsymbol{q})-\dfrac{1}{4\pi\|\boldsymbol{p}-\boldsymbol{q}\|}$ は $\overline{\Omega}\times\Omega$ で連続，$\Omega\times\Omega$ で無限回微分可能な関数に拡張される．

(b) $G_p(\boldsymbol{x})=G(\boldsymbol{x},\boldsymbol{p})$ を $\boldsymbol{x}\in\overline{\Omega}\backslash\{\boldsymbol{p}\}$ の関数とみなすと，$\Omega\backslash\{\boldsymbol{p}\}$ で $\Delta G_p=0$ が成り立つ．

(c) $\boldsymbol{x}\in\partial\Omega$ に対して $G_p(\boldsymbol{x})=0$．

グリーン関数について，以下の問に答えよ．

(1)* q なる $\overline{\Omega}$ 上の連続関数で，Ω で無限回微分可能なものをとり，

$$\varphi(\boldsymbol{x})=\frac{1}{\varepsilon_0}\int_{\boldsymbol{y}\in\Omega}G(\boldsymbol{x},\boldsymbol{y})q(\boldsymbol{y})dy_1dy_2dy_3$$

とおく．$\varepsilon_0\Delta\varphi=-q$ を示せ．

(2) $\Omega=D_1$ とし，$\rho\colon\Omega\to\mathbb{R}^3\backslash\overline{\Omega}$ を $\rho(\boldsymbol{x})=\dfrac{\boldsymbol{x}}{\|\boldsymbol{x}\|^2}$ で定める．

$$G(\boldsymbol{x},\boldsymbol{y})=\frac{1}{4\pi\|\boldsymbol{x}-\boldsymbol{y}\|}-\frac{1}{4\pi\|\boldsymbol{y}\|\|\boldsymbol{x}-\rho(\boldsymbol{y})\|}$$

は Ω のグリーン関数であることを示せ．

3.3 $\boldsymbol{p}$ を $\mathbb{R}^3$ の点，$\boldsymbol{v}$ をベクトルとする．$\boldsymbol{p}+\varepsilon\boldsymbol{v}$ においた $1/2\varepsilon$ の電荷と，$\boldsymbol{p}-\varepsilon\boldsymbol{v}$ においた $-1/2\varepsilon$ の電荷の作る電場を $\boldsymbol{E}_\varepsilon(\boldsymbol{x};\boldsymbol{p},\boldsymbol{v})$，そのポテンシャルを $\varphi_\varepsilon(\boldsymbol{x};\boldsymbol{p},\boldsymbol{v})$ と書く．

(1) $\boldsymbol{E}(\boldsymbol{x};\boldsymbol{p},\boldsymbol{v})=\lim_{\varepsilon\to 0}\boldsymbol{E}_\varepsilon(\boldsymbol{x};\boldsymbol{p},\boldsymbol{v})$，$\varphi(\boldsymbol{x};\boldsymbol{p},\boldsymbol{v})=\lim_{\varepsilon\to 0}\varphi_\varepsilon(\boldsymbol{x};\boldsymbol{p},\boldsymbol{v})$ を求めよ．(これを電気双極子の作る電場およびそのポテンシャルという．)

(2) $\boldsymbol{c}$ を3次元ベクトルとする．ベクトル場

$$\boldsymbol{W}(\boldsymbol{x}) = \boldsymbol{c} \times \frac{\boldsymbol{y}-\boldsymbol{x}}{\|\boldsymbol{y}-\boldsymbol{x}\|^3}$$

に対して

$$\operatorname{rot} \boldsymbol{W}(\boldsymbol{x}) = -\boldsymbol{c}\left(\frac{\boldsymbol{y}-\boldsymbol{x}}{\|\boldsymbol{y}-\boldsymbol{x}\|^3}\right)$$

を示せ．（記号 $\boldsymbol{c}\left(\dfrac{\boldsymbol{y}-\boldsymbol{x}}{\|\boldsymbol{y}-\boldsymbol{x}\|^3}\right)$ は式(3.25)で使われたもの．）

(3) $\boldsymbol{l}$ を曲線 L のパラメータ $(\boldsymbol{l}(t+1)=\boldsymbol{l}(t))$ とする．

$$\boldsymbol{c}\cdot\int_0^1 \frac{\boldsymbol{y}-\boldsymbol{l}(t)}{\|\boldsymbol{y}-\boldsymbol{l}(t)\|^3} \times \frac{d\boldsymbol{l}}{dt}dt = \int_L \boldsymbol{W}\cdot dl$$

を示せ．

(4)* 境界 L を持つ向きの付いた曲面 S を考える．

$$-4\pi\varepsilon_0 \int_{\boldsymbol{p}\in S} \boldsymbol{E}(\boldsymbol{x};\boldsymbol{p},\boldsymbol{n}(\boldsymbol{p}))dS = \int_0^1 \frac{\boldsymbol{x}-\boldsymbol{l}(t)}{\|\boldsymbol{x}-\boldsymbol{l}(t)\|^3} \times \frac{d\boldsymbol{l}}{dt}dt$$

を示せ．ただし $\boldsymbol{n}(\boldsymbol{p})$ は S の法ベクトルである．

(5) (4)のベクトル場を $\widetilde{\boldsymbol{E}}$ とする．これは $\mathbb{R}^3\backslash L$ 上の連続微分可能なベクトル場に拡張されることを示せ．

(6) $\displaystyle\int_{\boldsymbol{p}\in S} \varphi(\boldsymbol{x};\boldsymbol{p},\boldsymbol{n}(\boldsymbol{p}))dS = \boldsymbol{\Phi}(\boldsymbol{x})$ とおく．$\mathbb{R}^3\backslash S$ 上で $-\operatorname{grad}\boldsymbol{\Phi} = \varepsilon_0\widetilde{\boldsymbol{E}}$ を示せ．

(7) $\boldsymbol{\Phi}$ は $\mathbb{R}^3\backslash L$ 上の連続微分可能関数に拡張されないことを示せ．

(8)* $\boldsymbol{p}$ を $\mathbb{R}^3$ の点，$\boldsymbol{v}$ をベクトルとする．$\boldsymbol{p}$ を通り $\boldsymbol{v}$ と直交する平面に含まれる，$\boldsymbol{p}$ を中心とした半径 ε の円を C_ε と書く．C_ε を流れる強さ $-\|\boldsymbol{v}\|/2\pi\varepsilon^2$ の電流の作る磁場を $\boldsymbol{B}_\varepsilon^{\boldsymbol{p},\boldsymbol{v}}$ とする．

$$\boldsymbol{E}(\boldsymbol{x};\boldsymbol{p},\boldsymbol{v}) = \frac{2}{\mu_0\varepsilon_0}\lim_{\varepsilon\to 0}\boldsymbol{B}_\varepsilon^{\boldsymbol{p},\boldsymbol{v}}(\boldsymbol{x})$$

を示せ(C_ε の向きは各自与えよ)．

3.4　原点を中心にした半径1の球面の内部が，一様に電荷を帯びているとし，電荷の総量を e とする．この球を z 軸を中心として，周期 2π の一定速度で回転するとき，発生する磁場を $\boldsymbol{B}$ とする．$\boldsymbol{B}(0,0,2)$ を計算せよ．

3.5　$\mathbb{R}^3$ 上の C^∞ 級関数 u が劣調和であるとは，$-\Delta u \leqq 0$ であることを指す．劣調和関数 u に対して次の問に答えよ．

(1) $c(\boldsymbol{p},r) = \dfrac{1}{4\pi r^2}\displaystyle\int_{S_r(\boldsymbol{p})} u(\boldsymbol{x})dS_r(\boldsymbol{p})$ とおく．$0<r<R$ ならば $c(\boldsymbol{p},r) \leqq c(\boldsymbol{p},R)$ が成り立つことを示せ．

(2) $u(\boldsymbol{p}) \leqq c(\boldsymbol{p}, r)$ が任意の $r>0$ に対して成立することを示せ.

(3) 点 $\boldsymbol{p}$ が存在し，任意の $\boldsymbol{x}$ に対して，$u(\boldsymbol{p}) \geqq u(\boldsymbol{x})$ であるとする．u は定数であることを示せ.

(4) $u(\boldsymbol{x}) < C$ なる $\boldsymbol{x}$ によらない C が存在するとする．$\lim_{r\to\infty} c(\boldsymbol{p}, r)$ は収束することを示せ.

(5) $u(\boldsymbol{x}) < C$ とする.

$$\lim_{r\to\infty} \frac{3}{4\pi r^3} \int_{D_r(\boldsymbol{p})} u(\boldsymbol{x}) dx_1 dx_2 dx_3 = \lim_{r\to\infty} c(\boldsymbol{p}, r)$$

を示せ.

(6) $u(\boldsymbol{x}) < C$ とする．$\lim_{r\to\infty} c(\boldsymbol{p}, r)$ は $\boldsymbol{p}$ によらないことを示せ.

(7) $-\Delta u = q$ とおく．$u(\boldsymbol{x}) < C$, $\lim_{r\to\infty} c(\boldsymbol{p}, r) = 0$ ならば,

$$4\pi u(\boldsymbol{p}) = \lim_{R\to\infty} \int_{D_R(\boldsymbol{p})} \frac{q(\boldsymbol{x})}{\|\boldsymbol{x}-\boldsymbol{p}\|} dx_1 dx_2 dx_3$$

が成り立つことを示せ.

(8) $|u(\boldsymbol{x})| \|\boldsymbol{x}\|^{1+\delta} < C$ $(\delta > 0)$ なる $\boldsymbol{x}$ によらない C が存在するとする．u は定数であることを示せ.

3.6 z 軸方向の大きさ 1 の磁場の中で，$\boldsymbol{l}(s) = (\cos s, \sin s, 0)$ をパラメータに持つ閉曲線で表わされる電線を，y 軸を中心に周期 2π の一定速度で回転する．電線に豆電球をつけたときの光の強さを，時間の関数として表わせ(比例定数は無視してよい).

3.7 時間変化する電磁場に対するポテンシャル $(\boldsymbol{A}, \varphi)$ を考え

$$f = \varepsilon_0 \frac{d\varphi}{dt} + \frac{1}{\mu_0} \operatorname{div} \boldsymbol{A}$$

とおく.

(1) ψ によるゲージ変換(3.54)で得られるベクトル場が，条件(3.55)をみたす必要十分条件は，$\Box\psi = \mu_0 f$ であることを確かめよ.

(2) g は，ある有界集合の外で 0 である，$\mathbb{R}^3$ 上の関数とする．$c = 1/\sqrt{\mu_0 \varepsilon_0}$ とおき,

$$v(\boldsymbol{x}, t) = t \int_{\boldsymbol{p}\in S_1} g(\boldsymbol{x} - ct\boldsymbol{p}) dS_1$$

と定める．$t, \boldsymbol{p}$ を定数と見たとき，次の式を示せ.

$$\Delta v = t\int_{p\in S_1}(\Delta g)(\boldsymbol{x}-ct\boldsymbol{p})dS_1.$$

(3) 次の式を示せ.

$$\frac{\partial}{\partial t}\int_{p\in S_1} g(\boldsymbol{x}-ct\boldsymbol{p})dS_1 = -c\int_{p\in S_1}(\mathrm{grad}\, g)(\boldsymbol{x}-ct\boldsymbol{p})\cdot d\boldsymbol{S}_1.$$

(4) $\boldsymbol{x}$ を定数と見たとき，次の式を示せ.

$$\frac{\partial}{\partial t}\int_{p\in S_1} g(\boldsymbol{x}-ct\boldsymbol{p})dS_1 = \frac{1}{ct^2}\int_{p\in D_{ct}}(\Delta g)(\boldsymbol{x}-\boldsymbol{p})dp_1dp_2dp_3.$$

(5) $\Box v = 0$ を示せ.

(6) $f(\boldsymbol{x},t)$ がある有界集合の外では0であるとする.

$$h(\boldsymbol{x},t,\tau) = \begin{cases} \dfrac{\mu_0}{4\pi c^2(t-\tau)}\displaystyle\int_{y\in S_{c(t-\tau)}(\boldsymbol{x})} f(\boldsymbol{y},\tau)dS_{c(t-\tau)}(\boldsymbol{x}) & (t>\tau) \\ 0 & (t=\tau) \end{cases}$$

とおく．$\Box h = 0$，$h(\boldsymbol{x},t,\tau)$ は $t=\tau$ で連続，$\dfrac{\partial h}{\partial t}(\boldsymbol{x},t,t) = \mu_0 f(\boldsymbol{x},t)$ を示せ.

(7)

$$\psi(\boldsymbol{x},t) = \frac{\mu_0}{4\pi c^2}\int_{D_{c(t-\tau)}(\boldsymbol{x})}\frac{f(\boldsymbol{y},\, t-\|\boldsymbol{x}-\boldsymbol{y}\|/c)}{\|\boldsymbol{x}-\boldsymbol{y}\|}dy_1dy_2dy_3$$

とおく．$\displaystyle\int_0^t h(\boldsymbol{x},t,\tau)d\tau = \psi(\boldsymbol{x},t)$ を示せ.

(8) $\Box\psi = c^{-2}\mu_0 f$ を示せ.

(9) 補題3.55を証明せよ.

(10)* $t<0$ で $f=0$ とする．g を $\mathbb{R}^3$ 上の関数で，ある有界集合の外で0とする．$\Box u = c^{-2}\mu_0 f$ の解 u で $u(\boldsymbol{x},0)=g(\boldsymbol{x})$ であるものを求めよ.

(11) 初期条件 $\boldsymbol{A}_0(\boldsymbol{x})$，$\varphi_0(\boldsymbol{x})$ および $q, \boldsymbol{j}$ を与える．また有界集合の外および $t<0$ で $q=0$，$\boldsymbol{j}=\boldsymbol{0}$ であるとし，また $\boldsymbol{A}_0(\boldsymbol{x}), \varphi_0(\boldsymbol{x})$ も有界集合の外で0であると仮定する．これらに対して(3.56)，(3.57)の解 $\boldsymbol{A}(\boldsymbol{x},t), \varphi(\boldsymbol{x},t)$ で，$\boldsymbol{A}(\boldsymbol{x},0)=\boldsymbol{A}_0(\boldsymbol{x})$，$\varphi(\boldsymbol{x},0)=\varphi_0(\boldsymbol{x})$ なるものを求めよ.

(12) (11)を用いて，電磁場が情報をたかだか c の速さでしか伝えないことを説明せよ.

現代数学への展望

本書の内容からさらに進んで学ぼうとする読者のために，参考書をあげながら，現代数学とのつながりを述べよう．

本書のテーマであったベクトル解析については，数多くの本が出版されている．ここでは

1. 岩堀長慶，ベクトル解析，裳華房，1960.
2. 志賀浩二，ベクトル解析 30 講，朝倉書店，1989.
3. 丹羽敏雄，ベクトル解析，朝倉書店，1989.
4. 戸田盛和，ベクトル解析，岩波書店，1989.

をあげておく．本書であまり詳しく述べなかったベクトル場の代数的な性質は，1., 2. に詳しく述べられている．

微積分学の教科書の中にもベクトル解析にふれているものが多い．例えば

5. 杉浦光夫，解析入門 II，東京大学出版会，1985.

の VIII 章のやり方は本書と近く，参考にさせていただいた．

6. スピヴァック，齋藤正彦訳，多変数解析学，東京図書，1972.

は，本書といわば正反対のやり方で(ブルバキ流で?)記述されている．

本書でも曲面や曲線についてかなり述べたが，実例などを含め，より詳しく知りたい読者は

7. 志賀浩二，曲面(数学が育っていく物語 6)，岩波書店，1994.
8. 砂田利一，曲面の幾何(シリーズ現代数学への入門)，岩波書店，近刊.
9. 長野正，曲面の数学，培風館，1968.

を見てほしい．

本書では，曲面などの上の幾何学，すなわち曲面や曲線の微分幾何学にはふれなかった．8., 9., 18. および

10. 小林昭七，曲面と曲線の微分幾何，裳華房，1977.

などに述べられている．

数学者の書いたベクトル解析の本では，微分形式が中心になっているものが多い(例えば 2., 6.)．いろいろな定理を一貫したやり方で美しく導くには，微分形式が優れており，また次元が高い場合を考えるには，微分形式を用いることが不可欠である．微分形式については

11.　深谷賢治，解析力学と微分形式(シリーズ現代数学への入門)，岩波書店，近刊．

で述べる．また次の本にも，数理物理への応用も含めて述べられている．

12.　フランダース，岩堀長慶訳，微分形式の理論，岩波書店，1967．

電磁気学についての書物もたいへん多い．本書は数学者の立場で書かれているので，理論の筋道に必要ないことは，物理的にきわめて重要なことでも省いてある．例えば，誘電体，電磁場のエネルギーなどについて，当然学ぶべきである．電磁気学に興味をもった方は，物理学者の書いたものを読んでいただきたい．1冊だけあげておくと，

13.　ファインマン・レイトン・サンズ，電磁気学(ファインマン物理学 III)，宮島龍興訳，岩波書店，1986．

はたいへん面白い本である．

本書で述べたような，平面や3次元空間の領域での幾何学と解析学の関わりは，複素関数論の中にも現われた．これについては第1章の囲み記事「代数関数の積分と周期」でふれた．そこで述べたように，例えば積分

$$\int^z \frac{dx}{\sqrt{1-x^2}} = \arcsin z$$

を複素変数で考えると，$\sqrt{1-x^2}$ がプラスマイナスの分だけ決まらないことが問題になる．これはより一般的に言えば，代数方程式(今の例では x を変数，y を未知数とみなした，$y^2+x^2-1=0$)の根が1つでないこと，に関わる．このような問題を扱うために，リーマンはリーマン面とよばれる概念を考え出した．リーマン面は2次元の図形であるが，平面の領域ではない．リーマン面の幾何学とその上の複素関数，さらには代数方程式との関係についての研究は，19世紀から20世紀初頭にかけて大きく進歩し，リーマン面と

いう概念そのものがその中でしだいに明確になっていった．リーマン面については，

14. 神保道夫，複素関数入門(シリーズ現代数学への入門)，岩波書店，2003.

の中にも(インフォーマルに)述べられている．リーマン面の理論については，ここで参考書としてあげるには程度が高すぎるが，岩澤健吉『代数函数論(増補版)』(岩波書店，1973)，ワイル『リーマン面』(田村二郎訳，岩波書店，1974)というすばらしい本がある．より近づきやすい書物には，例えば

15. 難波誠，代数曲線の幾何学，現代数学社，1991.

がある．

リーマンのもう1つの大きな業績が，高次元の空間を含む，より一般化された空間概念の提出である．これはリーマンの有名な講演「幾何学の基礎をなす仮定について」(『リーマン，リッチ，レビ=チビタ，アインシュタイン，マイヤー リーマン幾何とその応用』(矢野健太郎訳，共立出版，1971)に収録)でなされたものである．

リーマンによって発見された2つのアイディアは，20世紀にいたって多様体という概念に結実した．多様体は曲面を一般化した概念である．多様体を定義するための問題点は，§2.1(a),(b)で述べたことと，ほとんど同じである．そこで述べた局所座標の考え方が，多様体を定義する上で中心的な役割を果たす．

学習の手引きで述べたように，曲面を数学的に厳密に扱うことができれば，多様体は，単に変数を増やしただけにすぎない．本書は曲面について，かなり多様体的な記述を行なったので，本書を読んだ読者にとって，多様体を学ぶのはそれほど難しくないはずである．多様体の教科書は多くあるが，ここではたいへん丁寧に書かれた

16. 松本幸夫，多様体の基礎，東京大学出版会，1988.

をあげておく．多様体は17., 18.にも述べられている．

多様体という概念によって，高次元の図形とはなにかが明確にされると，リーマン面に関わる数学の高次元化が，20世紀の数学の中心問題の1つとし

て現われた．本書で述べたような平面，3次元空間，曲面の上のベクトル解析を高次元化することがその出発点となり，それを微分形式の理論に書き直し，そして多変数化することで高次元化がなされた．本書で名前だけ出して説明しなかったド・ラームの定理などが，その中心となる．これらについては，次の書物をあげておく．

17. 森田茂之，微分形式の幾何学(岩波講座現代数学の基礎)，岩波書店，1996-97.

また

18. シンガー・ソープ，赤摂也他訳，トポロジーと幾何学入門，培風館，1976.

には曲面の幾何学とあわせて述べてある．17., 18. は本書の内容に興味をもった読者が次に読む本として最適であろう．

本書の第3章で述べたラプラス方程式，ポアソン方程式も高次元化される．これを調和積分論という．調和積分論は 17. のほか，次の本に述べられている．

19. 秋月康夫，調和積分論 上(第2版)，岩波書店，1973.

20. 北原晴夫・河上肇，調和積分論，近代科学社，1991.

調和積分論を駆使して，多変数の複素関数を調べることが，リーマン面の理論の高次元化である．それは複素多様体論とよばれ，代数幾何学とも関わり，現在もさかんに研究されている．これについては，次の書物をあげておく．

21. 小林昭七，複素幾何(岩波講座現代数学の基礎)，岩波書店，1997-98.

ベクトル解析の次に学習することの1つに，テンソル解析がある．テンソル解析というタイトルの本は多いが，数学としては古いスタイルで書かれていることが多い．数学科の課程では，テンソル解析は多様体上の微分幾何学の一部として学ぶことが多い．

22. 丹野修吉，多様体の微分幾何学，実教出版，1976.

をあげておく．

電磁場の理論は可換ゲージ場の理論とよばれるべきで，それが高次元化されたのが調和積分論である．非可換ゲージ場の理論が，最近では物理学，数学の双方で研究され重要性を増している．非可換ゲージ場を考えるためには，電場 $\boldsymbol{E}$ や磁場 $\boldsymbol{B}$ ではなく，ベクトルポテンシャル $\boldsymbol{A}$ やポテンシャル φ を中心として考える必要がある．そして第3章で少しだけふれた，ゲージ変換の概念が重要な役割を演ずる．（電磁場を量子化する場合にもやはり $\boldsymbol{E}$ や $\boldsymbol{B}$ ではなく $\boldsymbol{A}$ や φ を中心として考える必要がある．）非可換ゲージ場の特徴は，非線形微分方程式が現われることである．（ポアソン方程式は線形である．）非可換ゲージ場を述べた数学の本で，比較的読みやすいものとして

23. 小林昭七，接続の微分幾何とゲージ理論，裳華房，1989.

をあげておく．

問 解 答

第1章

問1 余弦定理により

$$\|\boldsymbol{u}\|^2+\|\boldsymbol{v}\|^2-2\|\boldsymbol{u}\|\,\|\boldsymbol{v}\|\cos\theta=\|\boldsymbol{u}-\boldsymbol{v}\|^2.$$

一方

$$\|\boldsymbol{u}-\boldsymbol{v}\|^2=\|\boldsymbol{u}\|^2+\|\boldsymbol{v}\|^2-2\boldsymbol{u}\cdot\boldsymbol{v}.$$

問2 $\boldsymbol{u}\cdot(\boldsymbol{v}\times\boldsymbol{w})=\boldsymbol{v}\cdot(\boldsymbol{w}\times\boldsymbol{u})=\boldsymbol{w}\cdot(\boldsymbol{u}\times\boldsymbol{v})=-5$, $\boldsymbol{u}\times(\boldsymbol{v}\times\boldsymbol{w})=(10,0,-5)$, $(\boldsymbol{u}\times\boldsymbol{v})\times\boldsymbol{w}=(9,-5,-3)$.

問3 図1.

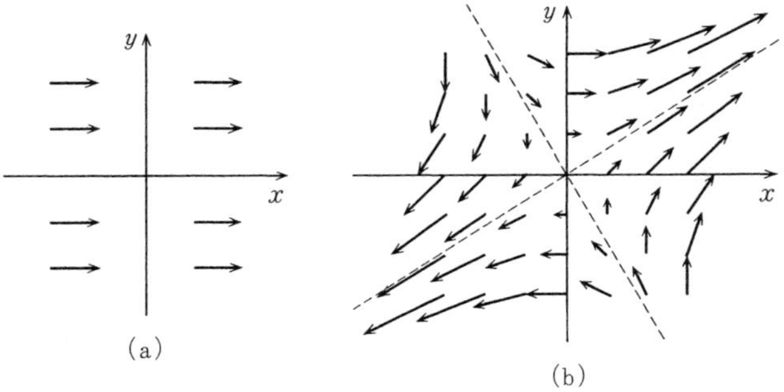

図1 (a) $\boldsymbol{v}(p)=(1,0)$ (b) $\boldsymbol{v}(p)=(x+y,x)$

問4 $\dfrac{\partial(fg)}{\partial x_i}=\dfrac{\partial f}{\partial x_i}g+\dfrac{\partial g}{\partial x_i}f$ が i 成分.

問5 1/2.

問6 図2. (ii)が $(0,0)$ でみたされない.

問7 与えかたはいろいろある. 一例を示す. (1) $\boldsymbol{l}(t)=(t,-\cos t)$ (2) $\boldsymbol{l}(t)=\left(\dfrac{\cos t}{\sqrt{3}},\dfrac{\sin t}{2}\right)$ (3) $\boldsymbol{l}(t)=(t,1/e^t)$

問8 $\boldsymbol{t}(t)=(C,2tC)$, $\boldsymbol{n}(t)=(-2tC,C)$, C はスカラー.

問9 $t\in[a,b]$ に対し, $\boldsymbol{m}(s)=\boldsymbol{l}(t)$ なる s を $g(t)$ と書くと, $\dfrac{d\boldsymbol{l}}{dt}=\dfrac{d\boldsymbol{m}}{ds}\dfrac{dg}{dt}$ ゆえ, $\boldsymbol{l}$ と $\boldsymbol{m}$ は同じ向きを決める $\Longleftrightarrow g$ は単調増加 $\Longleftrightarrow dg/dt>0$. これより題意は示される.

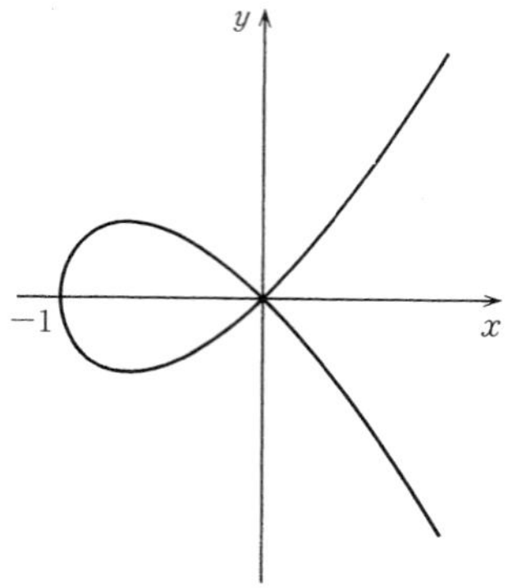

図 2　$L=\{(x,y)\mid y^2=x^2(x+1)\}$

問 10　(1) 0　(2) $2x+1$　(3) $1/\sqrt{x^2+y^2}$　(4) $2\log(\sqrt{x^2+y^2})+1$

問 11　6π.

問 12　単連結なのは(1)と(3).

第 2 章

問 1　$(0,0)$. 図 3.

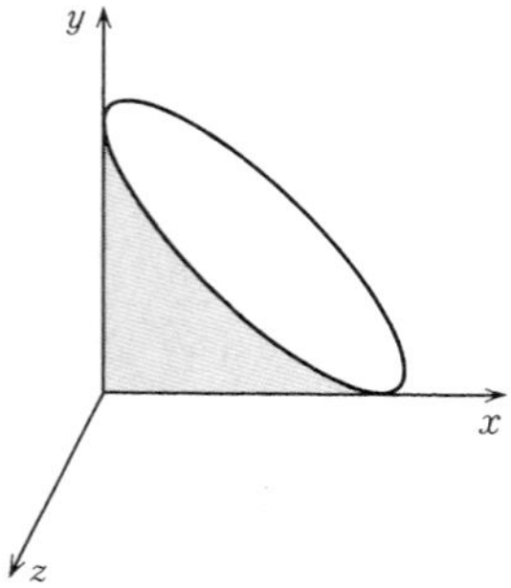

図 3　$\varphi(s,t)=(s^2,t^2,st)$

問 2　答はいろいろある．一例を挙げる．$\varphi_1(s,t)=((1-t)\cos s,\ (1-t)\sin s,\ t)$ $(0<s<2\pi,\ 0<t<1)$, $\varphi_1(s,t)=((1-t)\cos s,\ (1-t)\sin s,\ t)$ $(\pi<s<3\pi,\ 0<t<1)$.

問 3　図 4.

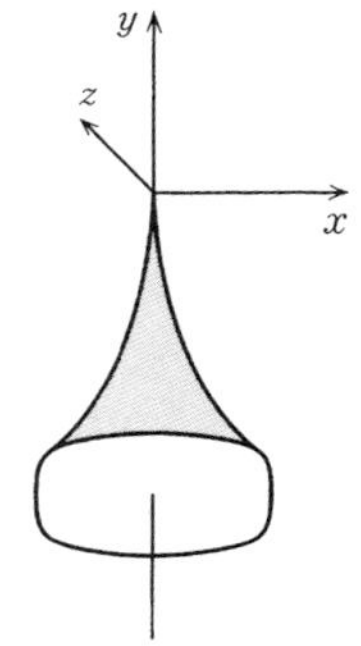

図 4　$S=\{(x,y,z)\,|\,x^2+y^3+z^4=0\}$

問 4　(x,y,z) での法ベクトルは $(2x,y/2,2z/9)$ のスカラー倍．接平面の基底は $(z/9,0,-x)$, $(0,2z/9,-y/2)$.

問 5　$\varphi(s,t)$ での接平面の基底は，$(1,0,\partial f/\partial s)$, $(0,1,\partial f/\partial t)$．法ベクトルは $(\partial f/\partial s,\partial f/\partial t,-1)$ のスカラー倍.

問 6　(s,t) を $(a,b)=(\cos s\cos t,\ \sin s\cos t)$ に変換する写像．定義域は $0<s<2\pi$, $0<t<\pi/2$.

問 7　$\dfrac{1}{1+N^2}\leqq N^{-2}$．また $e^N\geqq\dfrac{N^k}{k!}$ ゆえ，$e^{-N}\leqq k!N^{-k}$.

問 8　$\boldsymbol{V}(\varphi(s,t))=(s,\ -t,\ \sqrt{1-s^2-t^2})$,

$$\frac{\partial\varphi}{\partial s}\times\frac{\partial\varphi}{\partial t}=\left(-\frac{\partial\sqrt{1-s^2-t^2}}{\partial s},\ -\frac{\partial\sqrt{1-s^2-t^2}}{\partial t},\ 1\right)$$

を代入した後，極座標に変換すれば計算できる．答はもちろん同じ.

問 9　$\dfrac{\partial\varphi}{\partial s}\times\dfrac{\partial\varphi}{\partial t}=(-(1-t)\sin s,\ (1-t)\cos s,\ 0)\times(-\cos s,\ -\sin s,\ 1)=((1-t)\cos s,\ (1-t)\sin s,\ 1-t)$．ゆえに $\displaystyle\int_0^1\int_0^{2\pi}(1-t)dsdt=\pi$.

問 10　(r,θ,z) を $(r\cos\theta,r\sin\theta,z)$ に写す変換を用いる．第 1 成分と第 2 成分について §1.4(c)の 証明を使う．詳細は略.

問 11　補題 2.3 を用いて，$\{(x,y,z)\in\mathbb{R}^3\,|\,f(x,y,z)=0\}$ をグラフで表わす．例えば p の近くで $z=g(x,y)$ で表わされたら，Ω は p の近くで $z<g(x,y)$ または $z>g(x,y)$ で表わされる.

問 12　省略．考えてみてほしい.

問 13　同上.

問 14　向きを保つパラメータは，例えば $\boldsymbol{l}(t)=(\sqrt{3}\cos t,\ \sqrt{3}\sin t,\ 1)$.

問 15　単連結なのは(1)と(4).

第3章

問 1　変数変換公式を補題 1.16 の証明と同じように使えばよい.

問 2　$\boldsymbol{B}(x_1, x_2, x_3) = -\dfrac{I\mu_0}{4\pi}\displaystyle\int_{-\infty}^{\infty}\frac{(x_1, x_2, x_3-t)\times(0,0,1)}{(x_1^2+x_2^2+(x_3-t)^2)^{3/2}}dt$

$$= -\frac{I\mu_0}{4\pi}\int_{-\infty}^{\infty}\frac{(x_2, -x_1, 0)}{(x_1^2+x_2^2+(x_3-t)^2)^{3/2}}dt = \frac{-I\mu_0}{2\pi(x_1^2+x_2^2)}(x_2, -x_1, 0).$$

演習問題解答

第1章

1.1　素直に成分に分けて計算する．

1.2　左辺の第1成分は

$$(u_2v_1w_2-u_2v_2w_1)-(u_3v_3w_1-u_3v_1w_3)=(u_2w_2+u_3w_3)v_1-(u_2v_2+u_3v_3)w_1\,.$$

これは右辺の第1成分に等しい．他の成分も同様．

1.3　$\boldsymbol{X}_0=\boldsymbol{V}\times\boldsymbol{W}$ とすると，1.2 より $\boldsymbol{V}\times\boldsymbol{X}_0=\boldsymbol{V}\times(\boldsymbol{V}\times\boldsymbol{W})=-(\boldsymbol{V}\cdot\boldsymbol{V})\boldsymbol{W}$．よって $\boldsymbol{X}=-\boldsymbol{X}_0/\boldsymbol{V}\cdot\boldsymbol{V}$ とすればよい．

1.4　(1) $f(x,y)=x^6+3x^2y^2+12y^{16}$ とおく．$\partial f/\partial x$ と x，$\partial f/\partial y$ と y の符号は一致する．とくに $(x,y)\neq(0,0)$ ならば，$\mathrm{grad}\,f\neq\boldsymbol{0}$．よって定理 1.31 より L_c は曲線である．

(2) L は有界閉集合であるから，f が L 上で最大になる点 p がある．$c=f(p)$ とおく．この p は原点ではない．$\boldsymbol{l}$ を L のパラメータとし，$\boldsymbol{l}(t_0)=p$ とする．t を $f(\boldsymbol{l}(t))$ に写す関数は t_0 で極大であるから，$\dfrac{d(f\circ\boldsymbol{l})}{dt}(t_0)=0$．よって $\mathrm{grad}_p\,f\cdot\dfrac{d\boldsymbol{l}}{dt}(t_0)=0$．同様に，$\boldsymbol{m}$ を $\boldsymbol{m}(t_1)=p$ なる L_c のパラメータとすると，$\mathrm{grad}_p\,f\cdot\dfrac{d\boldsymbol{m}}{dt}(t_1)=0$．$\mathrm{grad}_p\,f\neq\boldsymbol{0}$ ゆえ，$\dfrac{d\boldsymbol{l}}{dt}(t_0)$ と $\dfrac{d\boldsymbol{m}}{dt}(t_1)$ は平行である．

1.5　$\boldsymbol{l}$ を $\boldsymbol{l}(t+1)=\boldsymbol{l}(t)$ である L のパラメータとし，$\boldsymbol{n}(t)$ を $\boldsymbol{l}(t)$ での L の単位法ベクトルとする．$\|\boldsymbol{n}(t)\|=1$ ゆえ，$|\boldsymbol{V}(\boldsymbol{l}(t))\cdot\boldsymbol{n}(t)|\leqq\|\boldsymbol{V}(\boldsymbol{l}(t))\|\leqq C$ が成り立つ．よって

$$\left|\int_L \boldsymbol{V}\cdot\boldsymbol{n}\,dL\right|\leqq\int_0^1|\boldsymbol{V}(\boldsymbol{l}(t))\cdot\boldsymbol{n}(\boldsymbol{l}(t))|\left\|\frac{d\boldsymbol{l}(t)}{dt}\right\|dt\leqq\int_0^1 C\left\|\frac{d\boldsymbol{l}(t)}{dt}\right\|dt\leqq AC\,.$$

1.6　(1) $r=\sqrt{x^2+y^2}$ とおくと，$\mathrm{div}\,\boldsymbol{V}=rf'+2f$．よって求める方程式は $rf'(r)+2f(r)=0$．

(2) (1) に代入して $k=-2$．

(3) $\mathrm{rot}\,\boldsymbol{V}=rf'+2f$．よって $f(r)=cr^{-2}+1/2$．

1.7　(1), (2) は直接計算してもできる．以下のようにすると計算をさぼれる．

(1) $U_1=\{(x,y)\in U\mid f_1(x,y)\neq 0\}$ とおく．U_1 上の関数を

$$g(x,y)=\arctan(f_2(x,y)/f_1(x,y))$$

で定義する．$\mathrm{grad}\, g = -\boldsymbol{V}_F$ が簡単な計算で分かる．よってU_1 上 $\mathrm{rot}\, \boldsymbol{V} = 0$ $f_1 = 0$ である点の周りでは，$\arctan(f_1(x,y)/f_2(x,y))$ を用いて同様に計算すればよい．(arctan は値が π の整数倍だけ決まらないが，$\mathrm{rot}\, \boldsymbol{V}_F = 0$ は各点の周りで証明すればいいから，考えている点の近くで適当に決めておけばよい．)

(2) (1)の g はこの場合，$g(x,y) = \arctan(y/x)$．よってU_1 上 $\boldsymbol{V}_F = -\mathrm{grad}\, g = (y,-x)/(x^2+y^2)$．連続性により，これは $f_1 = 0$ である点の上でも正しい．

(3) -2π．

(4) そのような $\hat{F}$ があるとすると，$\boldsymbol{V}_{\hat{F}}$ は $\mathbb{R}^2$ 上のベクトル場で，$\mathrm{rot}\, \boldsymbol{V}_{\hat{F}} = 0$．よって(3)の $\boldsymbol{l}$ に定理 1.52 を使うと，$\int_0^{2\pi} \boldsymbol{V}_F \cdot d\boldsymbol{l} = \int_{D^2} \mathrm{rot}\, \boldsymbol{V}_{\hat{F}}\, dxdy = 0$ ここでD^2 は半径 1 の円の内部．これは(3)に矛盾する．

1.8 (1) L から $\{(0,y) \mid -\varepsilon \leqq y \leqq \varepsilon\}$ を除いたものを，L_ε とする．L_ε は $(0,-\varepsilon)$ と $(0,\varepsilon)$ を結び U に含まれる．$\boldsymbol{l}_\varepsilon$ を $\boldsymbol{l}_\varepsilon(0) = (0,-\varepsilon)$，$\boldsymbol{l}_\varepsilon(1) = (0,\varepsilon)$ なる L_ε のパラメータとする．$f(0,\varepsilon) - f(0,-\varepsilon) = \int_0^1 \mathrm{grad}_{l_\varepsilon(t)} f \cdot \dfrac{d\boldsymbol{l}_\varepsilon}{dt} dt$ ゆえ，

$$\lim_{n\to\infty} f(0,1/n) - f(0,-1/n) = \lim_{n\to\infty} \int_{L_{1/n}} \mathrm{grad}\, f \cdot d\boldsymbol{l} = \lim_{n\to\infty} \int_{L_{1/n}} \boldsymbol{V} \cdot d\boldsymbol{l} = \int_L \boldsymbol{V} \cdot d\boldsymbol{l}\,.$$

(ここで $\boldsymbol{V}$ が L 上連続であることを用いた．)

(2) $\boldsymbol{V}_2$ は 1 点 $(-1,0)$ を除いて定義され，$\mathrm{rot}\, \boldsymbol{V}_2 = 0$ である．L の囲む領域を V とする．V は $(-1,0)$ を含まないから定理 1.52 より $\int_L \boldsymbol{V}_2 \cdot d\boldsymbol{l} = \int_V \mathrm{rot}\, \boldsymbol{V}_2\, dxdy = 0$．

(3) C が囲む領域を W とし，$W \backslash V = X$ とする．$\boldsymbol{V}_1$ は X 上定義され $\mathrm{rot}\, \boldsymbol{V}_1 = 0$ である．よって $\int_X \mathrm{rot}\, \boldsymbol{V}_1\, dxdy = 0$．定理 1.52 より $\int_L \boldsymbol{V} \cdot d\boldsymbol{l} = \int_C \boldsymbol{V}_1 \cdot d\boldsymbol{l}$．

(4) C のパラメータを $\boldsymbol{l}(t) = (1+4\cos t,\, 4\sin t)$ ととると，$\boldsymbol{V}(\boldsymbol{l}(t)) \cdot \dfrac{d\boldsymbol{l}}{dt}(t) = 1$．よって

$$\lim_{n\to\infty} f(0,1/n) - f(0,-1/n) = \int_C \boldsymbol{V}_1 \cdot d\boldsymbol{l} = 2\pi\,.$$

(5) $\Lambda = \{(x,y) \mid x^2+y^2 = 16\}$，$\Lambda_\pm = \{(x,y) \mid (x\pm 1)^2 + y^2 = 16\}$ とし，$\boldsymbol{l}, \boldsymbol{l}_\pm$ をそのパラメータとする．$\boldsymbol{V}_0 = (-y,x)/((x-1)^2+y^2)$ とおく．平行移動により

$$\int_\Lambda \boldsymbol{V}_1 \cdot d\boldsymbol{l} = \int_{\Lambda_-} \boldsymbol{V}_0 \cdot d\boldsymbol{l}_-, \quad \int_\Lambda \boldsymbol{V}_2 \cdot d\boldsymbol{l} = \int_{\Lambda_+} \boldsymbol{V}_0 \cdot d\boldsymbol{l}_+$$

が分かる．一方，定理 1.60 より $\int_{\Lambda_+} \boldsymbol{V}_0 \cdot d\boldsymbol{l}_+ = \int_{\Lambda_-} \boldsymbol{V}_0 \cdot d\boldsymbol{l}_-$．よって

$$\int_\Lambda \boldsymbol{V} \cdot d\boldsymbol{l} = \int_\Lambda \boldsymbol{V}_1 \cdot d\boldsymbol{l} - \int_\Lambda \boldsymbol{V}_2 \cdot d\boldsymbol{l} = 0\,.$$

これを使って定理1.60の証明と同様にすると題意のような f の存在が分かる.

別の解法として，答を具体的に求めることもできる．すなわち(天下りだが)，$f=-\arctan((x-1)/y)+\arctan((x+1)/y)$ とおけばよい.

ただし $\arctan((x-1)/y)$, $\arctan((x+1)/y)$ は $-\pi/2$ と $3\pi/2$ の間に値がくるように選ぶ．このように決めたとき，x 軸上で $|x|>1$ であるような点に $f=-\arctan((x-1)/y)+\arctan((x+1)/y)$ が連続に拡張されることは確かめなければならない(略).

1.9 (1) 定義より,

$$\int_{L_i} \boldsymbol{V}\cdot d\boldsymbol{l}_i = \int_0^1 \boldsymbol{V}(\boldsymbol{l}_i(t))\cdot\frac{d\boldsymbol{l}_i}{dt}dt\,.$$

仮定より，被積分関数は $\boldsymbol{V}(\boldsymbol{l}(t))\cdot\dfrac{d\boldsymbol{l}}{dt}$ に一様収束するから，題意は示される.

(2) $0=t_{0,\varepsilon}<t_{1,\varepsilon}<\cdots<t_{k,\varepsilon}<\cdots<1$ を，L のパラメータ $[t_{i,\varepsilon},t_{i,\varepsilon+1}]$ の部分の長さが ε であるように選ぶ．すなわち $\displaystyle\int_{t_{i,\varepsilon}}^{t_{i,\varepsilon+1}}\left\|\frac{d\boldsymbol{l}_i}{dt}\right\|dt=\varepsilon$. L の長さを A, k_ε を A/ε より小さい最大の整数とすると，L のパラメータ $[t_{i,k_\varepsilon},1]$ の部分の長さも ε 以下である．$\boldsymbol{l}(t_{i,\varepsilon})$ を中心とした半径 2ε の円の内部を $B_{i,\varepsilon}$ とし，$\Omega_\varepsilon=\bigcup_{i=0}^{k_\varepsilon}B_{i,\varepsilon}$ とする．q を L から距離 ε 以内の点とすると，q から距離 ε 以内の L の点 p_0 が存在する．すると，ある i に対して $\boldsymbol{l}(t_{i,\varepsilon})$ と p_0 の間の距離は ε 以下である．よって q は $B_{i,\varepsilon}\subseteq\Omega_\varepsilon$ に含まれる．つぎに $\Omega_\varepsilon=\bigcup_{i=0}^{k_\varepsilon}B_{i,\varepsilon}$ の任意の点は明らかに，L から距離 2ε 以内にある．最後に Ω_ε の面積は k_ε と $B_{i,\varepsilon}$ の面積($=\pi\varepsilon^2$)の積以下である．よって Ω_ε の面積は $A\pi\varepsilon$ 以下である.

(3) $\displaystyle\left|\int_D \mathrm{rot}\,\boldsymbol{V}\,dxdy\right|\leqq\int_D\|\mathrm{rot}\,\boldsymbol{V}\|dxdy$ で，これは (D の面積)$\times\sup\|\mathrm{rot}\,\boldsymbol{V}\|$ 以下である．よって(2)より(3)が導かれる.

(4) Ω_ε と L の囲む領域の交わりを D とする．定理1.52より

$$\int_L \boldsymbol{V}\cdot d\boldsymbol{l}-\int_{L_\varepsilon}\boldsymbol{V}\cdot d\boldsymbol{l}_\varepsilon=\int_D \mathrm{rot}\,\boldsymbol{V}\,dxdy\,.$$

よって(3)から(4)が得られる.

(5) 仮定より L_ε は Ω_ε に含まれる．よって Ω_ε と L_ε の囲む領域の交わりを D として，(4)と同じ議論をすればよい.

(6) (4)と(5)より明らか.

1.10 (1) $\Longrightarrow$ (2) 対偶を証明する．V_i が有界であるとする．V_i の境界を少し Ω の側にずらした閉曲線を L とする．$L\subset\Omega$ であるが，L が囲む領域は V_i を含

むから，Ω に含まれない．よって Ω は単連結でない．

(2) $\Longrightarrow$ (1) $L\subset\Omega$ とする．L が囲む領域を U とする．U が Ω に含まれなければ，U はどれかの V_i を含む．よって U は有界でない．これは矛盾だから，$U\subset\Omega$. すなわち Ω は単連結である．

第2章

2.1 ベクトル場の面積分の定義には，法ベクトル $\boldsymbol{n}$ が入っている．メビウスの帯の場合に法ベクトル $\boldsymbol{n}$ が定義されない．

2.2 $\operatorname{div}\boldsymbol{V}(x,y,z)=3$ である．$S=\{(x,y,z)\,|\,4x^2+y^2+z=1,\ -3\leqq z\}$ と $\hat{S}=\{(x,y,-3)\,|\,4x^2+y^2=4\}$ を合わせた図形は閉曲面である．これを囲む図形 Ω の体積は $\dfrac{\pi}{2}\displaystyle\int_{-3}^{1}(1-z)dz=4\pi$. よって

$$\int_{S\cup\hat{S}}\boldsymbol{V}\cdot d\boldsymbol{S}=\int_{\Omega}\operatorname{div}\boldsymbol{V}\,dxdydz=12\pi\,.$$

一方 $\displaystyle\int_{\hat{S}}\boldsymbol{V}\cdot d\boldsymbol{S}$ は 0 である．なぜなら $\hat{S}$ の Ω の内から外に向かう向きに関する法ベクトルは，$(0,0,-1)$ であるから，$\boldsymbol{V}\cdot\boldsymbol{n}=0$. よって $\displaystyle\int_{S\cup\hat{S}}\boldsymbol{V}\cdot d\boldsymbol{S}=12\pi$ が求める積分の値である．

2.3 $\operatorname{div}\boldsymbol{W}=0$ が計算で確かめられる．よって $\partial S=\partial\hat{S}$ である $\hat{S}$ に対して $\displaystyle\int_{\hat{S}}\boldsymbol{W}\cdot d\hat{\boldsymbol{S}}=\int_{S}\boldsymbol{W}\cdot d\boldsymbol{S}$ (系 2.40)．$\hat{S}$ として円板 $x^2+y^2\leqq 4,\ z=0$ をとる．$\boldsymbol{V}\cdot\boldsymbol{n}=x^2$ である．極座標を使って計算すると

$$\int_{S}\boldsymbol{W}\cdot d\boldsymbol{S}=\int_{\hat{S}}\boldsymbol{W}\cdot d\hat{\boldsymbol{S}}=\int_0^2 r\,dr\int_0^{2\pi}r^2\cos^2\theta\,d\theta=4\pi\,.$$

2.4 $\boldsymbol{l}_\varepsilon(s)=((2+\varepsilon\cos(s/2)\sin s,\ (2+\varepsilon\cos(s/2))\cos s,\ \varepsilon\sin t(s/2))$ とおく．S_ε を例 2.12 のメビウスの帯から $\{\varphi(s,t)\,|\,-\varepsilon<t<\varepsilon\}$ を除いたものとする．S_ε には向きが定まる．その境界は L と $\boldsymbol{l}_\varepsilon$ をパラメータに持つ曲線の和である．よってストークスの定理より，$\displaystyle\int_L\boldsymbol{V}\cdot d\boldsymbol{m}=\int_0^{4\pi}\boldsymbol{V}\cdot d\boldsymbol{l}_\varepsilon$. ($\boldsymbol{l}_\varepsilon$ は 1 周りするのに 4π かかる．) ここで $\varepsilon\to 0$ とすると，$\displaystyle\lim_{\varepsilon\to 0}\boldsymbol{l}_\varepsilon=\boldsymbol{l}$ である．一方 $\boldsymbol{l}$ は 1 周りするのに 2π かかる．よって $\displaystyle\lim_{\varepsilon\to 0}\int_0^{4\pi}\boldsymbol{V}\cdot d\boldsymbol{l}_\varepsilon=\int_0^{4\pi}\boldsymbol{V}\cdot d\boldsymbol{l}=2\int_C\boldsymbol{V}\cdot d\boldsymbol{l}$. すなわち $\displaystyle\int_L\boldsymbol{V}\cdot d\boldsymbol{m}=2\int_C\boldsymbol{V}\cdot d\boldsymbol{l}$.

2.5 $p\in L\subset S$ に対して，p の近くでの S の座標を $\varphi\colon U\to\mathbb{R}^3$, $U\subset\mathbb{R}^2$ とする．$\varphi(0,0)=p$ としてよい．φ と f の合成は U 上の関数である．$\operatorname{grad}_{(0,0)}(f\circ\varphi)=(\operatorname{grad}_p f\cdot(\partial\varphi/\partial s),\ \operatorname{grad}_p f\cdot(\partial\varphi/\partial t))$. 一方 $\operatorname{grad}_p f$ は S の p での法ベクトルでないから，$\operatorname{grad}_p f$ が $\partial\varphi/\partial s,\partial\varphi/\partial t$ の両方と直交することはない．よって

$\mathrm{grad}_{(0,0)}(f\circ\varphi)\neq\mathbf{0}$. よって $(f\circ\varphi)^{-1}(0)=\{(s,t)\in U\mid f(\varphi(s,t))=S\}$ は $(0,0)$ の近くで曲線である．この正則パラメータを $\boldsymbol{l}$ とすると $\varphi\circ\boldsymbol{l}$ が L の正則パラメータである．

2.6 $p\in S_1\cap S_2$ とする．p の近くで S_2 は方程式 $f=0$ で表わされる．(例えば補題 2.3 から分かる.) $T_pS_1\neq T_pS_2$ より，$\mathrm{grad}_p f$ は S_1 の p での法ベクトルではない．よって S_1 を S と思って問題 2.5 を用いれば，$S_1\cap S_2$ は p の近くで曲線である．

2.7 簡単のため，S は 1 枚の座標 $\varphi: U\to\mathbb{R}^3$, $U\subset\mathbb{R}^2$ で覆われているとする．AS の面積は

$$\int_{AS}1\,d(AS)=\int_U\left|\frac{\partial(A\circ\varphi)}{\partial s}\times\frac{\partial(A\circ\varphi)}{\partial t}\right|dsdt.$$

一方

$$\frac{\partial(A\circ\varphi)}{\partial s}=A\frac{\partial\varphi}{\partial s},\quad \frac{\partial(A\circ\varphi)}{\partial t}=A\frac{\partial\varphi}{\partial t}$$

である(右辺は行列の掛け算)．よって次のことが示されればよい．任意のベクトル $\boldsymbol{u},\boldsymbol{v}$ に対して

$$|\alpha\beta|\|\boldsymbol{u}\times\boldsymbol{v}\|\leqq\|A\boldsymbol{u}\times A\boldsymbol{v}\|\leqq|\beta\gamma|\|\boldsymbol{u}\times\boldsymbol{v}\|.$$

これを示すには，例えば次のようにすればよい．A の余因子行列を X とする．問題 1.1 より，$A\boldsymbol{u}\times A\boldsymbol{v}=X(\boldsymbol{u}\times\boldsymbol{v})$ 一方 X の固有値は $\alpha\beta,\beta\gamma,\alpha\gamma$ である．よって

$$|\alpha\beta|\|\boldsymbol{u}\times\boldsymbol{v}\|\leqq\|A\boldsymbol{u}\times A\boldsymbol{v}\|\leqq|\beta\gamma|\|\boldsymbol{u}\times\boldsymbol{v}\|$$

が示される．

2.8 (1) $x=p_0$, $y=p_t=(1+t)(p-p_0)+p_0$ (ここで例えば p で点 p の位置ベクトルを表わした)，$\alpha=t$, $\beta=1$ とおいて，仮定を適用する．すると $f(p)\leqq\dfrac{tf(p_0)+f(p_t)}{1+t}$. よって $f(p)-f(p_0)\leqq\dfrac{f(p_t)-f(p)}{t}$. したがって

$$\frac{d}{dt}(f(p_t)-f(p_0))\,|_{t=0}=\mathrm{grad}_p f\cdot(p-p_0)>0.$$

よって $p-p_0\notin T_pS$.

(2) $\dfrac{d}{dt}(f(p_t)-f(p_0))>0$ ゆえ，f は p_0 と p を結ぶ直線上単調増加．よって題意が得られる．

(3) $\boldsymbol{\Phi}\circ\varphi_i$ の微分可能性を示す．記号の節約のため $p_0=\mathbf{0}$ とし，$p_i=\varphi_i(0,0)$ で

の微分可能性のみ示す．定義より $\Phi(\varphi_i(s,t))=k(s,t)\varphi_i(s,t)$ なるスカラー値関数 k が存在する． $c=k(0,0)$, $q=cp_i=\Phi(p_i)$ とおく． $g(s,t,u)=f(u\varphi_i(s,t))$ とおくと， $\dfrac{\partial g}{\partial u}(0,0,c)=\overrightarrow{p_iq}\cdot\mathrm{grad}_q f$ （$\overrightarrow{p_iq}$ は p_i を始点，q を終点とする矢印の表わすベクトル）．よって $(0,0,c)$ の近くで $\partial g/\partial u\neq 0$．陰関数の定理により，$(0,0)$ の近くで定義された無限回微分可能関数 h があって，$g(s,t,h(s,t))=g(0,0,c)$．(2) より，$k(s,t)=h(s,t)$．よって k は無限回微分可能で，したがって $\Phi\circ\varphi_i$ も無限回微分可能．

次に $\dfrac{\partial(\Phi\circ\varphi_i)}{\partial s}(0,0)$ と $\dfrac{\partial(\Phi\circ\varphi_i)}{\partial t}(0,0)$ が 1 次独立であることを示そう．

$$\frac{\partial(\Phi\circ\varphi_i)}{\partial s}=k\frac{\partial\varphi_i}{\partial s}+\frac{\partial k}{\partial s}\varphi_i,\quad \frac{\partial(\Phi\circ\varphi_i)}{\partial t}=k\frac{\partial\varphi_i}{\partial t}+\frac{\partial k}{\partial t}\varphi_i\,.$$

一方 $\varphi_i(0,0)\notin T_{\varphi_i(0,0)}S_a$ ゆえ，$\partial\varphi_i/\partial s$, $\partial\varphi_i/\partial t$, φ_i なる 3 つのベクトルは 1 次独立．よって $\dfrac{\partial(\Phi\circ\varphi_i)}{\partial s}(0,0)$ と $\dfrac{\partial(\Phi\circ\varphi_i)}{\partial t}(0,0)$ は 1 次独立である．

第 3 章

3.1 (1) 電荷分布は原点と $\boldsymbol{x}$ を通る直線を軸とした回転について対称だから，電場も対称．よって題意が従う．

(2) 「法則」3.6 あるいは式(3.4)により，

$$\int_{S_r}\boldsymbol{E}\cdot d\boldsymbol{S}_r=\frac{1}{\varepsilon_0}\int_{D_r}q\,dx_1dx_2dx_3\,.$$

これは仮定より $\varepsilon_0^{-1}Q$ に等しい．

(3) (1) と同じように対称性により，$\boldsymbol{E}(\boldsymbol{x})$ の大きさは点 $\boldsymbol{x}$ と原点との距離だけによる．したがって(1)より

$$\|\boldsymbol{E}(\boldsymbol{x})\|=\frac{\displaystyle\int_{S_r}\boldsymbol{E}\cdot d\boldsymbol{S}_r}{\displaystyle\int_{S_r}1\,dS_r}\,.$$

（ただし $r=\|\boldsymbol{x}\|$.）よって(2)より $\boldsymbol{E}(\boldsymbol{x})=\dfrac{Q\boldsymbol{x}}{4\pi\varepsilon_0\|\boldsymbol{x}\|^3}$.

(4) 題意通りに仮定する．すると，(1), (2), (3)の議論を逆にたどると $\boldsymbol{E}(\boldsymbol{x})=\dfrac{e(\boldsymbol{x}-\boldsymbol{p})}{4\pi\varepsilon_0\|\boldsymbol{x}-\boldsymbol{p}\|^{3+\alpha}}$ の発散は 0 でなければならない．よって直接計算すると $\alpha\neq 0$ ではあり得ないことがわかる．

3.2 (1) $-\mathrm{grad}\,G_{\boldsymbol{p}}=\boldsymbol{K}_{\boldsymbol{p}}$, $\boldsymbol{E}(\boldsymbol{x})=\displaystyle\int_{\boldsymbol{y}\in\Omega}\boldsymbol{K}_{\boldsymbol{y}}(\boldsymbol{x})q(\boldsymbol{y})dy_1dy_2dy_3$ とおく．$\boldsymbol{E}(\boldsymbol{x})$ が連続微分可能であることは，(a)を用いて定理 3.10 の証明と同様にできる．ま

た $\dfrac{1}{\varepsilon_0}\operatorname{grad}\varphi=\boldsymbol{E}$ が定理 3.16 の証明と同様に示される．$\operatorname{div}\boldsymbol{E}(\boldsymbol{x})=q$ を示せばよい．それには Ω に含まれ滑らかな境界 S を持つ任意の領域 D に対して，

$$\int_{\boldsymbol{x}\in D}\operatorname{div}\boldsymbol{E}\,dx_1dx_2dx_3=\int_{\boldsymbol{p}\in D}q(\boldsymbol{p})dp_1dp_2dp_3$$

を示せばよい．§3.1 の議論と同様にすれば，これは，Ω に含まれ滑らかな境界 S を持つ任意の領域 D に対して，

$$\int_S\boldsymbol{K}_{\boldsymbol{p}}\cdot d\boldsymbol{S}=\begin{cases}1 & (\boldsymbol{p}\in D)\\ 0 & (\boldsymbol{p}\notin D)\end{cases}$$

を示せばよい．$\operatorname{rot}\boldsymbol{K}_{\boldsymbol{p}}=\boldsymbol{0}$ が $\boldsymbol{p}$ 以外の点で成り立つから，$\boldsymbol{p}\notin D$ の場合はよい．$\boldsymbol{p}\in D$ の場合は次のようにする．$\int_S\boldsymbol{K}_{\boldsymbol{p}}\cdot d\boldsymbol{S}=\int_{S_\delta(\boldsymbol{p})}\boldsymbol{K}_{\boldsymbol{p}}\cdot d\boldsymbol{S}_\delta(\boldsymbol{p})$ が分かる．一方(a)より，$\boldsymbol{K}_{\boldsymbol{p}}-\dfrac{\boldsymbol{x}-\boldsymbol{p}}{4\pi\|\boldsymbol{x}-\boldsymbol{p}\|^3}$ は有界だから，

$$\lim_{\delta\to 0}\int_{S_\delta(\boldsymbol{p})}\boldsymbol{K}_{\boldsymbol{p}}\cdot d\boldsymbol{S}_\delta(\boldsymbol{p})=\lim_{\delta\to 0}\int_{S_\delta(\boldsymbol{p})}\frac{\boldsymbol{x}-\boldsymbol{p}}{4\pi\|\boldsymbol{x}-\boldsymbol{p}\|^3}\cdot d\boldsymbol{S}_\delta(\boldsymbol{p}).$$

§3.1 で計算したように

$$\int_{S_\delta(\boldsymbol{p})}\frac{\boldsymbol{x}-\boldsymbol{p}}{4\pi\|\boldsymbol{x}-\boldsymbol{p}\|^3}\cdot d\boldsymbol{S}_\delta(\boldsymbol{p})=1.$$

(2) (a)は明らか．(b)は $\Delta\dfrac{\boldsymbol{x}-\boldsymbol{p}}{4\pi\|\boldsymbol{x}-\boldsymbol{p}\|^3}=0$ が $\boldsymbol{p}$ 以外の点で成り立つことから分かる($\rho(\boldsymbol{y})\notin\Omega$ に注意)．(c)は対称性により，$\boldsymbol{x}=(1,0,0)$，$\boldsymbol{y}=(a,b,0)$ で示せばよい．$a+b\sqrt{-1}=z$ とすると，

$$G(\boldsymbol{x},\boldsymbol{y})=\frac{1}{4\pi|1-z|}-\frac{1}{4\pi|z||1-z/|z|^2|}=\frac{1}{4\pi|1-z|}-\frac{|z|}{4\pi|z\bar{z}-z|}=0.$$

3.3 (1) $\boldsymbol{E}(\boldsymbol{x};\boldsymbol{p},\boldsymbol{v})$ を求めるには，「法則」3.2(i)の $\boldsymbol{E}$ に対して，$\sum_i\dfrac{\partial\boldsymbol{E}}{\partial p_i}v_i$ を計算すればよい．答は

$$\frac{1}{4\pi\varepsilon_0}\left(3\frac{(\boldsymbol{x}-\boldsymbol{p})\cdot\boldsymbol{v}}{\|\boldsymbol{x}-\boldsymbol{p}\|^5}(\boldsymbol{x}-\boldsymbol{p})-\frac{1}{\|\boldsymbol{x}-\boldsymbol{p}\|^3}\boldsymbol{v}\right).$$

同様に $\varphi(\boldsymbol{x};\boldsymbol{p},\boldsymbol{v})$ の方は，$\dfrac{1}{4\pi\varepsilon_0}\dfrac{(\boldsymbol{x}-\boldsymbol{p})\cdot\boldsymbol{v}}{\|\boldsymbol{x}-\boldsymbol{p}\|^3}$.

(2) 式(3.25)を用いて，$\operatorname{div}\dfrac{\boldsymbol{y}-\boldsymbol{x}}{\|\boldsymbol{y}-\boldsymbol{x}\|^3}=0$ に注意しながら，計算すればよい．

(3) $\boldsymbol{c}\cdot\displaystyle\int_L\frac{\boldsymbol{y}-\boldsymbol{l}(s)}{\|\boldsymbol{y}-\boldsymbol{l}(s)\|^3}\times\frac{d\boldsymbol{l}}{dt}dt=\int_L\left(\frac{\boldsymbol{y}-\boldsymbol{l}(s)}{\|\boldsymbol{y}-\boldsymbol{l}(s)\|^3}\times\frac{d\boldsymbol{l}}{dt}\right)\cdot\boldsymbol{c}\,dt$

$$= \int_L \left(\boldsymbol{c} \times \frac{\boldsymbol{y} - \boldsymbol{l}(s)}{\|\boldsymbol{y} - \boldsymbol{l}(s)\|^3} \right) \cdot \frac{d\boldsymbol{l}}{dt} dt = \int_L \boldsymbol{W} \cdot d\boldsymbol{l}$$

(4) $4\pi\varepsilon_0 \boldsymbol{c} \cdot \boldsymbol{E}(\boldsymbol{x}; \boldsymbol{p}, \boldsymbol{n}(\boldsymbol{p})) = \boldsymbol{c} \left(\frac{\boldsymbol{y} - \boldsymbol{x}}{\|\boldsymbol{y} - \boldsymbol{x}\|^3} \right) \cdot \boldsymbol{n}(\boldsymbol{p})$ が，(1)で求めた $\boldsymbol{E}(\boldsymbol{x}; \boldsymbol{p}, \boldsymbol{v})$ の式を利用して成分ごとに計算すれば確かめられる．よって(2),(3)とストークスの定理より，

$$\boldsymbol{c} \cdot \int_L \frac{\boldsymbol{y} - \boldsymbol{l}(t)}{\|\boldsymbol{y} - \boldsymbol{l}(t)\|^3} \times \frac{d\boldsymbol{l}}{dt} d\boldsymbol{l} = \int_L \boldsymbol{W} \cdot d\boldsymbol{l} = \int_S \mathrm{rot}\, \boldsymbol{W} \cdot d\boldsymbol{S} = -4\pi\varepsilon_0 \int_S \boldsymbol{c} \cdot \boldsymbol{E}(\boldsymbol{x}; \boldsymbol{p}, \boldsymbol{n}(\boldsymbol{p})) dS .$$

$\boldsymbol{c}$ は任意だったから，題意が示される．

(5) (4)の右辺の表示から明らか．

(6) $\mathrm{grad}\, \varphi(\boldsymbol{x}; \boldsymbol{p}, \boldsymbol{v}) = -\boldsymbol{E}(\boldsymbol{x}; \boldsymbol{p}, \boldsymbol{v})$ が(極限と微分(grad)の交換を確かめれば)いえるから，積分と微分(grad)の交換を確かめれば題意が従う．

(7) もし $\varPhi$ は $\mathbb{R}^3 \backslash L$ 上の連続微分可能関数に拡張されるとすると，連続性により，その拡張も $-\mathrm{grad}\, \varPhi = \widetilde{\boldsymbol{E}}$ をみたす．よって，任意の閉曲線 C に対して，$\int_C \widetilde{\boldsymbol{E}} \cdot d\boldsymbol{m} = 0$ ($\boldsymbol{m}$ は C のパラメータで，$\boldsymbol{m}(t+1) = \boldsymbol{m}(t)$)．一方

$$\int_C \widetilde{\boldsymbol{E}} \cdot d\boldsymbol{m} = \int_0^1 ds \int_0^1 \frac{\left((\boldsymbol{m}(s) - \boldsymbol{l}(t)) \times \frac{d\boldsymbol{l}}{dt}(t) \right) \cdot \frac{d\boldsymbol{m}}{ds}(s)}{\|\boldsymbol{m}(s) - \boldsymbol{l}(t)\|^3} dt = -4\pi Lk(C, L).$$

これが0にならない C は存在するから，矛盾である．

(8) $\boldsymbol{y} = \boldsymbol{x} - \boldsymbol{p}$ とおく．$\boldsymbol{v} = \|\boldsymbol{v}\| \boldsymbol{e}_3$ とし，$\mathbb{R}^3$ の基底 $\boldsymbol{e}_1, \boldsymbol{e}_2, \boldsymbol{e}_3$ を $\boldsymbol{e}_i \cdot \boldsymbol{e}_j = 0$ $(i \neq j)$，$\boldsymbol{e}_i \cdot \boldsymbol{e}_i = 1$ かつ $\boldsymbol{e}_1 \times \boldsymbol{e}_2 = \boldsymbol{e}_3$ となるようにとる．$\boldsymbol{m}_\varepsilon(t) = \varepsilon \boldsymbol{m}(t) = \varepsilon \cos t \boldsymbol{e}_1 + \varepsilon \sin t \boldsymbol{e}_2$ とおくと，$\boldsymbol{p} + \boldsymbol{m}_\varepsilon(t)$ は C_ε のパラメータだから，

$$\boldsymbol{B}_\varepsilon^{\boldsymbol{p}, \boldsymbol{v}}(\boldsymbol{x}) = \frac{\mu_0 \|\boldsymbol{v}\|}{8\pi^2} \lim_{\varepsilon \to 0} \frac{1}{\varepsilon} \int_0^{2\pi} \frac{\boldsymbol{y} - \varepsilon \boldsymbol{m}(t)}{\|\boldsymbol{y} - \varepsilon \boldsymbol{m}(t)\|^3} \times \dot{\boldsymbol{m}}(t) dt .$$

右辺は

$$\frac{\mu_0 \|\boldsymbol{v}\|}{8\pi^2} \frac{d}{d\varepsilon} \int_0^{2\pi} \frac{\boldsymbol{y} - \varepsilon \boldsymbol{m}(t)}{\|\boldsymbol{y} - \varepsilon \boldsymbol{m}(t)\|^3} \times \dot{\boldsymbol{m}}(t) dt \bigg|_{\varepsilon = 0} . \qquad (*)$$

よって

$$\frac{d}{d\varepsilon} \frac{\boldsymbol{y} - \varepsilon \boldsymbol{m}(t)}{\|\boldsymbol{y} - \varepsilon \boldsymbol{m}(t)\|^3} \bigg|_{\varepsilon = 0} = \frac{-\boldsymbol{m}(t)}{\|\boldsymbol{y}\|^3} + \frac{3\boldsymbol{y} \cdot \boldsymbol{m}(t)}{\|\boldsymbol{y}\|^5} \boldsymbol{y}$$

ゆえ，(*)を成分に分けて計算すれば(1)と同じ答がでる．

3.4 $\boldsymbol{e}_3$ を z 軸の正の方向を向いた，大きさ1のベクトルとする．球の中の点 $\boldsymbol{x}$ での電荷の速度は $\boldsymbol{e}_3 \times \boldsymbol{x}$ である．したがってこの点に固定された大きさ δe の

点電荷が作る場の，点 $(0,0,2)=2\boldsymbol{e}_3$ での値の $\|2\boldsymbol{e}_3-\boldsymbol{x}\|^3$ 倍は，

$$-\frac{\mu_0\delta e}{4\pi}(2\boldsymbol{e}_3-\boldsymbol{x})\times(\boldsymbol{e}_3\times\boldsymbol{x})=-\frac{\mu_0\delta e}{4\pi}(((2\boldsymbol{e}_3-\boldsymbol{x})\cdot\boldsymbol{x})\boldsymbol{e}_3-((2\boldsymbol{e}_3-\boldsymbol{x})\cdot\boldsymbol{e}_3)\boldsymbol{x})$$

である．対称性から $\boldsymbol{e}_3$ 方向だけ調べればよい．$\boldsymbol{x}=(x_1,x_2,x_3)$ とおくと，$\boldsymbol{e}_3$ 方向の場の成分は

$$-\frac{\mu_0\delta e}{4\pi}\frac{x_3^2-\|\boldsymbol{x}\|^2}{((x_1^2+x_2^2+(2-x_3)^2)^{3/2}}=\frac{\mu_0\delta e}{4\pi}\frac{x_1^2+x_2^2}{(x_1^2+x_2^2+(2-x_3)^2)^{3/2}}$$

である．ところで，球内部での電荷密度は $3e/4\pi$ である．よって積分して

$$\begin{aligned}&\frac{3e\mu_0}{16\pi^2}\int_{\boldsymbol{x}\in D^3}\left(\frac{x_1^2+x_2^2}{(x_1^2+x_2^2+(2-x_3)^2)^{3/2}}\right)dx_1dx_2dx_3\\&=\frac{3e\mu_0}{8\pi}\int_{-1}^{1}dx_3\int_0^{\sqrt{1-x_3^2}}\frac{r^3dr}{(r^2+(2-x_3)^2)^{3/2}}\\&=\frac{3e\mu_0}{8\pi}\int_{-1}^{1}\left(-2|x_3-2|+\frac{9-8x_3+x_3^2}{\sqrt{5-4x_3}}\right)dx_3=\frac{e\mu_0}{80\pi}\end{aligned}$$

3.5 (1) $D_R(\boldsymbol{p})\backslash D_r(\boldsymbol{p})=\Omega_{R,r}$ とする．$f=u$, $g=\dfrac{1}{\|\boldsymbol{x}-\boldsymbol{p}\|}$ とおいて定理 2.31 を適用すると，補題 3.18 の証明と同様にして

$$\begin{aligned}4\pi(c(\boldsymbol{p},R)-c(\boldsymbol{p},r))=&\int_{\Omega_{R,r}}\left(\frac{1}{|\boldsymbol{x}-\boldsymbol{p}|}-\frac{1}{R}\right)\Delta u(\boldsymbol{x})dxdydz\\&+\left(\frac{1}{r}-\frac{1}{R}\right)\int_{D_r(\boldsymbol{p})}\Delta udxdydz\end{aligned}$$

左辺は仮定より正.

(2) $\lim_{r\to 0}c(\boldsymbol{p},r)=u(\boldsymbol{p})$ と (1) より得られる.

(3) もし，$u(\boldsymbol{x})\neq u(\boldsymbol{p})$ なる点 $\boldsymbol{x}$ が存在したとすると，$r=\|\boldsymbol{x}-\boldsymbol{p}\|$ に対して，$c(\boldsymbol{p},r)<u(\boldsymbol{p})$. これは (1), (2) に反する.

(4) 単調増大な上に有界な数列であるから収束する.

(5) $\int_{D_r(\boldsymbol{p})}u(\boldsymbol{x})dx_1dx_2dx_3=\int_0^r 4\pi t^2c(\boldsymbol{p},t)dt$ より従う.

(6) $u<C$ とする．$\|\boldsymbol{p}-\boldsymbol{q}\|=a$ とおくと，$D_R(\boldsymbol{q})\backslash D_R(\boldsymbol{p})\subset D_R(\boldsymbol{q})\backslash D_{R-a}(\boldsymbol{q})$, $D_R(\boldsymbol{q})\backslash D_R(\boldsymbol{p})$ についても同様．よって

$$\begin{aligned}|c(\boldsymbol{p},r)-c(\boldsymbol{q},r)|&=\left|\frac{3}{4\pi r^3}\int_{D_r(\boldsymbol{p})}q(\boldsymbol{x})dD_r(\boldsymbol{p})-\frac{3}{4\pi r^3}\int_{D_r(\boldsymbol{q})}q(\boldsymbol{x})dD_r(\boldsymbol{q})\right|\\&\leqq 6C\frac{r^3-(r-a)^3}{r^3}\to 0\,.\end{aligned}$$

(7) (1)の証明中の式で $r \to 0$, $R \to \infty$ の極限をとればよい．(ただし，極限と積分の順序交換を示す必要がある．)

(8) $\lim_{r\to\infty} c(\boldsymbol{p}, r) = 0$ が成立する．もし u が定数でなければ，$\|\boldsymbol{y}-\boldsymbol{a}\| \leqq \varepsilon$ で，$\Delta u(\boldsymbol{y}) > \lambda$ となるような正の数 ε, λ と点 $\boldsymbol{a}$ が存在する．すると，(7)より，

$$u(\boldsymbol{x}) \leqq \frac{1}{2\pi}\int_{y\in D_\varepsilon(a)} \frac{-\Delta u(\boldsymbol{y})}{\|\boldsymbol{y}-\boldsymbol{x}\|} dy_1 dy_2 dy_3 \leqq \frac{-2\lambda\varepsilon^2}{3(\|\boldsymbol{a}-\boldsymbol{x}\|+\varepsilon)}.$$

右辺は $\|\boldsymbol{x}\|^{-1}$ のオーダーだから仮定 $|u(\boldsymbol{x})|\|\boldsymbol{x}\|^{1+\delta} < C$ に反する．

3.6 時刻 t での電線は $\boldsymbol{l}_t(s) = (\cos t\cos s,\ \sin s,\ \sin t\cos s)$ をパラメータに持つ．$\varphi(s,t) = (\cos t\cos s,\ \sin s,\ \sin t\cos s)$ とおく．時刻0と t の間に発生する起電力は，$C\int_0^t dt\int_0^{2\pi}(0,0,1)\cdot\left(\frac{\partial\varphi}{\partial s}\times\frac{\partial\varphi}{\partial t}\right)ds$ である．よって時刻 t での光の強さは

$$\left|C\int_0^{2\pi}(0,0,1)\cdot\left(\frac{\partial\varphi}{\partial s}\times\frac{\partial\varphi}{\partial t}\right)ds\right| = \left|C'\int_0^{2\pi}\cos^2 s\sin t\,ds\right| = C''|\sin t|.$$

3.7 (1) 単に代入して計算すればよい．

(2) $g(\boldsymbol{x}-ct\boldsymbol{p})$ を x_i で微分することと，g を x_i で微分してから $\boldsymbol{x}-ct\boldsymbol{p}$ を代入するのは同じである．

(3) $\frac{\partial}{\partial t}g(\boldsymbol{x}-ct\boldsymbol{p}) = -c\boldsymbol{n}\cdot(\operatorname{grad} g)(\boldsymbol{x}-ct\boldsymbol{p})$ ($\boldsymbol{n}$ は S_1 の単位法ベクトル)より明らか．

(4) まず(3)を変数変換して S_{Ct} 上の積分にする．次に $h(\boldsymbol{p}) = g(\boldsymbol{x}-\boldsymbol{p})$ とおいたとき，$\operatorname{grad}_{\boldsymbol{p}} h = -(\operatorname{grad} g)(\boldsymbol{x}-\boldsymbol{p})$, $\Delta h(\boldsymbol{p}) = \Delta g(\boldsymbol{x}-\boldsymbol{p})$ が成り立つことに注意して，定理2.26を使う．

(5) (4)より

$$\begin{aligned}
\frac{\partial^2}{\partial t^2}v(\boldsymbol{x},t) &= \frac{\partial}{\partial t}\left(\int_{p\in S_1} g(\boldsymbol{x}-ct\boldsymbol{p})dS_1 + \frac{1}{ct}\int_{p\in D_{ct}}(\Delta g)(\boldsymbol{x}-\boldsymbol{p})dp_1dp_2dp_3\right) \\
&= \frac{1}{t}\int_{p\in S_{ct}}(\Delta g)(\boldsymbol{x}-\boldsymbol{p})dS_{ct} \\
&= c^2 t\int_{p\in S_1}(\Delta g)(\boldsymbol{x}-ct\boldsymbol{p})dS_1.
\end{aligned}$$

これと(2)より求める式を得る．

(6) $g(\boldsymbol{x}) = f(\boldsymbol{x},\tau)$, $\boldsymbol{y} = \boldsymbol{x}-ct\boldsymbol{p}$, t を $t-\tau$ と置き換えると，h は(2)の v の $\mu_0/4\pi$ 倍である．よって(5)より $\Box h = 0$. $h(\boldsymbol{x},t,t)$ が $t=\tau$ で連続であることは容易にわかる．$\frac{\partial h}{\partial t}(\boldsymbol{x},t,t) = f(\boldsymbol{x},t)$ は

$$\frac{h(\boldsymbol{x},t,\tau)}{\mu_0(t-\tau)} = \frac{1}{4\pi c^2(t-\tau)^2}\int_{\boldsymbol{y}\in S_{c(t-\tau)}(\boldsymbol{x})} f(\boldsymbol{y},\tau)dS_{c(t-\tau)}(\boldsymbol{x})$$

と書きなおし，右辺が $f(\cdot,\tau)$ の $S_{c(t-\tau)}(\boldsymbol{x})$ での平均値であることに注意すれば得られる．

(7) 変数変換．

(8) (2), (3)を使って計算すると，

$$\begin{aligned}\frac{\partial^2}{\partial t^2}\int_0^t h(\boldsymbol{x},t,\tau)d\tau &= \frac{\partial}{\partial t}\left(h(\boldsymbol{x},t,t)+\int_0^t \frac{\partial h(\boldsymbol{x},t,\tau)}{\partial t}d\tau\right)\\ &= \frac{\partial h}{\partial t}(\boldsymbol{x},t,t)+\int_0^t \frac{\partial^2 h(\boldsymbol{x},t,\tau)}{\partial t^2}d\tau\\ &= \frac{\partial h}{\partial t}(\boldsymbol{x},t,t)+c^2\int_0^t \Delta h(\boldsymbol{x},t,\tau)d\tau\\ &= f(\boldsymbol{x},t)+c^2\int_0^t \Delta h(\boldsymbol{x},t,\tau)d\tau\,.\end{aligned}$$

よって(7)から $\Box\psi = c^{-2}\mu_0 f$．

(9) (1), (8)の帰結．

(10) $u(\boldsymbol{x},t) = \psi(\boldsymbol{x},t)+\dfrac{1}{4\pi}\dfrac{\partial v}{\partial t}(\boldsymbol{x},t)$．

(11)

$$\begin{aligned}\boldsymbol{A}(\boldsymbol{x},t) &= \frac{\mu_0}{4\pi}\int_{\mathbb{R}^3}\frac{\boldsymbol{j}(\boldsymbol{y},\,t-\|\boldsymbol{x}-\boldsymbol{y}\|/c)}{\|\boldsymbol{x}-\boldsymbol{y}\|}dy_1dy_2dy_3\\ &\quad+\frac{c^2}{4\pi}\frac{\partial}{\partial t}\int_{\boldsymbol{p}\in S_1} t\boldsymbol{A}_0(\boldsymbol{x}-ct\boldsymbol{p})dS_1,\\ \varphi(\boldsymbol{x},t) &= \frac{-1}{4\pi\varepsilon_0}\int_{\|\boldsymbol{x}-\boldsymbol{y}\|\leqq ct}\frac{q(\boldsymbol{y},\,t-\|\boldsymbol{x}-\boldsymbol{y}\|/c)}{\|\boldsymbol{x}-\boldsymbol{y}\|}dy_1dy_2dy_3\\ &\quad+\frac{c^2}{4\pi}\frac{\partial}{\partial t}\int_{\boldsymbol{p}\in S_1} t\varphi_0(\boldsymbol{x}-ct\boldsymbol{p})dS_1\,.\end{aligned}$$

(12) (11)の解の $(\boldsymbol{x},t)$ は，$\boldsymbol{j}, q$ の $t-\dfrac{\|\boldsymbol{x}-\boldsymbol{y}\|}{c}=\tau$ をみたす点 $(\boldsymbol{y},\tau)$ での値だけによっている．また $\boldsymbol{A}_0, \varphi_0$ についても $t=\dfrac{\|\boldsymbol{x}-\boldsymbol{y}\|}{c}$ をみたす点 $\boldsymbol{y}$ の値だけによっている．これは題意を意味する．

索　引

マ 行

ヤ 行

ラ 行

深谷賢治
1959年生まれ
1981年東京大学理学部数学科卒業
現在　ニューヨーク州立大学ストーニー・ブルック校
　　　サイモンズ幾何物理センター教授
専攻　幾何学(リーマン幾何学，ゲージ理論，位相的場の理論)

現代数学への入門 新装版
電磁場とベクトル解析

2004年1月7日 第1刷発行
2022年9月26日 第16刷発行
2024年10月17日 新装版第1刷発行

著　者　深谷賢治(ふかやけんじ)

発行者　坂本政謙

発行所　株式会社 岩波書店
〒101-8002 東京都千代田区一ツ橋2-5-5
電話案内 03-5210-4000
https://www.iwanami.co.jp/

印刷製本・法令印刷

ISBN978-4-00-029935-0　Printed in Japan